高职高专网络技术专业岗位能力构建系列教程

ASP.NET
网站开发案例教程

陈明忠　江永池　主　编
张居武　阳娣兰　副主编

清华大学出版社
北京

内容简介

本书详细介绍了 ASP.NET 2.0 的基础知识、特点和具体的应用。全书共分为 9 章，内容包括 ASP.NET 概述、C#语言基础、服务器控件、ASP.NET 内置对象、ASP.NET 数据库编程、数据控件、文件处理技术、ASP.NET 配置和优化、网上书店开发实例。

本书针对高职高专学生的特点，做到理论知识适用、够用，专业技能实用、管用，和实际联系紧密。本书通过实例讲解理论知识，语言通俗易懂，结构清晰，突出了 ASP.NET 在动态网页开发方面的强大功能，使学生能快速掌握和运用 ASP.NET 的编程技巧。

为切合当前 Web 程序设计教学和发展的实际，本书采用 C#程序设计语言进行编程，书中的实例代码均在 Visual Studio 2005 集成开发环境下调试通过。

本书可作为高职院校、独立学院信息工程类专业的教学用书，也可作为 ASP.NET 网站开发人员的自学参考书和相关培训班的教学用书。

本书封面贴有清华大学出版社防伪标签，无标签者不得销售。
版权所有，侵权必究。举报：010-62782989，beiqinquan@tup.tsinghua.edu.cn。

图书在版编目(CIP)数据

ASP.NET 网站开发案例教程/陈明忠，江永池主编．—北京：清华大学出版社，2011.7（2023.1重印）
（高职高专网络技术专业岗位能力构建系列教程）
ISBN 978-7-302-25811-7

Ⅰ.①A… Ⅱ.①陈… ②江… Ⅲ.①网页制作工具－程序设计－高等职业教育－教材 Ⅳ.①TP393.092

中国版本图书馆 CIP 数据核字(2011)第 113558 号

责任编辑：刘　青
责任校对：袁　芳
责任印制：沈　露

出版发行：清华大学出版社
网　　址：http://www.tup.com.cn，http://www.wqbook.com
地　　址：北京清华大学学研大厦 A 座　　邮　编：100084
社 总 机：010-83470000　　邮　购：010-62786544
投稿与读者服务：010-62776969，c-service@tup.tsinghua.edu.cn
质量反馈：010-62772015，zhiliang@tup.tsinghua.edu.cn

印 装 者：北京建宏印刷有限公司
经　　销：全国新华书店
开　　本：185mm×260mm　　印　张：17　　字　数：417 千字
版　　次：2011 年 7 月第 1 版　　印　次：2023 年 1 月第 10 次印刷
定　　价：49.00 元

产品编号：038818-02

高职高专网络技术专业岗位能力构建系列教程

编写委员会

主　任　陈潮填

副主任　吴教育　　谢赞福

委　员　王树勇　　石　硕　　张蒲生　　卓志宏
　　　　　汪海涛　　黄世旭　　田　均　　顾　荣
　　　　　陈　剑　　黄君羡　　秦彩宁　　郭　琳
　　　　　陈明忠　　乔俊峰　　李伟群　　胡　燏
　　　　　石蔚彬　　李振军　　温海燕　　张居武

出 版 说 明

信息技术是当今世界社会经济发展的重要驱动力,网络技术对信息社会发展的重要性更是不言而喻。随着互联网技术的普及和推广,人们日常学习和工作越来越依赖于网络。目前,各行各业都处在全面网络化和信息化建设进程中,对网络技能型人才的需求也与日俱增,计算机网络行业已成为技术人才稀缺的行业之一。为了培养适应现代信息技术发展的网络技能型人才,高职高专院校网络技术及相关专业的课程建设与改革就显得尤为重要。

近年来,众多高职高专院校对人才培养模式、专业建设、课程建设、师资建设、实训基地建设等进行了大量的改革与探索,以适应社会对高技能人才的培养要求。在网络专业建设中,从网络工程、网络管理岗位需求出发进行课程规划和建设,是网络技能型人才培养的必由之路。基于此,我们组织高校教育教学专家、专业负责人、骨干教师、企业管理人员和工程技术人员对相应的职业岗位进行了调研、剖析,并成立教材编写委员会,对课程体系进行重新规划,编写了本系列教程。

本系列教程的编写委员会成员由从事高职高专教育的专家,高职院校主管教学的院长、系主任、教研室主任等组成,主要编撰者都是院校网络专业负责人或相应企业的资深工程师。

本系列教程采用项目导向、任务驱动的教学方法,以培养学生的岗位能力为着眼点,面向岗位设计教学项目,融教、学、做为一体,力争做到学得会、用得上。在讲授专业技能和知识的同时,也注重学生职业素养、科学思维方式与创新能力的培养,并体现新技术、新工艺、新标准。本系列教程对应的岗位能力包括计算机及网络设备营销能力、计算机设备的组装与维护能力、网页设计能力、综合布线设计与施工能力、网络工程实施能力、网站策划与开发能力、网络安全管理能力及网络系统集成能力等。

为了满足教师教学的需要,我们免费提供教学课件、习题解答、素材库等,以及其他辅助教学的资料。

后续,我们会密切关注网络技术和教学的发展趋势,以及社会就业岗位的新需求和变化,及时对系列教程进行完善和补充,吸纳新模式、适用的课程教材。同时,非常欢迎专家、教师对本系列教程提出宝贵意见,也非常欢迎专家、教师积极参与我们的教材建设,群策群力,为我国高等职业教育提供优秀的、有鲜明特色的教材。

高职高专网络技术专业岗位能力构建系列教程编写委员会
清华大学出版社
2011年4月

ASP.NET 2.0 是一种基于服务器的功能强大的技术,用于为 Internet 或企业的内部网(Intranet)创建动态的、交互式的 HTML 网页。ASP.NET 2.0 构建在.NET Framework 2.0 之上,扩展了 ASP.NET 1.0 和 ASP.NET 1.1 的功能,其内核是一个基于控件的、事件驱动的架构,这意味着只需要向页面中添加少量的代码,就可以完成强大的功能。

本书以 C#为编程语言,结合作者多年的项目开发经验以及丰富的教学经验,详细介绍 ASP.NET 2.0 的基础知识、特点和具体的应用。全书共分为 9 章,内容包括 ASP.NET 概述、C#语言基础、服务器控件、ASP.NET 内置对象、ASP.NET 数据库编程、数据控件、文件处理技术、ASP.NET 配置和优化、网上书店开发实例。

第 1 章讲解 ASP.NET 的基础知识。首先对 ASP.NET 技术进行概括介绍,然后介绍如何配置 ASP.NET 的运行环境,最后通过一个实例介绍如何创建 ASP.NET 应用程序。

第 2 章讲解 C#编程语言。首先讲解 C#的数据类型和变量,然后讲解流程控制的相关知识,最后讲解类和对象。

第 3 章讲解 ASP.NET 服务器控件。首先介绍 ASP.NET 文件的构成和 ASP.NET 页面的执行过程,然后详细介绍 HTML 控件、Web 控件、验证控件。

第 4 章讲解 ASP.NET 内置对象。主要包括 Page 对象、Response 对象、Request 对象、Application 对象、Session 对象以及 Server 对象。

第 5 章讲解 ASP.NET 数据库编程。首先概括介绍 ADO.NET,然后介绍如何连接数据库,如何使用 DataReader 对象读取数据库,最后介绍如何使用 DataSet 对象访问数据库。

第 6 章讲解数据控件。重点介绍 DataGrid 控件、DataList 控件和 Repeater 控件。

第 7 章讲解文件处理技术。首先介绍 Directory 类、File 类的常用方法,然后介绍如何使用 StreamReader 与 StreamWriter 类读写文本文件,如何使用 FileStream 类读写文本文件。

第 8 章讲解 ASP.NET 配置和优化。首先介绍 Web.config、Global.asax 两大配置文件,然后介绍主题和皮肤,最后介绍母版页。

第 9 章通过开发一个网上书店系统演示如何使用多种技术来开发 Web 网站。本章除了介绍 ASP.NET 的具体技术之外,对于需求分析和系统设计、数据库设计以及功能模块的划分也有比较详细的介绍,有利于读者了解一个实际项目的开发流程。

本书内容的讲解由浅入深,循序渐进,通俗易懂,适合自学,力求具有实用性、可操作性。书中对每个知识点都有实例演示,有助于读者理解概念、巩固知识、掌握要点、攻克难点。在每章后精心设计了 2~4 道较为实用的实训题,进一步检验学生对各个知识点的综合应用能力。

  本书可作为高职院校、独立学院信息工程类专业的教学用书，也可作为 ASP.NET 网站开发人员的自学参考书和相关培训班的教学用书。

  本书由陈明忠、江永池担任主编，张居武、阳娣兰担任副主编，陈郁清、王霞、陈明波参加了编写。全书由陈明忠副教授统阅定稿。本书在编写和出版过程中得到了汕头职业技术学院、湖南工业大学科技学院等的大力支持，谨此鸣谢。

  由于作者水平所限，书中如有不足之处敬请广大读者批评指正，以便修订时改进。如读者在使用本书的过程中有其他意见或建议，也请不吝赐教。

编 者

2011 年 4 月

第1章 ASP.NET 概述 1

1.1 ASP.NET 简介 1
1.1.1 .NET 简介 1
1.1.2 动态网页设计技术 2
1.1.3 ASP.NET 的优势 3
1.1.4 ASP.NET 与 ASP 的对比 3
1.2 运行环境配置 4
1.2.1 Visual Studio 2005 集成开发环境 4
1.2.2 IIS 的安装与配置 6
1.3 创建简单的 ASP.NET 应用程序 9
1.4 项目实训 12
实训1 创建虚拟目录 12
实训2 创建一个 Web 应用程序 12
思考与练习 13

第2章 C# 语言基础 15

2.1 C#语言简介 15
2.1.1 C#简介 15
2.1.2 第一个 C#程序 16
2.2 C#的数据类型 18
2.2.1 值类型 19
2.2.2 引用类型 19
2.3 常量、变量和运算符 20
2.3.1 常量 20
2.3.2 变量 21
2.3.3 运算符 21
2.4 数组 24
2.4.1 一维数组 24
2.4.2 多维数组 25

2.5 程序流程控制 ………………………………………………………………… 26
  2.5.1 选择结构 …………………………………………………………… 26
  2.5.2 循环结构 …………………………………………………………… 28
2.6 类和对象 ………………………………………………………………………… 30
  2.6.1 类的声明 …………………………………………………………… 31
  2.6.2 对象的创建和回收 ………………………………………………… 31
  2.6.3 继承和多态 ………………………………………………………… 34
2.7 异常处理 ………………………………………………………………………… 36
  2.7.1 异常的定义 ………………………………………………………… 36
  2.7.2 try-catch 语句 ……………………………………………………… 37
2.8 命名空间 ………………………………………………………………………… 37
2.9 项目实训 ………………………………………………………………………… 39
  实训 1 创建一个控制台应用程序 ……………………………………… 39
  实训 2 数组和循环嵌套 ………………………………………………… 40
  实训 3 类和对象的创建 ………………………………………………… 41
思考与练习 …………………………………………………………………………… 41

第 3 章 服务器控件 …………………………………………………………………… 43

3.1 ASP.NET 文件 …………………………………………………………………… 43
  3.1.1 ASP.NET 文件的构成 ……………………………………………… 43
  3.1.2 ASP.NET 页面的执行过程 ………………………………………… 44
  3.1.3 服务器控件概述 …………………………………………………… 44
3.2 HTML 控件 ……………………………………………………………………… 45
  3.2.1 HTML 控件的通用属性 …………………………………………… 45
  3.2.2 各种 HTML 控件简介 ……………………………………………… 46
3.3 Web 控件 ………………………………………………………………………… 54
  3.3.1 Web 控件的通用属性 ……………………………………………… 55
  3.3.2 Label 控件 …………………………………………………………… 55
  3.3.3 TextBox 控件 ………………………………………………………… 55
  3.3.4 Button 控件 ………………………………………………………… 56
  3.3.5 DropDownList 与 ListBox 控件 …………………………………… 57
  3.3.6 CheckBox 与 CheckBoxList 控件 ………………………………… 60
  3.3.7 RadioButton 与 RadioButtonList 控件 …………………………… 62
  3.3.8 Image 与 ImageButton 控件 ……………………………………… 63
  3.3.9 HyperLink 与 LinkButton 控件 …………………………………… 64
  3.3.10 Panel 控件 ………………………………………………………… 64
  3.3.11 Table 控件 ………………………………………………………… 65
  3.3.12 Calendar 控件 ……………………………………………………… 68
  3.3.13 AdRotator 控件 …………………………………………………… 70

3.4 验证控件 ··· 72
　　3.4.1 验证控件概述 ··· 72
　　3.4.2 验证控件的类型 ··· 73
　　3.4.3 验证控件的综合应用 ··· 80
3.5 项目实训 ··· 82
　　实训 1 应用 HTML 控件 ·· 82
　　实训 2 应用 Web 控件 ··· 82
　　实训 3 应用验证控件 ··· 84
思考与练习 ··· 85

第 4 章 ASP.NET 内置对象 ··· 87

4.1 Page 对象 ··· 87
　　4.1.1 Page 对象的属性 ·· 87
　　4.1.2 Page 对象的事件 ·· 88
4.2 Response 对象 ·· 89
　　4.2.1 Response 对象的属性 ·· 90
　　4.2.2 Response 对象的方法 ·· 90
4.3 Request 对象 ·· 91
　　4.3.1 Request 对象的属性 ··· 91
　　4.3.2 Request 对象的应用 ··· 92
4.4 Application 对象 ·· 95
　　4.4.1 Application 对象的属性 ··· 95
　　4.4.2 Application 对象的应用 ··· 96
4.5 Session 对象 ··· 97
　　4.5.1 Session 对象的属性 ·· 97
　　4.5.2 Session 和 Cookie 的区别 ·· 99
　　4.5.3 Session 对象的应用 ·· 100
4.6 Server 对象 ··· 101
　　4.6.1 Server 对象的属性 ·· 101
　　4.6.2 Server 对象的方法 ·· 102
4.7 项目实训 ··· 103
　　实训 1 聊天室 ·· 103
　　实训 2 会话超时 ·· 104
　　实训 3 Request 的应用 ·· 104
　　实训 4 网上投票 ·· 105
思考与练习 ··· 107

第 5 章 ASP.NET 数据库编程 ··· 108

5.1 ADO.NET 简介 ··· 108

5.2 使用 Connection 对象连接数据库 ………………………………………………… 110
　　5.2.1 Connection 对象简介 ………………………………………………………… 110
　　5.2.2 连接 SQL Server 数据库 ……………………………………………………… 111
　　5.2.3 连接 Access 数据库 …………………………………………………………… 113
5.3 使用 Command 对象 ……………………………………………………………… 114
5.4 使用 DataReader 对象读取数据库 ………………………………………………… 116
5.5 使用 DataAdapter 对象 …………………………………………………………… 119
5.6 使用 DataSet 对象访问数据库 …………………………………………………… 121
　　5.6.1 DataSet 对象的结构 …………………………………………………………… 121
　　5.6.2 创建 DataSet、DataTable 对象 ……………………………………………… 122
　　5.6.3 使用 DataSet 对象访问数据库 ………………………………………………… 124
5.7 项目实训 …………………………………………………………………………… 126
　　实训 1 对数据表进行插入操作 ……………………………………………………… 126
　　实训 2 以表格形式显示数据表中的记录 …………………………………………… 128
　　实训 3 分页显示数据表中的记录 …………………………………………………… 129
思考与练习 ………………………………………………………………………………… 131

第 6 章 数 据 控 件 ……………………………………………………………………… 132

6.1 DataGrid 控件 ……………………………………………………………………… 132
　　6.1.1 自动生成列 …………………………………………………………………… 133
　　6.1.2 手动指定列 …………………………………………………………………… 137
6.2 DataList 控件 ……………………………………………………………………… 146
　　6.2.1 DataList 控件的模板 ………………………………………………………… 146
　　6.2.2 DataList 控件的属性和事件 ………………………………………………… 146
6.3 Repeater 控件 ……………………………………………………………………… 150
6.4 简单服务器控件的数据绑定 ……………………………………………………… 152
6.5 项目实训 …………………………………………………………………………… 154
　　实训 1 数据绑定的应用 ……………………………………………………………… 154
　　实训 2 DataGrid 控件的应用 ……………………………………………………… 156
　　实训 3 DataList 控件的应用 ……………………………………………………… 157
思考与练习 ………………………………………………………………………………… 157

第 7 章 文件处理技术 …………………………………………………………………… 158

7.1 概述 ………………………………………………………………………………… 158
7.2 Directory 类 ………………………………………………………………………… 159
7.3 File 类 ……………………………………………………………………………… 161
7.4 使用 StreamReader 与 StreamWriter 类读写文本文件 ………………………… 163
　　7.4.1 使用 StreamWriter 类写入文本文件 ………………………………………… 163
　　7.4.2 使用 StreamReader 类读取文本文件 ………………………………………… 164

7.5 使用 FileStream 类读写文本文件 ················· 165
7.6 文件的上传 ·· 167
7.7 项目实训 ·· 168
　　实训 1 在浏览器中显示网页的源代码 ········ 168
　　实训 2 列出文件夹中的文件 ························ 169
思考与练习 ··· 170

第 8 章 ASP.NET 配置和优化 ··························· 171

8.1 使用 Web.config 进行配置 ························· 171
　　8.1.1 Web.config 文件的特点 ······················· 172
　　8.1.2 Web.config 文件的结构 ······················· 172
8.2 使用 Global.asax 进行配置 ························ 175
　　8.2.1 Global.asax 文件的结构 ······················ 175
　　8.2.2 使用 Global.asax 文件进行配置 ·········· 176
8.3 主题和皮肤 ·· 178
　　8.3.1 CSS 简介 ·· 178
　　8.3.2 主题的组成 ··· 181
　　8.3.3 皮肤文件 ··· 181
　　8.3.4 应用和禁用主题 ································· 183
8.4 母版页 ·· 185
　　8.4.1 母版页基础 ··· 185
　　8.4.2 内容页基础 ··· 187
　　8.4.3 嵌套的母版页 ····································· 189
8.5 项目实训 ·· 190
　　实训 1 主题的应用 ···································· 190
　　实训 2 母版页的应用 ································ 191
思考与练习 ··· 192

第 9 章 网上书店开发实例 ································ 193

9.1 系统设计 ·· 193
　　9.1.1 系统需求和功能 ································· 193
　　9.1.2 业务流程和系统结构 ························· 195
9.2 数据库设计 ·· 195
9.3 文件配置和数据库连接 ···························· 198
9.4 系统实现 ·· 199
　　9.4.1 网站主页 ··· 201
　　9.4.2 用户注册 ··· 209
　　9.4.3 图书查询 ··· 213
　　9.4.4 我的订单 ··· 219

9.4.5 客服中心 ………………………………………………………………… 230
9.4.6 后台管理 ………………………………………………………………… 233
思考与练习 ……………………………………………………………………… 249

思考与练习答案 ………………………………………………………………… 251

参考文献 ………………………………………………………………………… 255

第1章 ASP.NET 概述

ASP.NET 是 Microsoft 推出的基于通用语言的编程框架，可以用来在服务器端构建功能强大的 Web 应用程序，从而为人们提供了一种崭新的网络编程模型。本章首先对 ASP.NET 进行概括的介绍，然后给出 ASP.NET 的运行环境，最后给出创建一个简单 ASP.NET 应用程序的方法。

学习目标

- 了解.NET 的基本结构
- 了解什么是 ASP.NET
- 掌握 IIS 的配置方法
- 掌握创建虚拟目录的方法
- 掌握创建 ASP.NET 应用程序的步骤

1.1 ASP.NET 简介

ASP.NET 是 Microsoft 公司于 2000 年推出的一种 Internet 编程技术，是.NET Framework 的组成部分，可用于在服务器上生成功能强大的 Web 应用程序。

1.1.1 .NET 简介

.NET 是 Microsoft 公司发布的新一代系统、服务和编程平台，主要由.NET Framework 和 Microsoft Visual Studio.NET 集成开发环境组成。

1．.NET Framework

.NET Framework 是一种新的计算平台，它包含了在操作系统上进行软件开发需要的所有层，简化了在高度分布式 Internet 环境中的应用程序开发。.NET Framework 主要包括两个最基本的内核，即公共语言运行库（Common Language Runtime，CLR）和.NET Framework 基本类库（Base Class Library，BCL），它们为.NET 平台的实现提供了底层技术支持。

公共语言运行库是.NET Framework 的基础，也是.NET Framework 运行时的环境，它是运行时代码的管理者，提供核心服务。它的主要功能是把.NET 语言编译成与机器无关的中间语言 MSIL（Microsoft Intermediate Language），在执行代码时使用即时编译器 JIT

(Just In Time)将 MSIL 翻译成面向机器的二进制编码。

.NET Framework 基本类库是一个综合性的面向对象的可重用类型的集合,例如 ADO.NET、ASP.NET 等。BCL 位于公共语言运行库的上层,与.NET Framework 紧密集成在一起,可被.NET 支持的任何语言使用,这就是在 ASP.NET 中可以使用 C♯、Visual Basic.NET、Visual C++.NET 等语言进行软件开发的原因。BCL 的组织是以命名空间为基础的,最顶层的命名空间是 System。

2. Visual Studio .NET 集成开发环境

Visual Studio .NET 是为.NET Framework 应用而设置的集成开发环境(Integrated Development Environment,IDE),它在.NET Framework 和公共语言规范 CLS(Common Language Specification)基础上可运行 Visual Basic.NET、C++、C♯、J♯ 等多种语言。

公共语言规范 CLS 定义了各种语言必须遵守的公共标准,它是一组可以以编程方式验证的规则,是大多数语言共有的功能的集合。

1.1.2 动态网页设计技术

Web 页按其表现形式可分为静态网页和动态网页两种。所谓静态网页是指该网页文件里只有 HTML 标签,没有其他可执行程序。页面一经制作完成,其内容就不会再变化,不管谁打开,什么时间打开,其内容都是一样的。

动态网页是指"具有交互性的页面",即在网页源代码不变的情况下,网页的内容可根据访问者、访问时间或者访问目的的不同而显示不同的内容,如 BBS、留言板和聊天室等。动态网页的扩展名一般为.asp、.jsp、.php、.aspx。

目前比较流行的动态网页设计技术主要有以下几种。

(1) ASP。ASP 即 Active Server Page,是一种 Web 服务器端的开发技术,利用它可以编写和执行动态的、互动的、高性能的 Web 应用程序。ASP 采用 VBScript 和 JavaScript 作为脚本语言。

(2) JSP。JSP 即 Java Server Page,它是由 Sun 公司于 1999 年 6 月推出的新技术,是基于 Java Servlet 以及整个 Java 体系的 Web 开发技术。由于 JSP 采用 Java 作为脚本语言,具有极强的扩展性、良好的收缩性,以及与平台无关的开发特性,被认为是极具发展潜力的动态网站技术。

(3) PHP。PHP 即 Hypertext Processor(超文本处理器),是一种跨平台的服务器端脚本语言。它大量借用 C、Java 和 Perl 语言的语法,并耦合 PHP 自己的特性,使 Web 开发者能够快速地写出动态生成页面。它支持目前绝大多数数据库。还有一点,PHP 是完全免费的,可以从 PHP 官方站点(http://www.php.net)自由下载,而且可以不受限制地获得源码,甚至可以向其中加入自己需要的特色。

(4) ASP.NET。在 ASP 的基础上,微软公司推出了 ASP.NET,但它不是 ASP 的简单升级,它不仅吸收了 ASP 技术的优点并弥补了 ASP 的某些缺憾,更重要的是,它借鉴了 Java、Visual Basic 语言的开发优势,从而成为 Microsoft 推出的新一代动态服务器页面技术。ASP.NET 是微软开发的新的体系结构.NET 的一部分,其全新的技术架构会使每个人的编程工作变得更简单。

1.1.3 ASP.NET 的优势

ASP.NET 是微软推出的基于通用语言的编程框架,使用它可以在服务器端创建强大的 Web 应用程序,例如,商务网站、聊天室、论坛等,它是新一代编制企业 Web 应用程序的平台,为开发人员提供了一个崭新的 Web 编程模型。

首先,ASP.NET 是基于.NET 平台的,开发者可以使用与.NET 兼容的语言,所有.NET Framework 技术在 ASP.NET 中都是可用的。

其次,ASP.NET 在技术设计过程中充分考虑到程序的开发效率问题,可以使用所见即所得的 HTML 编辑器或其他的编程工具来开发 ASP.NET 程序,包括 Visual Studio.NET 版本。可将设计、开发、编译和运行集中在一起,以便极大地提高 ASP.NET 程序的开发效率。

ASP.NET 的技术优势主要体现在以下几个方面。

(1) 更好的性能。ASP.NET 代码不再是解释型的脚本,而是运行于服务器端经过编译的代码,同时由于引进了早期绑定、本地优化、缓存服务等技术,大大提高了 ASP.NET 的执行效率。

(2) 更好的语言特性。当前 ASP.NET 支持完全面向对象的 Visual Basic、C♯和 JScript 语言,意味着开发者不仅可以利用这些语言来开发 ASP.NET 程序,而且可以利用这些语言所具有的优点,包括这些开发语言的类库、消息处理模型等。此外,ASP.NET 是完全基于组件的,所有的页面、COM 对象乃至 HTML 元素都可以视为对象。

(3) 更加易于开发。ASP.NET 提供了很多基于常用功能的控件,使诸如表单提交、表单验证、数据交互等常用操作变得更加简单。同时,通过引入"代码隐藏"技术,将用户界面和实现逻辑分离,使程序更易于维护。

(4) 更强大的 IDE 支持。微软为.NET 的开发者准备了 Visual Studio 的.NET 版本(简称 VS.NET)。VS.NET 提供了强大、高效的.NET 程序的集成开发环境,支持所见即所得、控件拖放、编译调试等功能,使开发 ASP.NET 程序变得更加快速和方便。

(5) 更易于配置管理。ASP.NET 程序的所有配置都存储在基于 XML 的文件中,对这些文件进行编辑即可完成配置,这将大大简化对服务器端环境和 Web 程序的配置过程。

(6) 更易于扩展。ASP.NET 良好的结构使程序扩展更加简单,开发者可以方便地开发自己的控件来扩充 ASP.NET 的功能。

(7) 更加安全。ASP.NET 具有良好的结构,能够确保程序的安全性。ASP.NET 提供了多种认证授权的安全机制,使开发人员更容易管理站点的资源。

1.1.4 ASP.NET 与 ASP 的对比

虽然 ASP.NET 向前兼容 ASP,用户以前编写的 ASP 脚本几乎不做任何修改就可以运行在.NET 平台上,但是 ASP.NET 与 ASP 技术还是具有一定差别的,如表 1-1 所示。

表 1-1　ASP 与 ASP.NET 的对比

ASP	ASP.NET
用户界面和实现逻辑混合在一个页面中，无法剥离	用户界面和实现逻辑可以完全剥离
程序员需要严格区分一个页面中的客户端程序与服务器端程序，而且客户端程序与服务器端程序很难交互	使用 Web 控件，不再区分客户端与服务器端程序，可以直接进行数据交换
仅支持 HTML 标记	支持 HTML 标记、服务器控件
只支持解释型语言，包括 VBScript 和 JavaScript，当用户发出请求后，无论是第几次，ASP 的页面都被动态解释执行	ASP.NET 支持编译型语言，包括 Visual Basic.NET、C#、Visual C++.NET、J#.NET，第一次请求时要编译页面，之后再次请求时不需要重新编译
支持 COM 组件	支持 COM 组件、类库和 Web Service 组件
很难调试和跟踪	可以方便地调试和跟踪
不支持面向对象编程	支持面向对象编程

1.2　运行环境配置

运行 ASP.NET 应用程序，需要配置合适的运行环境，其中包括 Visual Studio.NET 集成开发环境的安装和 Internet 信息服务(IIS)的配置。

1.2.1　Visual Studio 2005 集成开发环境

Visual Studio 2005 是一个功能强大的集成开发环境，在该开发环境中可以创建 Windows 应用程序、ASP.NET 应用程序、ASP.NET 服务和控制台程序等。

1．集成开发环境简介

Visual Studio 2005 集成开发环境如图 1-1 所示，从图中可以看到界面主要由几个不同的部分组成。

在进行页面设计时需要用到"属性"窗口。在此窗口中，用户可以对页面的一些属性值进行设置，这些设置的属性值会被自动添加到源代码中。当没有打开任何工程时，该窗口中不显示任何内容。

在 Visual Studio 2005 的窗口左侧有一个隐藏的工具箱，当用户将鼠标放置在"工具箱"按钮上时会弹出一个"工具箱"窗口，在该窗口中列出了开发 ASP.NET 应用程序的多种控件，用户可以直接使用这些控件，节省了编辑代码的时间，加快了程序开发的进度。和"属性"窗口相同，当没有打开任何工程时，这个窗口中也没有任何内容。

2．配置集成开发环境

为了便于阅读代码和对源代码进行有条理的说明，可以通过下列步骤设置集成开发环境的文本编辑器，使得每行代码前面都显示行号。

(1) 选择"工具"|"选项"命令，打开"选项"对话框。

(2) 在"选项"对话框中展开"文本编辑器"节点，选择"所有语言"选项，如图 1-2 所示。

(3) 选中"行号"复选框，单击"确定"按钮关闭该对话框。

图 1-1　Visual Studio 2005 集成开发环境

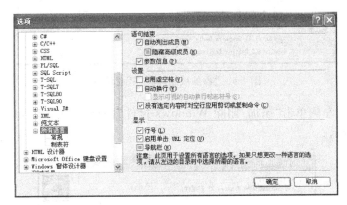

图 1-2　设置显示行号

可以通过下列步骤设置集成开发环境的"环境"选项,以便改变源代码的字体、字号。
(1) 选择"工具"|"选项"命令,打开"选项"对话框。
(2) 在"选项"对话框中展开"环境"节点,选择"字体和颜色"选项,如图 1-3 所示。

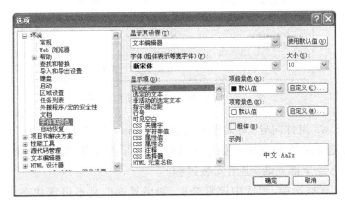

图 1-3　改变字体和字号

(3) 重新选择字体和字号,然后单击"确定"按钮关闭该对话框。

1.2.2 IIS 的安装与配置

1. 安装 IIS

在 Windows 2000 或 Windows XP 中安装 IIS 的步骤如下:

(1) 选择"开始"|"控制面板"|"添加或删除程序"命令,打开如图 1-4 所示的窗口。

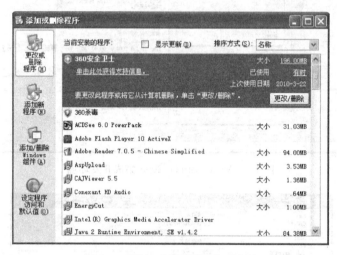

图 1-4 "添加或删除程序"对话框

(2) 在窗口的左侧单击"添加/删除 Windows 组件"图标,打开"Windows 组件向导"对话框,如图 1-5 所示。

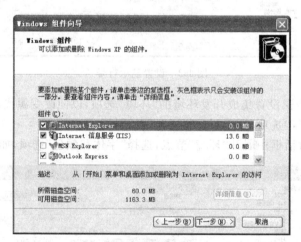

图 1-5 "Windows 组件向导"对话框

(3) 在"Windows 组件向导"对话框中找到"Internet 信息服务(IIS)"组件,如果尚未安装,则其左侧的复选框不会被选中。如果复选框是不可选状态,说明 IIS 的组件没有全部安装;否则说明 IIS 已经全部安装,退出安装过程。

如果复选框没有被选中,则选中该复选框;如果复选框是不可选状态,则选中该项,单击"详细信息"按钮,打开如图 1-6 所示的对话框。

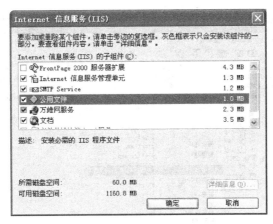

图 1-6 "Internet 信息服务(IIS)"对话框

（4）在"Internet 信息服务(IIS)"对话框中选择要安装的子组件，对于本书来说，"公用文件"子组件是一定要选中的。选择要安装的子组件后，单击"确定"按钮，返回到"Windows 组件向导"对话框。单击"下一步"按钮开始安装 IIS，此时可能会提示用户将 Windows 2000 系统盘放入光驱中。

（5）安装完毕后，返回到"添加或删除程序"窗口。

一旦安装完成，系统会自动启动 IIS，而且在此之后，无论何时启动 Windows，系统都会自动启动 IIS。

2．创建虚拟目录

IIS 安装完成之后，系统会自动建立一个默认网站的主目录，默认路径为[systemdrive]:\Inetpub\wwwroot。如果把一个名为 xxx.aspx（或.htm）的文件放置在主目录下，那么就可以通过 http://127.0.0.1/xxx.aspx 访问该网页。也可以不将网站放置在此目录下，而为网站设置虚拟目录。

虚拟目录相当于物理目录在 Web 服务器上的别名，它不仅使用户避免了冗长的 URL，而且是一种很好的安全措施，因为虚拟目录对所有浏览者隐藏了物理目录结构。例如，为 D:\aspcode\ks 目录创建虚拟目录，步骤如下：

（1）打开"Internet 信息服务"窗口，右击"默认网站"节点，在弹出的快捷菜单中选择"新建"|"虚拟目录"命令，如图 1-7 所示。

（2）在打开的"虚拟目录创建向导"对话框中，直接单击"下一步"按钮，打开如图 1-8 所示的对话框，输入一个别名，这里输入"ks"，与它的物理目录的名称相同。

（3）单击"下一步"按钮，在打开的对话框中单击"浏览"按钮，选择虚拟目录对应的 Web 服务器的物理目录，如图 1-9 所示。

（4）单击"下一步"按钮，打开图 1-10 所示的"访问权限"对话框。默认权限为"读取"和"运行脚本"。这些权限是服务器上所有 ASP.NET 应用程序的公共权限。

（5）单击"下一步"按钮，然后单击"完成"按钮，即可完成虚拟目录的创建。此时，在"Internet 信息服务"窗口的目录树中就会显示虚拟目录 ks，如图 1-11 所示。

可以右击图 1-11 中的虚拟目录 ks，从弹出的快捷菜单中选择"属性"命令，打开图 1-12 所示的对话框，在此对话框中重新设置虚拟目录的访问权限。

图 1-7 "新建"|"虚拟目录"命令

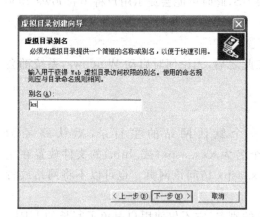

图 1-8 "虚拟目录别名"对话框

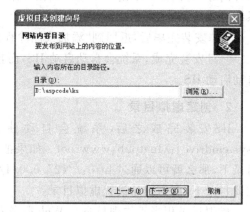

图 1-9 选择网站的物理目录

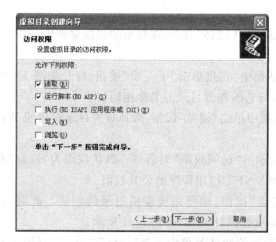

图 1-10 "访问权限"对话框

图 1-11 新创建的虚拟目录

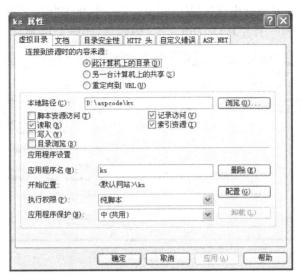

图 1-12 "ks 属性"对话框

1.3 创建简单的 ASP.NET 应用程序

ASP.NET 的运行环境配置好后,就可以开发 ASP.NET 应用程序了。下面通过实例介绍在 Microsoft Visual Studio 2005 中如何编写 ASP.NET 应用程序。

1. 创建 Web 站点

(1) 启动 Microsoft Visual Studio 2005。

(2) 选择"文件"|"新建"|"网站"命令,打开"新建网站"对话框,如图 1-13 所示。

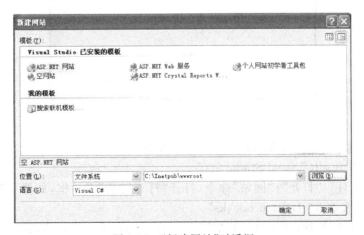

图 1-13 "新建网站"对话框

(3) 在"Visual Studio 已安装的模板"列表中选择"ASP.NET 网站"选项。

(4) 在"位置"下拉列表框中选择"文件系统"选项,然后输入要创建的站点的物理位置,如"D:\aspcode\ks"。如果某个文件夹不存在,则系统会自动创建。

（5）在"语言"下拉列表框中选择"Visual C#"选项，单击"确定"按钮，则在集成开发环境中将创建该文件夹和一个名为 Default.aspx 的新页，如图 1-14 所示。

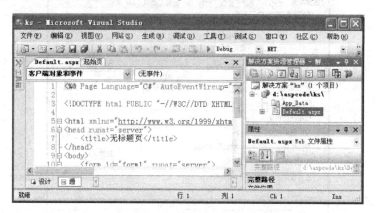

图 1-14 新建 ks 站点

选择"文件"|"关闭解决方案"命令，则可以关闭当前站点；选择"文件"|"打开"|"网站"命令，则可以打开某个站点。

2. 编写 ASP.NET 应用程序

【例 1-1】 在站点 ks 中设计一个登录页面，初始界面如图 1-15 所示，用户输入学号和姓名，单击"登录"按钮时，就能在标签中显示"欢迎***_***使用本系统！"的字样。

图 1-15 例 1-1 初始界面

为站点 ks 创建登录页面 login.aspx 的步骤如下：

（1）启动 Microsoft Visual Studio 2005。

（2）选择"文件"|"打开"|"网站"命令，打开"打开网站"对话框，如图 1-16 所示。在其中选择要打开的文件夹"D:\aspcode\ks"。

（3）单击"打开"按钮，就可以打开如图 1-14 所示的集成开发环境，右击"解决方案资源管理器"窗口中的站点物理目录"D:\aspcode\ks\"，从弹出的快捷菜单中选择"添加新项"命令，打开"添加新项"对话框，如图 1-17 所示。

（4）在"Visual Studio 已安装的模板"列表中选择"Web 窗体"选项，在"名称"文本框中输入 login.aspx，在"语言"列表框中选择"Visual C#"选项，选中"将代码放在单独的文件中"复选框。

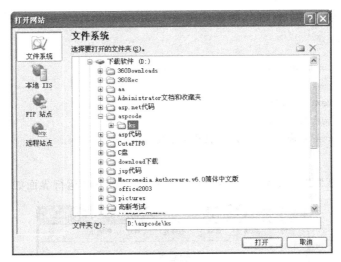

图 1-16 "打开网站"对话框

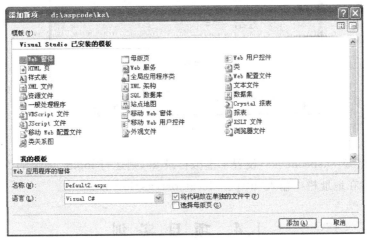

图 1-17 "添加新项"对话框

(5) 单击"添加"按钮,就在"解决方案资源管理器"窗口中的 ks 站点下面添加 login.aspx 文件了。

(6) 双击 login.aspx 文件,选择"设计"选项卡,在设计视图中创建如图 1-15 所示的初始界面。各控件的属性设置见表 1-2。

表 1-2 各控件的属性设置

控 件	属 性	值	控 件	属 性	值
Label1	Text	系统登录	TextBox2		
	Font-Size	Large	Button1	Text	登录
Label2	Text	学号	Label4	Text	
Label3	Text	姓名		ForeColor	Blue
TextBox1					

（7）双击"登录"按钮，打开代码隐藏文件 login.aspx.cs。在"登录"按钮的 Click 事件中添加以下代码：

```
protected void Button1_Click(object sender, EventArgs e)
{
    String a=TextBox1.Text;
    String b=TextBox2.Text;
    Label4.Text="欢迎"+a+"_"+b+"使用本系统！";
}
```

（8）选择"调试"|"启动调试"命令，编译运行程序，最终的运行界面如图 1-18 所示。

图 1-18　例 1-1 运行界面

如果对站点 D:\aspcode\ks\ 设置了虚拟目录 ks，则运行 login.aspx 的方法是：先进入 IE 浏览器，然后在地址栏中输入"http://localhost/ks/login.aspx"。

1.4　项目实训

实训 1　创建虚拟目录

实训目的

（1）了解 IIS 的安装方法。

（2）了解建立虚拟目录的意义。

（3）掌握虚拟目录的创建过程。

实训要求

在 IIS 中创建一个名为 test 的虚拟目录，其对应的物理目录为 D:\ASP.net\sx01。

实训 2　创建一个 Web 应用程序

实训目的

（1）了解 Visual Studio 2005 集成开发环境的组成。

(2) 掌握创建 ASP.NET 应用程序的步骤。

(3) 掌握 ASP.NET 应用程序的创建、调试和运行。

实训要求

(1) 在实训 1 建立的虚拟目录 test 中创建一个页面 sx1_1.aspx，输入个人信息，界面如图 1-19 所示。单击"确认"按钮，将输入的个人信息显示在 Label5 控件中，输出结果如图 1-20 所示。

图 1-19 初始界面　　　　　　　　　图 1-20 输出界面

(2) 在实训 1 建立的虚拟目录 test 中创建一个页面 sx1_2.aspx，要求实现两个文本框中数据的交换，如图 1-21 所示。

图 1-21　sx1_2.aspx 页面

思考与练习

一、填空题

1. ASP 支持＿＿＿＿语言，ASP.NET 支持＿＿＿＿语言。

2. .NET 是＿＿＿＿公司发布的新一代系统、服务和编程平台，主要由＿＿＿＿和＿＿＿＿组成。

3. 动态网页是指＿＿＿＿页面，其扩展名一般为＿＿＿＿。

二、简答题

1. 什么是虚拟目录？

2. 为 D:\person\abc 创建虚拟目录 abc，在 abc 目录下创建网页 default.aspx。通过输入"http://127.0.0.1/default.aspx"访问，是否成功？然后将"127.0.0.1"换成"localhost"（或当前计算机名），效果如何？若希望在省略文件名的情况下仍能访问该网页，该如何操作？

第 2 章 C♯语言基础

C♯的中文译音暂时没有,非专业人士一般读作"C井",专业人士一般读作"C sharp"。

C♯是一种安全的、稳定的、简单的、优雅的、由C和C++衍生出来的面向对象的编程语言。它在继承C和C++强大功能的同时去掉了一些复杂的特性(例如没有宏和模板,不允许多重继承)。C♯综合了Visual Basic简单的可视化操作和C++的高运行效率,以其强大的操作能力、优雅的语法风格、创新的语言特性和便捷的对面向组件编程的支持成为.NET开发的首选语言,并且C♯成为ECMA与ISO标准规范。C♯看似基于C++写成,但又融入了其他语言,如Pascal、Java、Visual Basic等。

学习目标

- 掌握C♯的数据类型
- 掌握C♯的基本语句
- 学会C♯的异常处理机制
- 掌握C♯的类和对象
- 了解命名空间的含义

2.1 C♯语言简介

2.1.1 C♯简介

C♯是微软公司研究员Anders Hejlsberg的最新成果。C♯是用于编写可运行在.NET CLR上的应用程序的语言之一。它从C和C++语言演化而来,是Microsoft专门为用户使用.NET平台而创建的。C♯是近期发展起来的,所以吸取了以前的教训,考虑了其他语言的许多优点:回归了C语言的简约语法,传承了C++语言的功能机制,借鉴了Java语言的典雅风格,形成了一种易学易用的新兴语言。C♯语言具有以下特征。

1. 简约

C♯语言的复杂性比C++降低了。最为典型的表现之一就是C♯去掉了C++中虽然功能强大,但容易出错、普通程序员难以把握的指针类型。这一改进并未减弱C♯的灵活性,通过托管内存执行代码机制,使用如委托、迭代器、匿名方法和扩展方法等机制,提供了比指针更为强大、灵活的功能。

2. 安全

C♯语言采用严格的类型检查，保证在安全的范围内进行类型转换，并通过封箱和拆箱操作，实现值类型到应用类型的安全转换。这种类型的安全检查能够确保所有变量从初始化到销毁的整个生命周期内都位于受托管内存中。通过受托管内存的类型检查和垃圾回收机制，提高了程序的稳定性，避免了传统程序控制不当导致的内存泄露。

3. 现代

C♯语言结合了许多编程语言的优点，并且针对不同领域应用程序的开发需要而改善。相对于 C 语言、C++ 和 Java，C♯ 在语义上做出了重大改进和扩展，如委托、匿名方法、C♯ 3.0 的扩展方法、Lambda 表达式等。这种改进和扩展不仅使 C♯ 编程变得更加灵活，而且使 C♯ 语言更符合业界的发展趋势，形成更高的生产力。

4. 兼容

C♯语言要适合广泛的应用领域，就必须兼容传统的应用程序。为此，C♯不仅能够通过 COM 互操作与以往的组件兼容，还能通过声明的入口点访问任何 DLL 库。这些 DLL 库可以是托管代码生成的，也可以是非托管代码生成的。

2.1.2 第一个 C♯ 程序

本节将以创建一个控制台程序为例，介绍利用 Microsoft Visual Studio 2005 集成开发环境创建 C♯ 应用程序的过程。

【例 2-1】 创建一个控制台应用程序 2-1，要求：在控制台屏幕上输出"欢迎进入 C♯ 世界！"。

步骤如下：

（1）启动 Microsoft Visual Studio 2005。

（2）选择"文件"|"新建"|"项目"命令，打开"新建项目"对话框，如图 2-1 所示。

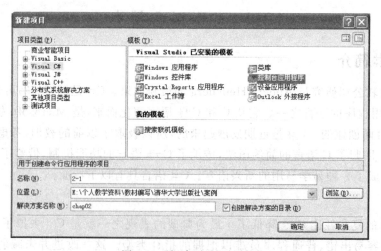

图 2-1 "新建项目"对话框

（3）在"项目类型"列表中选择"Visual C♯"选项，在"模板"中选择"控制台应用程序"选项，在"名称"文本框中输入项目的名称"2-1"，选中"创建解决方案的目录"复选框，在"解决方案名称"文本框中输入解决方案的名称,如"chap02",在"位置"文本框中选择解决方案文件夹的位置。

(4) 单击"确定"按钮,即可打开控制台代码编辑界面,如图 2-2 所示。

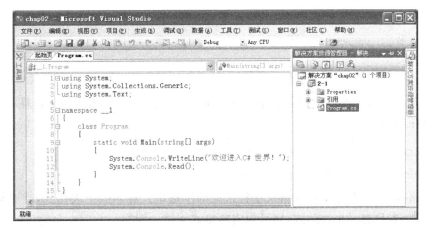

图 2-2　代码编辑界面

(5) 最后,选择"调试"|"启动调试"命令运行程序。

Microsoft Visual Studio 2005 使用"解决方案"来管理网站和项目,一个解决方案只包含一个网站,但一个解决方案可以包含多个项目,并且可以将任一项目设为启动项目。

在解决方案中添加新项目的方法为:右击图 2-2 中的"解决方案'chap02'"节点,在弹出的快捷菜单中选择"添加"|"新建项目"命令,如图 2-3 所示。

若一个解决方案包含多个项目,则要运行某个项目,必须右击该项目,在弹出的快捷菜单中选择"设为启动项目"命令。创建一个项目会自动生成一个文件夹,其中包括两个重要文件:C#源文件(.cs)、项目文件(.csproj)。

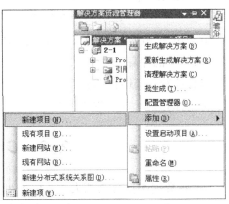

图 2-3　"添加"|"新建项目"命令

C#源文件的组成层次如下:

(1) 每个 C#源文件由一个或多个命名空间组成。

(2) 每个命名空间包含 3 部分:using 语句、类、子命名空间。

(3) 每个类的作用域可以都是 public,且源文件名是任意的。

(4) 每个 C#源文件都存在一个全局命名空间,用户声明的命名空间只是全局命名空间的一个成员。

(5) 一个 C#程序有且只有一个 Main()函数,作为运行入口。

(6) 最简单的 C#程序只有一个类,该类只包含一个 Main()函数。

例 2-1 的 C#程序可以简化为:

```
class Program
{
    static void Main(string[]args)
    {
        System.Console.WriteLine("欢迎进入 C#世界!");
        System.Console.Read();
    }
}
```

C♯是区分字母大小写的语言。下面介绍输出语句、输入语句和C♯的注释。

(1) 输出语句

System.Console.WriteLine(输出格式,表达式)

System.Console.Write (输出格式,表达式)

"输出格式"是由普通字符与格式字符组成的字符串。有多少个表达式,就必须有多少个格式字符。若只有一个表达式,则可以省略格式字符。例如:

System.Console.WriteLine("{0},{1}",i,j);

System.Console.Write(i);

(2) 输入语句

int 变量名=System.Console.Read();

string 变量名=System.Console.ReadLine();

前者用于接收一个字符,并返回该字符的 Unicode 码;后者用于接收一个字符串。

(3) C♯的注释

单行注释://注释内容

多行注释:/*注释内容*/

2.2 C♯的数据类型

C♯将数据类型分为两大类:值类型和引用类型。两者的区别是:值类型的变量直接存储数据的值;引用类型的变量不直接存储数据的值,存储的只是数据的引用地址。图 2-4 说明了值类型和引用类型的区别。

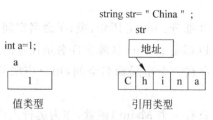

图 2-4 值类型和引用类型的区别

2.2.1 值类型

(1) 整型：见表2-1。

表2-1 整型

C#类型	.NET类型	所占字节数	取值范围
byte	System.Byte	1	0~255（无符号）
sbyte	System.SByte	1	-128~127（有符号）
short	System.Int16	2	-32768~32767
int	System.Int32	4	
long	System.Int64	8	

(2) 浮点型：见表2-2。

表2-2 浮点型

C#类型	.NET类型	所占字节数	取值范围
float	System.Single	4	以F或f结尾的实数
double	System.Double	8	

(3) 字符型：见表2-3。

表2-3 字符型

C#类型	.NET类型	所占字节数	取值范围
char	System.Char	2	0~65535对应的字符

C#采用Unicode编码，每个字母、数字、汉字都算一个字符。在C#中整数类型无法转换为字符型，因此，char型变量只能赋上一个字符，不能赋上字符的Unicode。例如：

```
char x='A';
```

而不能使用

```
char x=65;
```

(4) 布尔型：见表2-4。

表2-4 布尔型

C#类型	.NET类型	所占字节数	取值范围
bool	System.Boolean	1	true或false

2.2.2 引用类型

C#中有两种预定义引用类型，见表2-5。

表 2-5　引用类型

C♯类型	.NET 类型	取值范围	C♯类型	.NET 类型	取值范围
string	System.String	任意一个字符串	object	System.Object	任意类型的数据

2.3　常量、变量和运算符

2.3.1　常量

所谓常量，就是在程序运行过程中其值不能改变的量。C♯的常量有如下几种。

1．整型常量

整型常量就是一个整数，例如：100、314。

2．浮点型常量

浮点型常量分为单精度常量(float)和双精度常量(double)。单精度常量以 F 或 f 结尾，双精度常量以 D 或 d 结尾。如果没有这些说明，系统会把浮点数作为 double 类型处理。例如，3.14F、3.14f 是 float 型常量，3.14、3.14D、3.14d 是 double 型常量。

3．字符型常量

字符型常量是用单引号括起来的一个字符，例如：'a'、'汕'。另外，C♯也提供转义字符，以反斜杠(\)开头，将其后的字符转变为另外的含义，表 2-6 列出了常见的转义字符。

表 2-6　转义字符

转义字符	含　　义	转义字符	含　　义
\n	换行，将光标移到下一行开头	\'	代表一个单引号字符
\t	跳到下一个 Tab 位置	\"	代表一个双引号字符
\b	退格	\ddd	1~3 位八进制数所代表的字符
\r	回车，将光标移到本行开头	\uxxxx	1~4 位十六进制数所代表的字符
\\	代表一个反斜杠字符		

4．字符串常量

字符串常量是用双引号括住的一个或多个字符，例如："c"、"student"。

5．逻辑型常量

逻辑型常量只有两个：true、false。

另外，C♯还可以通过 const 把一个标识符定义为常量，定义符号常量的语法如下：

const 类型名　符号常量=常量表达式;

其中，const 是 C♯的关键字，表示要声明一个符号常量；类型名用来指定这个符号常量的类型；=表示赋值；常量表达式是这个符号常量的值。例如：

const string s="北京";

数学中的圆周率被用到程序中时,它的值是不能改变的,同时也不希望在程序运行期间被误改,就可以用符号常量来定义。

```
public const double PI=3.14159;
```

2.3.2 变量

所谓变量,就是在程序运行过程中其值可以改变的量。变量的类型可以是C♯的任何一种数据类型。变量必须遵循"先定义后使用"的原则,变量的定义格式如下:

类型 变量名[=初值];

由定义格式可以知道,变量在定义时可以设置初始值,也可以不设置。下面给出各种变量的定义。

```
int a=10;
float b=3.14F;
double c=3.14;
char ch='汕';
bool x=true;
string str="student";
object obj=123;
```

在定义变量时要注意如下几点。

(1) 变量名必须符合C♯的命名规则:必须以字母或下画线开头,变量名中不能含有特殊符号,如/、\、*、&、空格等。

(2) 在变量的声明语句中,允许对变量的值进行初始化。

(3) 在一条变量声明语句中可以声明多个同类型的变量,但对于不同类型的变量,必须在不同的语句中进行声明。

2.3.3 运算符

运算符是表示各种不同运算的符号。C♯和Java一样,共引进14级运算符。按参加运算的操作数的个数划分,可以将运算符分为3类:单目运算符、双目运算符和三目运算符;按功能划分,可以将运算符分为7类:算术运算符、关系运算符、逻辑运算符、条件运算符、赋值运算符、位运算符和移位运算符。表2-7列出了C♯中常用的运算符。

表2-7 C♯中常用的运算符

优先级	运 算 符	描 述	结合性
1	()	圆括号	自左向右
2	++、--、-、!、~	自增、自减、负号、逻辑非、按位取反	自右向左
3	*、/、%	乘、除、取余	自左向右
4	+、-	加、减	自左向右
5	<<、>>	左移、右移	自左向右

续表

优先级	运 算 符	描 述	结合性
6	>、>=、<、<=	大于、大于等于、小于、小于等于	自左向右
7	==、!=	等于、不等于	自左向右
8	&	按位与	自左向右
9	^	按位异或	自左向右
10	|	按位或	自左向右
11	&&	逻辑与	自左向右
12	||	逻辑或	自左向右
13	?:	条件运算符	自右向左
14	=、+=、-=、*=、/=、%=	赋值运算符	自右向左

下面介绍各类运算符的用法。

1. 算术运算符

(1) 双目运算符：+、-、*、/、%

当/、%两侧为整数时,结果为整数,例如：3/5=0,3%5=3。当/、%两侧有一个为实数时,结果为实数。在C#语言中进行"数值+字符串"的运算时,要先统一为字符串,再运算,例如："12"+34="1234"。

(2) 单目运算符：++（自增）、--（自减）

① ++、-- 只能作用在变量上,不能作用在常量和表达式上。

② i++、++i 单独成为语句时,均等价于 i=i+1。

③ i++、++i 的不同之处是：i++ 是先使用i,再使i的值加1；++i 则是先使i的值加1,再使用i。

【例 2-2】 分析程序的运行结果。

```
class Program
{   static void Main(string[] args)
    {
        int i=0;
        i++;
        System.Console.WriteLine(i);
        System.Console.Read();
    }
}
```

运行结果：

1

【例 2-3】 分析程序的运行结果。

```
class Program
```

```
{   static void Main(string[] args)
    {
        int i,j;
        i=3;
        j=i++;
        System.Console.WriteLine(i+","+j);
        i=3;
        j=++i;
        System.Console.WriteLine(i+","+j);
        System.Console.Read();
    }
}
```

运行结果：

4,3

4,4

算术运算符的优先级见表 2-8。

表 2-8　算术运算符的优先级

运算符	优先级	结合性	运算符	优先级	结合性
++、--	2	自右向左	+、-	4	自左向右
*、/、%	3	自左向右			

由算术运算符组成的表达式称为算术表达式，算术表达式的值是一个整数或实数。

2．关系运算符

关系运算符的优先级见表 2-9。

表 2-9　关系运算符的优先级

运算符	优先级	结合性	运算符	优先级	结合性
>、>=、<、<=	6	自左向右	==、!=	7	自左向右

关系运算符用于实现操作数的比较运算，由关系运算符组成的表达式称为关系表达式。关系表达式的值为 true 或 false，例如，7>=7 的值为 true。

3．逻辑运算符

逻辑运算符的优先级见表 2-10。

表 2-10　逻辑运算符的优先级

运算符	优先级	举　例	解　　释
!	2	!x	
&&	11	x&&y	只要 x、y 有一个为假，结果即为假
||	12	x||y	只要 x、y 有一个为真，结果即为真

参加逻辑运算的操作数必须为逻辑值。由逻辑运算符组成的表达式称为逻辑表达式。逻辑表达式的值为 true 或 false，例如，2+3>7 && 7<9 是一个逻辑表达式，它的值为 false。

若一个表达式中含有多种运算符，则表达式的类型取决于级别最低的运算符的类型。

4．条件运算符

C♯中唯一的一个三目运算符就是条件运算符(？：)，由条件运算符组成的表达式称为条件表达式，条件表达式的一般格式为：

操作数 1?操作数 2:操作数 3

其中，"操作数 1"的值必须为逻辑值，否则将出现编译错误。进行条件运算时，首先判断"操作数 1"是否为真，如果"操作数 1"为真，则条件表达式的值为"操作数 2"的值；如果为假，则条件表达式的值为"操作数 3"的值。在例 2-4 的程序段中，c 的值为 −10，因为 a>b 的值为 false。

【例 2-4】 条件表达式示例。

```
int a=3;
int b=5;
int c=a>b?100 : -10;
```

注意：条件表达式具有"右结合性"，意思是操作自右向左组合。例如，a?b:c?d:e 表达式的计算与 a?b:(c?d:e)相同。

5．赋值运算符

(1) 赋值运算符

赋值运算符包括=、+=、−=、*=、/=、%=，它们的优先级为 14，结合性是自右向左。例如，"a=b=c=4;"语句表示 a、b、c 的值均为 4。

表 2-11 列出了复合赋值运算符的含义。

表 2-11 复合赋值运算符

赋值运算符	举 例	含 义	赋值运算符	举 例	含 义
+=	a+=b	a=a+b	/=	a/=b	a=a/b
−=	a−=b	a=a−b	%=	a%=b	a=a%b
*=	a*=b	a=a*b			

(2) 赋值表达式

赋值表达式的值等于被赋值的变量的值。例如，表达式 a=5 的值为 5。

2.4 数 组

数组是包含若干个相同类型数据的集合，数组的数据类型可以是任何类型。数组可以是一维的，也可以是多维的（常用的是二维数组和三维数组）。

2.4.1 一维数组

数组的维数决定了数组元素的下标数，一维数组只有一个下标。一维数组的声明格式

如下:

类型[]数组名;

声明数组时,还没有创建数组,还没有为数组元素分配任何内存空间,因此,声明数组后,需要对数组实例化。

数组的实例化有两种方式:第一种是使用 new 关键字进行实例化;第二种是在声明数组的时候进行初始化。

(1) 使用 new 关键字进行实例化

数组名=new 类型[表达式];

例如:

int[] a;
a=new int[4];

也可以简写为:

int[] a=new int[4];

解释:定义一个数组 a,它包含 4 个数组元素,即 a[0]、a[1]、a[2]、a[3],每个数组元素的类型都是 int 类型。

C#规定:数组元素的下标是从 0 开始的连续整数。

(2) 在声明数组的时候进行初始化

类型[] 数组名={常量,…,常量};

例如:

int[] b={1, 2, 3, 4, 5};   //数组 b 包含 5 个元素
string c[]={"one","two","three","four","five"}; //数组 c 包含 5 个元素

2.4.2 多维数组

多维数组和一维数组有很多相似的地方,多维数组有多个下标,声明二维数组的语法如下:

类型[,] 数组名;

二维数组的实例化和一维数组相似,可以使用 new 关键字进行实例化,也可以在声明数组的时候进行初始化。

(1) 使用 new 关键字进行实例化

数组名=new 类型[表达式 1,表达式 2];

C#规定:数组元素的下标是从 0 开始的连续整数。表达式 1 表示数组元素占多少行,表达式 2 表示每行有多少个数组元素。

例如:

int[,] a;

a=new int[3,2];

也可以简写为：

int[,] a=new int[3,2];

解释：定义一个数组 a，它包含 6 个数组元素，即 a[0,0]、a[0,1]、a[1,0]、a[1,1]、a[2,0]、a[2,1]。

（2）在声明数组的时候进行初始化

例如：

int[,] b={{0, 1}, {2, 3}, {6, 9}};

2.5 程序流程控制

在通常情况下，程序中的代码是按顺序执行的（顺序结构），若要改变代码的执行顺序，就要使用流程控制语句。

2.5.1 选择结构

选择结构的典型语句有 if 语句和 switch 语句，它们都是以特定的值或表达式来决定要不要执行程序代码的。

1．if 语句

if 语句的语法格式如下：

if (表达式) 语句 1 [else 语句 2]

当表达式的值为真时，就执行"语句 1"，否则执行"语句 2"。其中，"语句 1"、"语句 2"可以是任意一个 C♯语句。例如：

if (a>b) max=a; else max=b;

2．if 语句的嵌套

if 语句一般用于解决单分支、双分支问题，必要时，也可以解决多分支问题。

if 语句的嵌套格式如下：

if (表达式 1)语句 1
else if (表达式 2)语句 2
else if (表达式 3)语句 3
 ⋮
else 语句 n

【例 2-5】 编写一个 C♯程序，利用键盘输入一个百分制成绩，要求输出成绩等级。90 分以上输出'A'，80～89 分输出'B'，70～79 分输出'C'，60～69 分输出'D'，60 分以下输出'E'。

程序代码如下：

```
class Program
{   static void Main(string[] args)
```

```
        {
            System.Console.Write("请输入一个成绩:");
            int score=int.Parse(System.Console.ReadLine());
            if(score>=90) grade='A';
            else if(score>=80) grade='B';
            else if(score>=70) grade='C';
            else if(score>=60) grade='D';
            else grade='E';
            System.Console.WriteLine("成绩等级为"+grade);
            System.Console.Read();
        }
}
```

3. switch 语句

switch 语句也叫做多分支语句,它可以根据表达式的值来决定执行哪个 case 块的语句。switch 语句的语法格式如下:

```
switch (表达式)
{case 常量 1: 语句块 1;
          break;
 case 常量 2: 语句块 2;
          break;
    ⋮
 case 常量 n: 语句块 n;
          break;
 [default: 语句块 n+1;break; ]
}
```

首先计算表达式的值,如果表达式的值与某个 case 块的常量相等,就转去执行该 case 块的语句,当表达式的值与任何 case 块的常量都不相等时,就执行 default 中的语句。

注意:

(1) switch 后面表达式的类型必须是整型或字符型。

(2) 在 C# 中,当 case 分支后面有语句时,必须以 break 语句结尾。

(3) 多个不同的 case 分支可以执行同一个语句块。

【例 2-6】 编写一个 C# 程序,要求利用键盘输入一个月份后,能够在屏幕上显示出该月的天数。

程序代码如下:

```
class Program
{   static void Main(string[] args)
    {   int day;
        System.Console.Write("请输入一个月份:");
        int month=int.Parse(System.Console.ReadLine());
        switch (month)
        {   case 1:
            case 3:
```

```
            case 5:
            case 7:
            case 8:
            case 10:
            case 12: day=31; break;
            case 4:
            case 6:
            case 9:
            case 11: day=30; break;
            case 2: day=28; break;
            default: day=0; break;
        }
        System.Console.WriteLine("\n{0}月份的天数为:{1}",month,day);
        System.Console.Read();
    }
}
```

2.5.2 循环结构

循环结构就是将某些程序语句重复执行多次的一种程序结构，这种结构可以简化程序的设计，完成其他结构不能完成的任务。C♯中有 4 种循环语句，分别是 while 语句、do-while 语句、for 语句和 foreach 语句。

1. while 语句

while 语句的语法格式如下：

while (表达式) 语句

while 语句的执行过程如图 2-5 所示。

【例 2-7】 用 while 语句求 1～100 之间的偶数。

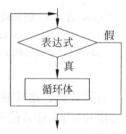

图 2-5 while 语句

```
class Program
{   static void Main(string[] args)
    {   int s=0;
        int i=2;
        while(i<=100)
        {   s=s+i;
            i=i+2;
        }
        System.Console.WriteLine("和为"+s);
        System.Console.Read();
    }
}
```

2. do-while 语句

do-while 语句的语法格式如下：

do

循环体语句

while(表达式);　　　　　　　　//注意末尾有分号

do-while 语句的执行过程如图 2-6 所示。

【例 2-8】 用 do-while 语句求 1～100 之间的偶数。

```
Class Program
{   static void Main(string[] args)
    {   int s=0;
        int i=2;
        do
        {   s=s+i;
            i=i+2;
        }
        while (i<=100);
        System.Console.WriteLine("和为"+s);
        System.Console.Read();
    }
}
```

注意：while 语句的特点是，先判断后执行，可能一次也不执行循环体。而 do-while 语句是先执行后判断，至少要执行一次循环体。

3. for 语句

for 语句的语法格式如下：

for(表达式 1;表达式 2;表达式 3) 循环体语句

for 语句的执行过程如图 2-7 所示。

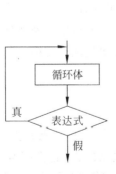

图 2-6　do-while 语句

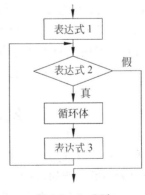

图 2-7　for 语句

说明：

(1) 表达式 1 常用于对循环变量赋初值；表达式 2 常用于判断循环变量是否超出终值；表达式 3 常用于修改循环变量的值。

(2) 表达式 1、表达式 2、表达式 3 都可以省略，但分号不能省略。例如，for(;;)语句。

【例 2-9】 用 for 语句求 1～100 之间的偶数。

程序代码如下：

```
class Program
{    static void Main(string[] args)
    {   int s=0;
        int i;
        for (i=2; i<=100; i+=2)
            s=s+i;
        System.Console.WriteLine("和为"+s);
        System.Console.Read();
    }
}
```

4. foreach 语句

foreach 语句用于列举一个数组或集合中的所有元素。foreach 语句的语法格式如下：

```
foreach(类型 成员名 in 数组名/集合名)
{循环体}
```

对于数组或集合中的每一个元素，都重复执行循环体。成员名代表数组或集合中的一个元素。

下面的代码演示了 foreach 语句的用法。

```
int[]a={3,6,9,12,15,18};
foreach(int i in a)
{System.Console.Write(i+",");}
```

5. 跳转语句

（1）break 语句：终止并跳出循环。

（2）continue 语句：终止当前的循环，重新开始一个新的循环。

break 语句只能用于 switch 语句中或循环体内，当 break 语句用于循环体内时，常与 if 语句配合使用。continue 语句只能用于循环体内，并常与 if 语句配合使用。

2.6 类 和 对 象

类是一种抽象的数据类型，是对一类事物的统一描述。在生活中，通常把一组具有相同特性的事物归为一类。例如，汽车、人、房子、动物等都是独立的类，它们都有各自的特点。汽车这个大类可进一步分成卡车、客车、小轿车等各种小类。将这些思想应用到编程技术中就产生了"类"的概念。

对象可以看做是类中一个具体的事物。类是对象共同拥有的属性的描述，对象是类的具体表现。例如汽车属于一个类，而具体到东风卡车、宝马小车就是对象。

类（class）是 C# 类型中最基础的类型。类是一个数据结构，将状态（属性）和行为（方法）封装在一个单元中。类提供了用于动态创建类实例的定义，也就是对象（object）。类支持继承（inheritance）和多态（polymorphism），即派生类能够扩展和特殊化基类的机制。

2.6.1 类的声明

1. 声明类的基本格式

class 类名[:基类]
{ 成员变量声明；
　成员函数声明；
}

定义一个类时，若省略基类，则默认从 Object 类继承而来，C#中所有的类都直接或间接继承 Object 类。

下列代码演示了类的声明：

```
class A
{
    public int a;                    //声明成员变量
    private int b;
    protected int c;
    public void setA()               //声明成员函数
    {
        a=1;
        b=2;
        c=3;
    }
}
```

2. 类的成员

类的成员有两类：成员变量和成员函数。

成员变量，又称为属性，其声明格式如下：

[public/protected/private][static] 类型 变量名；

成员函数，又称为方法，其声明格式如下：

public/protected/private][static] 类型 函数名(形参表)
{　　}

类成员的访问权限有 3 种，说明如下：

(1) private：私有成员，只能被自身类的成员函数访问，当一个成员没有指定访问说明符时，默认为 private。

(2) protected：受保护成员，只能被自身类和派生类的成员函数访问。

(3) public：公有成员，可以被任意命名空间中的类的成员函数访问。

2.6.2 对象的创建和回收

C#中有两个特殊的函数：构造函数和析构函数，分别用于创建和回收对象。构造函数是当类被实例化时首先执行的函数；析构函数是当从内存中删除实例对象时执行的函数。

在一个对象的生命周期中,都会执行构造函数和析构函数。下面分别介绍构造函数和析构函数的定义及其使用方法。

1. 构造函数

构造函数的声明格式如下:

public 构造函数名(形参表)
{ 函数体 }

注意:

(1) 构造函数名必须与类名相同。

(2) 定义构造函数时,不能指定数据类型。

(3) 一个类可以定义多个参数不同的构造函数。

(4) 每个类至少有一个构造函数,若在类声明中没有显式定义构造函数,则编译系统会自动提供一个默认的构造函数,即:

public 构造函数名()
{ }

(5) 构造函数在创建对象时被自动调用。

【例 2-10】 构造函数的用法示例。

```
class Student
{   public string no, name;
    public Student(string xh, string xm)
    {   no=xh;
        name=xm;
    }
    public static void Main()
    {   Student stu=new Student("01", "张三");
        System.Console.WriteLine("学号:{0},姓名:{1}", stu.no, stu.name);
        System.Console.Read();
    }
}
```

2. 析构函数

析构函数的声明格式如下:

~类名()
{ 函数体 }

注意:

(1) 析构函数的函数名是在类名前加~,且不能拥有访问修饰符。

(2) 一个类最多只能有一个析构函数,析构函数不带形参。

(3) 析构函数在释放对象时被自动调用,常用来处理类用完后的收尾工作。

下面的代码演示了析构函数的用法:

```
class MyClass
{
    ~MyClass()
    {
        //收尾工作
    }
}
```

3. 对象的创建

对象的创建格式如下：

类名 对象名=new 构造函数名(实参表);

创建对象,意味着为对象的非静态属性分配存储空间,而静态属性被分配在一个公共区域中,由该类的所有对象共享。

【例 2-11】 对象的创建示例。

```
1. class Student
2. {    int a=20;
3.      static int b=200;
4.      public static void Main()
5.      {    Student stu1=new Student();
6.           Student stu2=new Student();
7.           stu1.a=10;
8.           b=100;
9.           System.Console.WriteLine("stu2.a="+stu2.a);
10.          System.Console.WriteLine("Student.b="+Student.b);
11.          System.Console.Read();
12.     }
13. }
```

程序说明：第 5 行和第 6 行创建了两个对象,即 stu1 和 stu2,它们有各自的 a 属性值,但 b 属性值为两个对象所共享,所以程序运行结果为：

```
stu2.a=20
Student.b=100
```

注意：

(1) 引用对象的非静态成员：

对象名.属性名
对象名.方法名(实参表)

(2) 引用对象的静态成员：

类名.属性名
类名.方法名(实参表)

静态成员的左边只能是类名。

(3) 静态方法只能直接调用自身类的静态成员；非静态方法可以直接调用自身类的所有成员。

【例 2-12】 静态成员的用法示例。

```
class First
{ static int id=3;
    int x=30;
    public static void Main(String[] args)
    {   First c=new First();
        System.Console.WriteLine(id);
        System.Console.WriteLine(c.x);
        System.Console.WriteLine(First.id);
    }
}
```

2.6.3 继承和多态

继承和多态是面向对象程序设计的两个重要特征。

1. 继承

C#只支持单继承，即一个子类只能有一个父类。子类可以继承父类的所有非 private 成员（构造函数和析构函数也不能被继承），还可以定义自己的新成员。

继承性使得软件模块可以被最大限度地复用，并且编程人员还可以对他人或自己以前的模块进行扩充，而不需要修改原来的源代码，大大提高了软件的开发效率。

继承的语法格式如下：

class 类名:基类
{类的成员变量或成员函数}

【例 2-13】 子类继承父类的示例。

```
using System;
public class Parent
{
    public Parent()
    {
        Console.WriteLine("父类构造函数");
    }
    public void print()
    {
        Console.WriteLine("输出父类");
    }
}
public class Child : Parent
{
```

```
        public Child()
        {
            Console.WriteLine("子类构造函数");
        }
        public static void Main()
        {
            Child x=new Child();
            x.print();
        }
}
```

程序说明：C#规定，创建一个派生类的对象时，要先调用基类的无参构造函数，再调用派生类的构造函数，所以程序的运行结果为：

父类构造函数
子类构造函数
输出父类

2．多态

同一操作作用于不同的对象，可以有不同的解释，产生不同的执行结果，这就是多态性。

例如，把学生召集起来，向他们发出一个指令（类的方法）："去训练！"，不同的学生会采用不同的训练方法，有的打篮球，有的踢足球，有的游泳。对父类而言，只需要告诉它的子类"去训练"即可。在面向对象的思想中，这称为多态。

现在定义一个抽象类 Player，其包含一个抽象方法，注意此方法没有实现任何功能，如下所示：

```
//一个运动员类
public abstract class Player
{
    public abstract void Train();
}
```

下面的代码定义了3个类，都继承自上面的抽象类，并且都实现了方法 Train()，不同的方法输出不同的内容，这就是多态性。

```
//篮球运动员
public class Basketball:Player
{
    public override void train()
    {
        Console.WriteLine("运动员在训练篮球!");
    }
}
//足球运动员
public class Football:Player
{
```

```
        public override void train()
        {
            Console.WriteLine("运动员在训练足球!");
        }
    }
    //游泳运动员
    public class Swim:Player
    {
        public override void train()
        {
            Console.WriteLine("运动员在训练游泳!");
        }
    }
```

2.7 异常处理

异常是指程序在运行期间遇到的任何错误情况或意外行为。例如,数组下标越界、除数为 0 等。C♯提供了一种异常处理机制,这种机制可以减轻程序员的负担,使得程序更清晰、更健壮,容错性更强。

2.7.1 异常的定义

C♯把异常看做一个类。当 C♯程序中的某一条语句出现异常时,系统就自动创建一个异常对象,并转去执行相应的异常处理代码。异常处理代码是一段可执行的程序代码,可以由用户自己编写,也可以采用系统提供的异常处理代码。

【例 2-14】 系统提供的异常处理代码示例。

```
class Program
{
    static void Main(string[] args)
    {
        int a, b=0;
        a=2/b;                  //此处有异常
        System.Console.WriteLine("\ta="+a);
        System.Console.Read();
    }
}
```

运行结果如图 2-8 所示。

Exception 是所有异常类的基类。下面介绍几种常见的异常类。

图 2-8 出现异常

(1) 算术异常:ArithmeticException、DivideByZeroException。

(2) 空对象异常:NullReferenceException,例如:

```
int[] a=null;
```

System.Console.WriteLine(a.Length);

（3）数组下标越界异常：IndexOutOfRangeException，例如：

int[]a=new int[10];
a[10]=0;

2.7.2　try-catch 语句

C♯语言允许用户自己编写异常处理代码，这就要用到 try-catch 语句。

try-catch 语句的格式如下：

try{程序块 1}
catch(异常类 1 e)
{异常处理代码}
catch(异常类 2 e)
{异常处理代码}

当 try 子句产生一个异常时，就抛出一个异常对象，接着检查各个 catch 子句，若某个 catch 子句与异常对象相匹配，就执行相应的异常处理代码。若没有一个 catch 子句与异常对象匹配，则转去执行默认的异常处理代码。

【例 2-15】　采用 try-catch 语句编写异常处理代码示例。

```
class test
{   public static void Main()
    {
        try
        {
            int a, b=0;
            a=2/b;
            System.Console.Write("a="+a);
        }
        catch (ArithmeticException)
        {
            System.Console.WriteLine("0 不能作除数！");
        }
        System.Console.ReadLine();
    }
}
```

2.8　命名空间

C♯的命名空间相当于 Java 的包名，一个命名空间可以包含多个类和多个子命名空间。使用命名空间可以避免命名冲突。

1. 声明命名空间

namespace 命名空间名 [.命名空间]
{ }

举例 1：

```
namespace N1.N2
{    public class A{ }
     public class B{ }
}
```

举例 2：

```
namespace N1
{    public class A{ }
     namespace N2
     {    public class B{ } }
}
```

注意：

（1）声明命名空间时，不必创建文件夹。

（2）每一个.cs文件都存在一个全局命名空间，用户声明的命名空间只是全局命名空间的一个成员。

2. 使用命名空间

using 命名空间 [.命名空间];

例如：

using N1;
using N1.N2;

注意：

（1）using 语句只导入最底层的命名空间中的类，不导入嵌套的命名空间。

（2）using 语句必须放在每一层命名空间的首部。

【例 2-16】 using 语句的用法示例。

```
1. namespace N1.N2
2. {
3.      class A { }
4.      class B { }
5. }
6. namespace N3
7. {
8.      using N1.N2;
9.      class C : A
10.     {
11.         public static void Main()
```

```
12.         {
13.             System.Console.WriteLine("OK");
14.             System.Console.ReadLine();
15.         }
16.     }
17. }
```

程序说明：第 8 行 using 语句要放在命名空间 N3 的第 1 行，若省略第 8 行，则第 9 行要改成 class C：N1.N2.A。

3. 命名空间 System 的内容

System 包含 C♯ 语言的核心类，下面介绍 System 中的常见类。

（1）.NET 类型：每一种 .NET 类型都对应一种 C♯ 类型，见表 2-12。

表 2-12　.NET 类型

.NET 类型	C♯ 类型	.NET 类型	C♯ 类型	.NET 类型	C♯ 类型
Byte	byte	Int64	long	Boolean	bool
SByte	sbyte	Single	float	String	string
Int16	short	Double	double	Object	object
Int32	int	Char	char		

在 C♯ 中，每种类型都包含各种方法，例如：

`System.Double.Parse("31.4")`

（2）Console 类：控制台是一个用来提供字符模式的 I/O 接口，它的界面类似 MS-DOS 模式。Console 类的常用方法：Console.ReadLine()表示从标准输入流中读取一行字符；Console.WriteLine()将指定的数据写入标准输出流中。

（3）Convert 类：用于数据类型的转换，常用方法如下。

Convert.ToSbyte(x)：将任意型 x 转换为 sbyte 型。
Convert.ToInt16(x)：将任意型 x 转换为 short 型。
Convert.ToInt32(x)：将任意型 x 转换为 int 型，x 在 int.Parse(x)中，x 为 String 型。
Convert.ToInt64(x)：将任意型 x 转换为 long 型。
Convert.ToSingle(x)：将任意型 x 转换为 float 型。
Convert.ToDouble(x)：将任意型 x 转换为 double 型。
Convert.ToBoolean(x)：将整型、浮点型数据 x 转换为 bool 型。
Convert.ToChar(x)：将整型 x 转换为 char 型。
Convert.ToDateTime(x)：将具有日期时间意义的字符串 x 转换为 DateTime 型。

2.9　项 目 实 训

实训 1　创建一个控制台应用程序

实训目的

（1）掌握创建一个控制台应用程序的方法。

(2) 掌握解决方案、项目、C♯文件三者的关系。

实训要求

(1) 创建一个解决方案 sx06，在其中创建一个项目"2-1"。

(2) 在项目中创建 C♯程序，在屏幕上输出 0～100 之间能被 5 整除的数。

实训 2　数组和循环嵌套

实训目的

(1) 掌握循环语句的嵌套使用方法。

(2) 了解选择排序的方法。

实训要求

(1) 在解决方案 sx06 中添加项目"2-2"。

(2) 在项目中创建 C♯程序，从键盘上任意输入 10 个数，然后将它们按由小到大的顺序输出。

实训提示

(1) 参考代码：

```
using System;
class Program
{
    static void Main(string[] args)
    {
        double[] a=new double[10];
        Console.WriteLine("请输入 10 个数:");
        int i, j;
        double t;
        for(i=0; i<10; i++)
            a[i]=double.Parse(Console.ReadLine());
        //选择排序
        for(i=0; i<9; i++)
        {
            for(j=i+1; j<10; j++)
                if(a[i]>a[j])
                {t=a[i]; a[i]=a[j]; a[j]=t;}
        }
        Console.WriteLine("排序后:");
        for(i=0; i<10; i++)
            Console.Write("{0}", a[i]);
        Console.Read();

    }
}
```

(2) 将项目"2-2"设为启动项目。

实训 3　类和对象的创建

实训目的
(1) 掌握类的定义。
(2) 掌握对象的创建。

实训要求
(1) 在解决方案 sx06 中添加项目"2-3"。
(2) 在项目中创建 C#程序,定义一个表示盒子的类 Box,现实世界中的盒子具有宽度、高度和深度等属性,定义构造函数对盒子的属性进行初始化;定义一个方法 showBox()用于显示盒子的体积;定义一个 Main()函数让用户输入盒子的宽度、高度和深度。

实训提示

```
class Box
{
    double w,h,d;
    public Box(double x,double y,double z)
    {
        w=x;h=y;d=z;
    }
    void showBox()
    {
        double v=w * h * d;
        System.Console.WriteLine("盒子的体积为: "+v);
    }
    static void Main(string[] args)
    {
        Console.WriteLine("请输入盒子的宽度、高度和深度:");
        double w=double.Parse(Console.ReadLine());
        double h=double.Parse(Console.ReadLine());
        double d=double.Parse(Console.ReadLine());
        Box box=new Box(w,h,d);
        box.showBox();
        Console.Read();
    }
}
```

思考与练习

一、填空题

1. 在 ASP.NET 开发环境中,用 C#编写的代码存放在以＿＿＿＿＿＿＿为扩展名的文件中。

2. 执行下列 C# 语句：int x=100;y=++x；则变量 x=_____，y=_____。
3. 在 do-while 语句中，循环体至少执行_____次。
4. 构造函数在_____时被自动调用；析构函数在_____时被自动调用。
5. 在 C# 程序中可使用 try-catch 机制来处理程序出现的_____。

二、编程题

1. 编写控制台程序，使用键盘输入 10 个整数，输出其中的最大数与最小数。
2. 编写控制台程序，计算从 1949 年到 2010 年共有多少个闰年，并输出各闰年的年份。
3. 编写控制台程序，添加一个小汽车类 Car，它包含 3 个属性：颜色(Color)、车名(Name)、产地(ProductPlace)，1 个方法 Run()，用于输出"我是××车，颜色是××，产地在××！"信息。要求：给 Car 类添加一个有参数的构造函数，在构造函数内给属性赋值，通过这个有参数的构造函数创建对象，并调用 Run() 方法。

第3章 服务器控件

ASP.NET 之所以方便和强大,关键在于它提供了一组功能强大的 ASP.NET 服务器控件。服务器控件包括4大类：HTML 控件、Web 控件、验证控件、用户控件。

本章首先介绍 ASP.NET 文件的组成,接着重点介绍 HTML 控件、Web 控件、验证控件 3 类服务器控件及其用法,最后简单介绍用户控件的开发。

学习目标

- 了解 ASP.NET 文件的结构
- 掌握 HTML 控件的应用
- 掌握 Web 控件的应用
- 掌握验证控件的应用
- 了解用户控件的开发

3.1 ASP.NET 文件

ASP 与 ASP.NET 是目前较为流行的两种基于 Internet 的开发工具,ASP.NET 是在 ASP 基础上推出的,但它采用全新的技术架构,使得 ASP.NET 具有更好的性能,具有更好的语言特性,更易于开发,更强大的 IDE 支持,更易于配置管理,更易于扩展,更加安全。

ASP 只支持解释型语言,包括 VBScript 和 JavaScript,当用户发出请求后,无论是第几次,ASP 的页面都被动态解释执行。

ASP.NET 支持编译型语言,包括 Visual Basic.NET、C♯、Visual C++.NET、J♯.NET,同时支持面向对象程序设计,包括封装、继承、多态性等特点。从理论上讲,ASP.NET 页面第一次执行时会比较慢,因为要编译页面,但第二次及之后执行时就会比实现同样功能的 ASP 页面快,大约快 2.5 倍。

3.1.1 ASP.NET 文件的构成

ASP.NET 文件由用户界面与实现逻辑两部分组成。

用户界面即 .aspx 页面,包含如下元素。

(1) 指令：放在＜%@与%＞之间；

(2) ♯include 命令；

(3) HTML 标记和文本；

(4) 服务器控件：包括 HTML 控件、Web 控件、验证控件、用户控件；

(5) JavaScript 脚本：放在＜script language="JavaScript"＞与＜/script＞之间。

实现逻辑指用于处理.aspx 页面的代码，它负责数据的交互、处理。实现逻辑一般放在.cs 文件中，该文件又称为代码隐藏文件。

1. 指令

指令通常放在文件的开头，指令格式如下：

```
<%@指令 属性=值 属性=值 …%>
```

常见的指令有 Page、Control、Import、Register 等，例如：

```
<%@ Page Language="C#" CodeFile="Image.aspx.cs" Inherits="Web_Image"%>
```

2. ♯include 命令

♯include 命令用来将指定文件的内容插入到.aspx 页面中，格式如下：

```
<!--#include file="文件名"-->
```

3.1.2 ASP.NET 页面的执行过程

了解 Web 页面的处理过程很重要，这样就可对代码进行细致的优化，提高代码的执行效率。

使用过 ASP 技术的人应该会知道，ASP 是线性处理模型，即按从上到下的顺序进行处理。而 ASP.NET 通过模拟事件驱动模型的行为代替 ASP 的线性处理模型。ASP.NET 提供页框架，隐式地为用户建立事件和事件处理程序的关联。利用该页框架，可以很容易地创建响应用户操作的用户界面。

ASP.NET 页面的执行一般要经过下面几个步骤。

(1) ASP.NET 页面初始化，触发 Page_Init 事件，并还原该页和空间视图状态。

(2) 用户代码初始化，触发 Page_Load 事件，在这个阶段可以使用 Page.IsPostBack 属性检查页面是否是第一次载入。

(3) 事件处理，触发程序开发者定义的事件。例如单击按钮，提交表单。

(4) 清除阶段，调用 Page_Unload 事件，将该页面卸载，执行最后的清除工作，例如关闭文件、关闭数据库、卸载对象。

3.1.3 服务器控件概述

服务器控件包括 HTML 控件、Web 控件、验证控件和用户控件。

1. 服务器控件的通用属性

(1) EnableViewState=true/false：设置服务器控件能否维持视图状态，默认为 true。

当访问服务器上的一个网页时，服务器将网页内所有服务器控件的属性值保存起来，直到访问另一个网页为止，这种情况称为视图状态。

(2) Id="…"：设置服务器控件的标识名称。

(3) Visible=true/false：设置服务器控件是否可见，默认为 true。

2．服务器控件的通用方法

(1) DataBind()：将服务器控件连接到数据源中。

(2) FindControl(id)：在容器控件中搜索标识为 id 的控件。

3.2 HTML 控件

HTML 控件与 HTML 标记相似，几乎与 HTML 标记有一对一的关系，差别在于 HTML 控件的功能较强，同时它是在服务器端执行的对象。将 HTML 标记转换为 HTML 控件，只要在标记中加入 runat=server 属性，并将 name 属性改为 id 属性即可。例如：

HTML 标记：`<input name="Text1" type="text" value="汕头"/>`

HTML 控件：`<input id="Text1" type="text" value="汕头" runat="server"/>`

HTML 控件位于 System.Web.UI.HtmlControls 命名空间中。

3.2.1 HTML 控件的通用属性

1．HTML 控件的通用属性

(1) Disabled=true/false：决定文本型或按钮型的 HTML 控件是否可用，默认为 false。

(2) Style：样式表集合，存放指定控件的样式表中的属性值。

`控件名.Style.Add("属性名",属性值)`

等价于

`控件名.Style["属性名"]=属性值`

注意：凡是样式表中的属性必须放在 Style 集合中，例如，设置文本框 Text1 的前景色为红色，C#语句如下：

`Text1.Style["color"]="red";`

(3) TagName：返回 HTML 控件的标记名称。

2．HTML 控件的分类

(1) HTML 输入控件：控件声明中包含 input 的 HTML 控件。如 HtmlInputButton、HtmlInputText。

(2) HTML 容器控件：包含开始标记与结束标记的 HTML 控件。如 HtmlSelect、HtmlTable。

3．HTML 输入控件的通用属性

`Value="…"`：设置 HTML 输入控件的值。

4．HTML 容器控件的通用属性

(1) InnerHtml="…"：设置开始标记与结束标记之间的文本，文本中可包含 HTML

标记。

(2) InnerText="…"：设置开始标记与结束标记之间的文本，文本中不能包含 HTML 标记。

3.2.2 各种 HTML 控件简介

1. HtmlForm 控件

表单控件（HtmlForm）又称为窗体控件，是设计动态网页一个相当重要的组件，其声明格式如下：

```
<form id="…" runat="server" method="get/post" action="…">
其他控件
</form>
```

一个.aspx 网页有且只有一个 HtmlForm 控件，所有的服务器控件必须放在 HtmlForm 控件中。在 HtmlForm 控件中，action 属性可以省略，若要自行指定，也只能指向当前网页。

2. HtmlInputButton 控件

HtmlInputButton 控件分为普通按钮、提交按钮和重置按钮，其对应的 HTML 标记为 <input type="button">、<input type="submit">、<input type="reset">。

HTML 控件的单击事件为 OnServerClick，Web 控件的单击事件为 OnClick。重置按钮不支持 OnServerClick 事件。

服务器控件的事件可产生于客户端，也可产生于服务器端，但都在服务器端处理。例如，单击事件产生于客户端。

【例 3-1】 在站点中添加一个名称为 HtmlInputButton.aspx 的网页，每次加载网页时都会显示系统时间，当单击"提交"按钮时，将在文本框中显示"提交"，单击"确定"按钮时，将在文本框中显示"确定"。其设计界面、运行界面如图 3-1、图 3-2 所示。

图 3-1 例 3-1 设计界面

图 3-2 例 3-1 运行界面

HtmlInputButton.aspx.cs 文件的程序代码如下：

```
protected void Page_Load(object sender, EventArgs e)
{
    Response.Write(System.DateTime.Now.ToLongTimeString());
}
protected void Submit1_ServerClick(object sender, EventArgs e)
{
    Text1.Value="提交";
```

```
}
protected void Button2_ServerClick(object sender, EventArgs e)
{
    Text1.Value="确定";
}
```

不管哪类服务器控件,只要存在 OnServerClick="函数名"或 OnClick="函数名",则单击控件时,会完成如下 4 个操作。

(1) 调用本页面的用户界面部分。
(2) 将客户端各控件的主要属性值(Value、Text、Checked、PostFile)上传到服务器。
(3) 调用 Page_Load()函数。
(4) 调用指定的函数。

3. HtmlInputText 控件

HtmlInputText 控件称为文本框,对应的 HTML 标记为<input type="Text">,常用属性和事件如下:

(1) MaxLength=n:设置最多可以输入的字符数。
(2) Size=n:设置文本框的宽度,单位为字符数。
(3) OnServerChange="函数名":当服务器检查到文本框中的 Value 值发生变化后,就会触发该事件。

【例 3-2】 在站点中添加一个名称为 HtmlInputText.aspx 的网页,当用户在文本框中输入数据后单击"确定"按钮时,会在文本框下方显示相关信息,若用户向文本框中再输入相同的数据并单击"确定"按钮时,则不会显示任何信息。运行界面如图 3-3 所示。

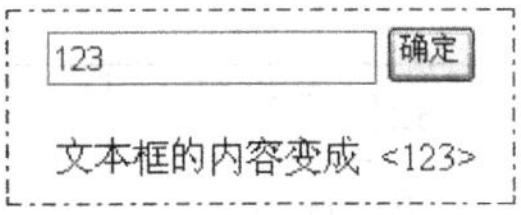

(1) 用户界面的 HTML 代码如下:

图 3-3 例 3-2 运行界面

```
<form id="form1" runat="server">
    <input type="Text" id="T1" runat="server" onserverchange="Changetext" style="width: 133px">
    <input id="Submit1" type="Submit" runat="server" value="确定"> <br><br>
    <span runat="server" id="Span1"></span>
</form>
```

(2) .cs 文件的代码如下:

```
protected void Page_Load(object sender, EventArgs e)
{
    Span1.EnableViewState=false;

}
protected void Changetext(object sender, EventArgs e)
{
    Span1.InnerText="文本框的内容变成<"+T1.Value+">";
}
```

4. HtmlInputHidden 控件

HtmlInputHidden 控件称为隐藏框,对应的 HTML 标记为<input type="hidden">。常用事件如下:

OnServerChange="函数名":当服务器检查到隐藏框的 Value 值发生变化后,就会触发该事件。

5. HtmlInputRadioButton 控件

HtmlInputRadioButton 控件称为单选按钮,对应的 HTML 标记为<input type="radio">。

常用属性和事件如下:

(1) Checked= true/false:设置单选按钮的选中状态,若为 true 则表示选中。

(2) Name="组名称"。

(3) OnServerChange="函数名":当服务器检查到单选按钮的 Checked 值发生变化后,就会触发该事件。

【例 3-3】 在站点中添加一个名称为 HtmlInputRadioButton.aspx 的网页,当用户从单选按钮组中选中最喜欢的水果并单击"确定"按钮时,将会在下方以红色字体显示水果的名称,运行界面如图 3-4 所示。

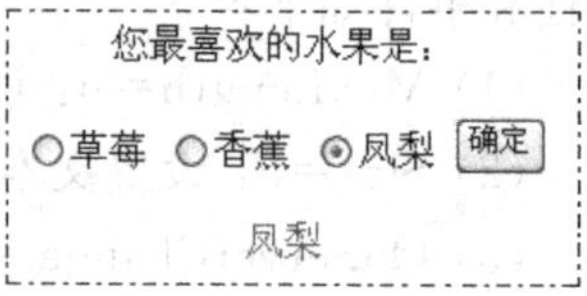

图 3-4 例 3-3 运行界面

(1) 各控件的属性和事件设置见表 3-1。

表 3-1 例 3-3 控件的属性和事件设置

控件类型	ID	属性和事件设置
单选按钮	Fruit1	Value="草莓" Name="Fruit"
单选按钮	Fruit2	Value="香蕉" Name="Fruit"
单选按钮	Fruit3	Value="凤梨" Name="Fruit"
提交按钮	Submit1	Value="确定" OnServerClick="showFruit"
Span 控件	Span1	Style="Color:Red"

(2) .cs 文件的代码如下:

```
protected void showFruit(object sender, EventArgs e)
{
    if(Fruit1.Checked==true)Span1.InnerText=Fruit1.Value;
    if(Fruit2.Checked==true)Span1.InnerText=Fruit2.Value;
    if(Fruit3.Checked==true)Span1.InnerText=Fruit3.Value;
}
```

6. HtmlInputCheckBox 控件

HtmlInputCheckBox 控件称为复选框,对应的 HTML 标记为<input type="checkbox">。

常用属性和事件如下:

(1) Checked= true/false：设置单选按钮的选中状态，若为 true 则表示选中。

(2) OnServerChange="函数名"：当服务器检查到复选框的 Checked 值发生变化后，就会触发该事件。

【例 3-4】 在站点中添加一个名称为 HtmlInputCheckBox.aspx 的网页，当用户改变复选框的选中状态，并单击"确定"按钮时，就会触发 OnServerChange 事件，进而在下方以红色字体显示相关信息，运行界面如图 3-5 所示。

图 3-5　例 3-4 运行界面

(1) 各控件的属性和事件设置见表 3-2。

表 3-2　例 3-4 控件的属性和事件设置

控件类型	ID	属性和事件设置
复选框	Checkbox1	Value="电影" OnServerChange="Checkbox1_ServerChange"
提交按钮	Submit1	Value="提交"
Span 控件	Span1	Style="Color：Red"

(2) .cs 文件的代码如下：

```
protected void Checkbox1_ServerChange(object sender, EventArgs e)
{
    Span1.EnableViewState=false;
    Span1.InnerText="HtmlInputCheckBox 发生 OnServerChange 事件";
}
```

7. HtmlInputImage 控件

HtmlInputImage 控件称为图像按钮，对应的 HTML 标记为<input type="image">。常用属性和事件如下：

(1) Alt="…"：设置图像的替换文字，替换文字只有在无法读取图像或图像尚未下载完成时才会显示。

(2) Src="…"：设置要显示的图像文件的路径。

(3) OnServerClick="函数名"：事件参数为 ImageClickEventArgs，有 X、Y 两个属性。(X,Y)返回图像被单击的位置。

【例 3-5】 在站点中添加一个名称为 HtmlInputImage.aspx 的网页，当鼠标指针离开 HtmlInputImage 控件时显示图像 A，将鼠标指针移入 HtmlInputImage 控件时显示图像 B。当单击图像的某个位置时，将会在图像下方显示被单击的位置。

(1) 用户界面的 HTML 代码如下：

```
< form id="form1" runat="server">
    < input type="image" id="I1" onmouseover="src='../images/010.jpg'"onmouseout="src='../images/011.jpg '" src ="../images/011. jpg" width ="83" height ="97" runat =" server" onserverclick="show1"style="width: 169px; height: 192px"><br/><br/>
    < span id="span1" runat="server"></span>
```

</form>

(2).cs 文件的代码如下：

```
protected void show1(object sender, ImageClickEventArgs e)
{
    span1.InnerHtml="鼠标位置为:("+e.X+","+e.Y+")";
}
```

8. HtmlInputFile 控件

HtmlInputFile 控件的常用属性如下：

(1) Accept="text/plain"：设置上传文件的类型。
(2) Size=n：设置控件的宽度，单位为字符。
(3) PostedFile：获取上传的文件，它是一个 HttpPostedFile 对象，包含如下属性与方法。
① ContentLength：获取上传文件的大小。
② ContentType：获取上传文件的类型。
③ FileName：获取文件在客户端的完整路径。
④ SaveAs("文件名")：将上传的文件以指定文件名保存在服务器中。若服务器已存在同名的文件，则将其覆盖。

【例 3-6】 在站点中添加一个名称为 HtmlInputFile.aspx 的网页，当用户选择一个文件并单击"上传"按钮时，被选择的文件就会被上传到服务器中，并在该页上显示文件名、内容类型和字节数等信息。

(1) 用户界面的 HTML 代码如下：

```
<form id="form1" runat="server" enctype="multipart/form-data">
    请选择上传的文件
    <input runat="server" type="file" id="F1">
    <p><input runat="server" type="submit" value="上传" id="B1" onserverclick="b1_click"></p>
    <div id="w1" visible="false" runat="server">
    您上传的文件名为:<span id="filename" runat="server"/><br>
    文件类型为:<span id="filetype" runat="server"/><br>
    文件长度为:<span id="filelength" runat="server"/>字节<br>
    上传到:<span id="Span1" runat="server"/>
    </div>
</form>
```

(2).cs 文件的代码如下：

```
protected void b1_click(object sender, EventArgs e)
{
    w1.Visible=true;
    //获取上传的文件名
    String fs=Path.GetFileName(F1.PostedFile.FileName);
    filename.InnerHtml=fs;
```

```
filetype.InnerHtml=F1.PostedFile.ContentType;
filelength.InnerHtml=F1.PostedFile.ContentLength.ToString();
F1.PostedFile.SaveAs(Server.MapPath("../images/"+fs));
Span1.InnerHtml=Server.MapPath("../images/"+fs);
}
```

程序说明：Path 是一个类名，位于命名空间 System.IO 中。Path.GetFileName(文件路径)用于获得最底层的文件名。

9. HtmlTextArea 控件

HtmlTextArea 控件称为多行文本框，对应的 HTML 标记为<textarea>。

常用属性与事件如下：

(1) Rows=n：设置多行文本框的行数。

(2) Cols=n：设置多行文本框的列数。

(3) Value="…"：设置多行文本框显示的内容。

(4) OnServerChange="函数名"：当服务器检查到多行文本框的 Value 值作了改变，就会触发该事件。

10. HtmlSelect 控件

HtmlSelect 控件称为下拉框，对应的 HTML 标记为<select>。

常用属性与事件如下：

(1) DataSource=ArrayList 对象/String 数组名：设置要绑定的数据源。

(2) Items：选项集合，用来存放下拉框的全部选项，包括如下属性和方法。

① Items.Count 属性：返回下拉框包含选项的个数。

② Items.Add("选项文本")：向下拉框中添加选项。

③ Items.Clear()：清除下拉框的全部选项。

④ Items.Remove("选项文本")：清除下拉框的指定选项。

(3) Items[n]：表示 n(n≥0)号选项，它是一个对象名，有如下属性。

① Items[n].Selected=true/false：设置 n 号选项是否被选中。

② Items[n].Value：返回 n 号选项的值。

(4) SelectedIndex：返回所选择的选项的下标。

(5) Value：返回选中项目的值。

(6) OnServerChange="函数名"：当服务器检查到下拉框中的选取项发生变化后，就会触发该事件。

向下拉框中添加选项有以下 3 种方法。

(1) 在<option>与</option>之间设置选项。

(2) 通过 DataSource 属性动态设置选项，格式如下：

```
DataSource=ArrayList 对象/String 数组名
```

(3) 通过 Items 属性动态设置选项，格式如下：

```
Items.Add("选项文本")
```

【例3-7】 在站点中添加一个名称为 HtmlSelect1.aspx 的网页,为下拉框添加 white、lightgreen、blue、black 选项,当用户在文本框中输入一种颜色并单击"添加"按钮时,就能向下拉框中追加一个选项;当用户选择下拉框中的一种颜色并单击"确定"按钮时,就能改变下方文字的颜色,设计界面如图 3-6 所示。

图 3-6 例 3-7 设计界面

(1) 各控件的属性设置见表 3-3。

表 3-3 例 3-7 控件的属性设置

控件类型	ID	属性设置	控件类型	ID	属性设置
文本框	T1		普通按钮	B2	Value="添加"
下拉框	D1		普通按钮	B1	Value="确定"
Span 控件	span1	EnableViewState="false"			

(2) .cs 文件的代码如下:

```
protected void b2_click(object sender, EventArgs e)
{
    D1.Items.Add(T1.Value);
}
protected void b1_click(object sender, EventArgs e)
{
    span1.Style.Add("color", D1.Value);
    span1.InnerHtml=span1.InnerHtml+D1.Value;
}
```

【例3-8】 在站点中添加一个名称为 HtmlSelect2.aspx 的网页,在加载页面之后,下拉框中才会显示春、夏、秋、冬 4 个选项,当用户选择一个选项并单击"确定"按钮时,就会在下方标签中显示相应的信息,设计界面如图 3-7 所示。

(1) 各控件的属性设置见表 3-4。

表 3-4 例 3-8 控件的属性设置

控件类型	ID	属性设置
下拉框	D1	
提交按钮	B1	Value="确定"
Span 控件	span1	

图 3-7 例 3-8 设计界面

(2) .cs 文件的代码如下:

```
protected void Page_Load(object sender, EventArgs e)
{
    ArrayList list1=new ArrayList();          //定义一个数组列表对象
    list1.Add("");                             //为各选项设置文本
```

```
        list1.Add("春");
        list1.Add("夏");
        list1.Add("秋");
        list1.Add("冬");
        if(!Page.IsPostBack)D1.DataSource=list1;
        D1.DataBind();
}
protected void b1_click(object sender, EventArgs e)
{
        span1.InnerHtml="您选择的是："+D1.Value+"天";
}
```

11. HtmlTable 控件

一个表格(Table)由若干表行(Row)组成,而每个表行由若干单元格(Cell)组成,因此在使用 HtmlTable 控件时,还要引入 HtmlTableRow 控件和 HtmlTableCell 控件。

(1) HtmlTableCell 控件的常用属性

① c.InnerText＝"…"：设置单元格的内容。
② Align＝"…"：设置单元格内容的水平对齐方式。
③ ColSpan＝"n"：设置单元格占用的列数。
④ RowSpan＝"n"：设置单元格占用的行数。
⑤ VAlign＝"…"：设置单元格内容的垂直对齐方式。
⑥ Width＝"n"：设置单元格的宽度。

(2) HtmlTableRow 控件的常用属性

① Align＝"…"：设置某一表行中所有单元格内容的水平对齐方式。
② Cells：单元格集合,用于存放某一表行中的全部单元格,包含如下属性和方法。
- Cells.Count：返回表行所含单元格的个数。
- Cells.Add(HtmlTableCell 控件)：向表行添加单元格。
③ Height＝"…"：设置表行的高度。

(3) HtmlTable 控件的常用属性

① Align＝"…"：设置表格在网页中的对齐方式。
② Rows：表行集合,用于存放表格的全部表行,包含如下属性和方法。
- Rows.Count：返回表格所含的行数。
- Rows.Add(HtmlTableRow 控件)：向表格中添加表行。
③ Width＝"…"：设置表格的宽度。

在 C♯ 中,表格第一行的序号为 0,第一个单元格的序号为 0。

【例 3-9】 在站点中添加一个名称为 HtmlTable1.aspx 的网页,第一次加载页面时,仅显示上方表格。当用户从下拉框中选择一个行数和一个列数,并单击"产生表格"按钮时,才能在网页下方产生一个动态表格。运行界面如图 3-8 所示。

(1) 设置表格行数的下拉框 ID 名为 D1,设置表格列数的下拉框 ID 名为 D2,两个下拉框各有 5 个选项。下方表格对应的 HTML 代码如下：

```
<table runat="server" id="table1" width="400" align="center" border="1" bordercolor="blue"></table>
```

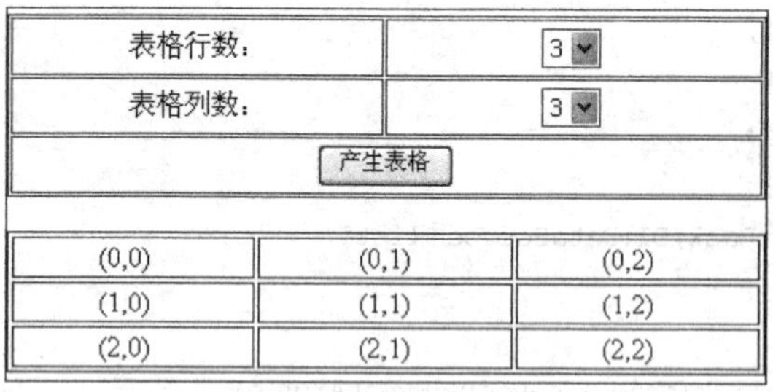

图 3-8　例 3-9 运行界面

（2）.cs 文件的代码如下：

```
protected void Page_Load(object sender, EventArgs e)
{
    if (Page.IsPostBack)
    {
        int numrows=int.Parse(D1.Value);
        int numcells=int.Parse(D2.Value);
        for (int i=0; i<numrows; i++)
        {
            HtmlTableRow r=new HtmlTableRow();
            for (int j=0; j<numcells; j++)
            {
                HtmlTableCell c=new HtmlTableCell();
                c.InnerText="("+i+","+j+")";
                r.Cells.Add(c);
                r.Cells[j].Align="center";
            }
            table1.Rows.Add(r);
        }
    }
}
```

12. HtmlImage 控件

HtmlImage 控件称为图像框，对应的 HTML 标记为＜img＞，常用属性和事件如下：

（1）Alt＝"…"：设置图像的替换文字，替换文字只有在无法读取图像或图像尚未下载完成时才会显示。

（2）Src＝"…"：设置要显示的图像文件的路径。

（3）OnServerClick＝"函数名"：事件参数为 EventArgs。

3.3　Web 控件

与 HTML 控件相比，Web 控件提供的功能更加强大，在.NET 开发中，建议尽可能使用 Web 控件取代 HTML 控件。Web 控件位于 System.Web.UI.WebControls 命名空间中。

3.3.1 Web 控件的通用属性

Web 控件共有的属性如下：

(1) AccessKey="字符"：AccessKey 只能接收一个字符,例如 AccessKey="S",当用户按 Alt+S 组合键时,表示单击该控件。

(2) Enabled=true/false：决定 Web 控件是否可用,默认为 true。

(3) Text="…"：设置 Web 控件的值。

3.3.2 Label 控件

Label 控件称为标签控件,只能用来显示静态文字,这些文字用做指示性说明。

Label 控件的声明格式如下：

```
<asp:Label runat="server" id="w1" Text="…"/>
```

或

```
<Label runat="server" id="w1">…</Label>
```

3.3.3 TextBox 控件

TextBox 控件用来制作文本框、密码框、多行文本框,可以显示文本,也可以用于输入文本。TextBox 控件常用的属性及事件如下：

(1) Text="…"：设置 TextBox 控件显示的内容。

(2) Columns=n：设置 TextBox 控件的宽度,单位为字符数。

(3) MaxLength = n：设置最多可以输入的字符数,只有将 TextMode 设置为 SingleLine 或 PassWord 时,该属性才有效。

(4) AutoPostBack=true/false：当 TextBox 控件的 Text 值改变时,决定是否自动提交,默认为 false。

(5) TextMode="…"：设置 TextBox 控件的类型。在默认情况下,TextMode 设置为 SingleLine,创建只包含一行的文本框；设置为 MultiLine 时可以创建包含多行的文本框；设置为 PassWord 时可以创建单行密码框,用户输入的文字显示为 *。

(6) OnTextChanged="函数名"：当服务器检查到控件的 Text 值发生变化后,就会触发该事件。

【例 3-10】 使用 TextBox 控件处理 OnTextChanged 事件。

(1) 在站点中添加一个名称为 TextBox.aspx 的网页。

(2) 将两个 TextBox 控件拖到该页面上,在"属性"窗口中设置 TextBox1 控件的 AutoPostBack 属性为 true,TextBox2 控件的 ReadOnly 属性为 true；然后双击 TextBox1 控件,在事件处理函数 TextBox1_TextChanged()中添加如下代码：

```
TextBox2.Text=TextBox1.Text;
```

(3) 单击"运行"按钮,在第一个文本框中输入文字并转移焦点,或按 Enter 键后,TextBox2 将同步显示 TextBox1 中的内容,显示结果如图 3-9 所示。

图 3-9 TextBox 触发 OnTextChanged 事件

3.3.4 Button 控件

Button 控件可以用来创建提交按钮与命令按钮,在服务器端执行后都会转换为标记 <input type="submit">。

命令按钮有 CommandName 与 CommandArgument 两个属性,提交按钮没有。

命令按钮的单击事件为 OnCommand,事件参数为 CommandEventArgs,有 CommandName、CommandArgument 两个属性;提交按钮的单击事件为 OnClick,事件参数为 EventArgs。

【例 3-11】 在站点中添加一个名称为 Button.aspx 的网页,初始界面如图 3-10 所示,当单击 First 按钮时,会在 Label1 标签中显示命令按钮的相关信息,单击 Second 按钮时,会在 Label2 标签中显示提交按钮的相关信息。

(1) 两个 Button 控件的属性及事件设置见表 3-5。

图 3-10 例 3-11 初始界面

表 3-5 Button 控件的属性及事件设置

控件 ID	属性及事件设置
Button1	CommandArgument="Web 控件" CommandName="服务器控件" Text="First" OnCommand="Button1_Click"
Button2	OnClick="Button2_Click" Text="Second"

(2) 在.cs 文件中添加如下代码:

```
protected void Button1_Click(object sender, CommandEventArgs e)
{
    Label1.Text="你单击的是:"+e.CommandName+"-"+e.CommandArgument+"命令按钮";
}

protected void Button2_Click(object sender, EventArgs e)
{
    Label2.Text="你单击的是提交按钮";
}
```

3.3.5 DropDownList 与 ListBox 控件

DropDownList 控件称为下拉框,用户每次只能选择一个选项,有默认的选项。ListBox 控件称为列表框,用户每次可选择一个或多个选项,没有默认的选项。

1. DropDownList 控件

DropDownList 控件的常见属性及事件如下:

(1) AutoPostBack=true/false:当控件的选项改变时,决定是否自动提交,默认为 false。

(2) SelectedIndex:获取选中选项的下标。

(3) SelectedValue:获取选中选项的 Value 值。

(4) SelectedItem:获取选中的选项,它是一个对象,包含 Value 与 Text 属性。

(5) Items:选项集合,用来存放控件的全部选项。

Items.Count 属性:返回控件包含选项的个数。

(6) Items[n]:表示 n(n≥0)号选项,它是一个对象名,包含如下属性。

① Items[n].Selected=true/false:设置 n 号选项是否被选中。

② Items[n].Value:返回 n 号选项的值。

③ Items[n].Text:返回 n 号选项的文本。

(7) OnSelectedIndexChanged="函数名":当服务器检查到所选择的选项发生变化后,就会触发该事件。

向下拉框中添加选项有 3 种方法。

(1) 在<asp:ListItem>与</asp:ListItem>之间设置选项。

(2) 通过 DataSource 属性动态设置选项,格式如下:

`DataSource=ArrayList 对象/String 数组名`

(3) 通过 Items 属性动态设置选项,格式如下:

`Items.Add("选项名")`

【例 3-12】 在站点中添加一个名称为 DropDownList1.aspx 的网页,初始界面如图 3-11 所示。DropDownList 控件保存了"北京"、"上海"、"深圳"、"广州"、"成都"、"西安"6 个选项。当用户选择一个选项并单击"确定"按钮时,就会在标签中显示"你居住的城市是××"。

在设计视图中,双击"确定"按钮,在事件处理函数 B1_Click()中添加如下代码:

`Message.Text="你居住的城市是:"+DropDown1.SelectedValue;`

图 3-11 例 3-12 初始界面

图 3-12 例 3-13 初始界面

【例 3-13】 在站点中添加一个名称为 DropDownList2.aspx 的网页,初始界面如图 3-12 所示。当加载页面时会在 DropDownList 控件中显示各选项,当选择一个选项时,会在标签中显示该选项的相应信息。

(1) 在设计视图中，将下拉框 movieTheater 的 AutoPostBack 属性设置为 true，双击下拉框引出事件处理函数 movieTheater_SelectedIndexChanged。

(2) 在.cs 文件中编写代码：

```
protected void Page_Load(object sender, EventArgs e)
{
    if (!Page.IsPostBack)
    {
        movieTheater.Items.Add("国宾戏院");
        movieTheater.Items.Add("乐声戏院");
        movieTheater.Items.Add("日新戏院");
        movieTheater.Items.Add("豪华戏院");
    }
}
protected void movieTheater_SelectedIndexChanged(object sender, EventArgs e)
{
    Label1.Text="你选择的戏院为："+movieTheater.SelectedItem.Value;
}
```

【例 3-14】 在站点中添加一个名称为 DropDownList3.aspx 的网页，初始界面如图 3-13 所示。当加载页面时会在 DropDownList 控件中显示各选项，当用户选择一个选项并单击"确定"按钮时，会在标签中显示相应的信息。

图 3-13 例 3-14 初始界面

(1) 在设计视图中，双击"确定"按钮 Button1 引出事件处理函数 Button1_Click。

(2) 在.cs 文件中编写代码：

```
protected void Page_Load(object sender, EventArgs e)
{
    String[]zy={ "教师","学生","工人" };
    if(!IsPostBack)
    {
        DropDownList1.DataSource=zy;
        DropDownList1.DataBind();
    }
}
protected void Button1_Click(object sender, EventArgs e)
{
    Label1.Text="你选择的是："+DropDownList1.SelectedValue;
}
```

2. ListBox 控件

ListBox 控件的属性及事件与 DropDownList 控件大致相同，ListBox 控件独有的属性如下：

SelectionMode="…"：设置 ListBox 控件的选择模式，可以单选，也可以多选。

【例 3-15】 在站点中添加一个名称为 ListBox.aspx 的网页，初始界面如图 3-14 所示，当加载页面后，左边的 ListBox 控件会显示各选项。当用户单击＞＞按钮时，会将左边 ListBox 控件的全部选项移动到右边；当用户选择左边 ListBox 控件的一个或多个选项并单击＞按钮时，会将选中的选项移动到右边。＜＜、＜按钮是将选项从右移动到左，其他功能与＞＞、＞相同。

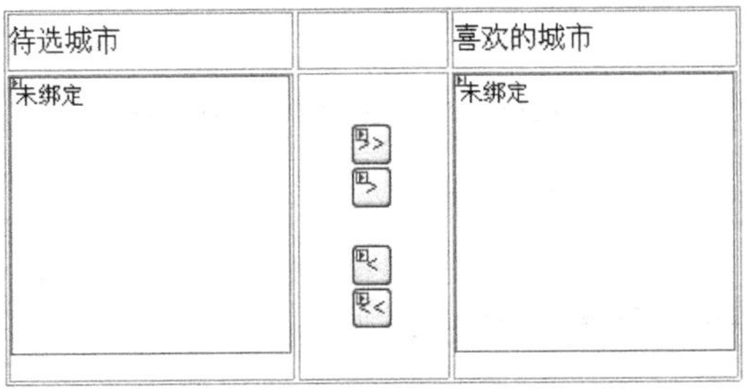

图 3-14 例 3-15 初始界面

（1）在设计视图中，将两个 ListBox 控件的 SelectionMode 属性均设置为 Multiple，左、右两个 ListBox 控件的 ID 名分别为 ListBox1、ListBox2，并双击 4 个 Button 控件引出事件处理函数。

（2）在 .cs 文件中编写代码：

```
protected void Page_Load(object sender, EventArgs e)
{
    string[] city={ "北京","上海","天津","重庆","广州","沈阳","南京","成都","西安","汕头" };
    if (!Page.IsPostBack)
    {
        ListBox1.DataSource=city;
        ListBox1.DataBind();
    }
}
protected void Button1_Click(object sender, EventArgs e)
{
    //全部添加到右边
    if (ListBox1.Items.Count>0)
    {
        int i;
        for (i=0; i<ListBox1.Items.Count; i++)
            ListBox2.Items.Add(ListBox1.Items[i].Text);
        ListBox1.Items.Clear();
    }
}
protected void Button4_Click(object sender, EventArgs e)
{
```

```csharp
        //全部添加到左边
        if (ListBox2.Items.Count>0)
        {
            int i;
            for (i=0; i<ListBox2.Items.Count; i++)
                ListBox1.Items.Add(ListBox2.Items[i].Text);
            ListBox2.Items.Clear();
        }
    }
    protected void Button2_Click(object sender, EventArgs e)
    {
        //选中选项到右边
        int i;
        if (ListBox1.SelectedIndex>-1)
        {
            for (i=0; i<ListBox1.Items.Count; i++)
            {
                if (ListBox1.Items[i].Selected)
                {
                    ListBox2.Items.Add(ListBox1.Items[i].Text);
                    ListBox1.Items.Remove(ListBox1.Items[i]);
                }
            }
        }
    }
    protected void Button3_Click(object sender, EventArgs e)
    {//选中选项到左边
        int i;
        if (ListBox2.SelectedIndex>-1)
        {
            for (i=0; i<ListBox2.Items.Count; i++)
            {
                if (ListBox2.Items[i].Selected)
                {
                    ListBox1.Items.Add(ListBox2.Items[i].Text);
                    ListBox2.Items.Remove(ListBox2.Items[i]);
                }
            }
        }
    }
```

3.3.6 CheckBox 与 CheckBoxList 控件

1. CheckBox 控件

CheckBox 控件称为复选框,常用的属性及事件如下:

(1) Text＝"…"：设置 CheckBox 控件的文本标签。

(2) TextAlign＝"Right/Left"：设置文本标签与 CheckBox 控件的对齐方式,默认为 Right。

(3) Checked＝true/false：设置 CheckBox 控件的选中状态。

(4) AutoPostBack＝true/false：当 CheckBox 控件的 Checked 值改变时,决定是否自动提交,默认为 false。

(5) OnCheckedChanged＝"函数名"：当服务器检查到 CheckBox 控件的 Checked 值发生变化后,就会触发该事件。

【例 3-16】 在站点中添加一个名称为 CheckBox.aspx 的网页,初始界面如图 3-15 所示,当用户在"付款地址"文本框中输入文字并选中 CheckBox 控件时,"发货地址"文本框中会显示同样的文字。

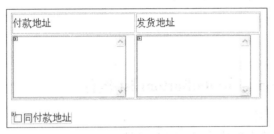

图 3-15 例 3-16 初始界面

(1) 各控件的属性及事件设置见表 3-6。

表 3-6 例 3-16 控件的属性及事件设置

控件类型	ID	属性及事件设置
TextBox 控件	S1	Rows="6" TextMode="MultiLine"
TextBox 控件	S2	Rows="6" TextMode="MultiLine" Enabled="False"
CheckBox 控件	C1	AutoPostBack="True" OnCheckedChanged="c1_click"

(2) 在 .cs 文件中编写代码：

```
protected void c1_click(object sender, EventArgs e)
{
    if (C1.Checked) S2.Text=S1.Text;
    else S2.Text="";
}
```

2. CheckBoxList 控件

CheckBoxList 称为复选框列表,用户每次可以选择多个选项。常用属性及事件与 ListBox 控件基本相同,这里不再赘述。

【例 3-17】 在站点中添加一个名称为 CheckBoxList.aspx 的网页,初始界面如图 3-16 所示,当用户选择一个或多个选项时,都会立即在标签中显示选中选项的文本。

图 3-16 例 3-17 初始界面

(1) 在设计视图中，将 CheckBoxList 控件的 AutoPostBack 属性设置为 True，RepeatDirection 属性设置为 Horizontal，双击 CheckBoxList 控件引出事件处理函数 Check1_SelectedIndexChanged。

(2) 在.cs 文件中编写代码：

```
protected void Check1_SelectedIndexChanged(object sender, EventArgs e)
{
    String s="您选择了:<br>";
    for (int i=0; i<Check1.Items.Count; i++)
    {
        if (Check1.Items[i].Selected)
            s=s+Check1.Items[i].Value+"<br>";
    }
    Label1.Text=s;
}
```

3.3.7 RadioButton 与 RadioButtonList 控件

1. RadioButton 控件

RadioButton 控件称为单选按钮，常用的属性及事件如下：

(1) AutoPostBack=true/false：当单选按钮的 Checked 值改变时，决定是否自动提交，默认为 false。

(2) Checked=true/false：设置单选按钮的选中状态。

(3) GroupName="…"：设置单选按钮所属的组名。

(4) OnCheckedChanged="函数名"：当服务器检查到单选按钮的 Checked 值发生变化后，就会触发该事件。

2. RadioButtonList 控件

RadioButtonList 控件称为单选按钮列表，用户每次只能选择一个选项，常用的属性及事件与 DropDownList 控件大致相同。

【例 3-18】 在站点中添加一个名称为 RadioButtonList.aspx 的网页，初始界面如图 3-17 所示，当用户选择任一个选项并单击"确定"按钮时，立即在标签中显示选中选项的文本。

图 3-17 例 3-18 初始界面

(1) 在设计视图中，将 RadioButtonList 控件的 RepeatDirection 属性设置为 Horizontal，双击 Button 控件引出事件处理函数 B1_Click。

(2) 在.cs 文件中编写代码：

```
protected void B1_Click(object sender, EventArgs e)
```

```
{
    if(Radio1.SelectedIndex>-1) Message.Text="您选择了："+Radio1.SelectedItem.Text;
}
```

3.3.8 Image 与 ImageButton 控件

1. Image 控件

Image 控件称为图像框，在服务器端执行后转换为 HTML 标记＜img＞，常用属性如下：

(1) ImageUrl＝"…"：设置要显示的图像文件的路径。

(2) AlternateText＝＝"…"：设置图像的替换文本，替换文本只有在无法读取图像或图像尚未下载完成时才会显示。

图 3-18　例 3-19 运行界面

【例 3-19】　在站点中添加一个名称为 Image.aspx 的网页，要求在 Page_Load 函数中将 Image 控件的图片源设置为 Picture.jpg，替换文本设置为"灯塔"，对齐方式设置为居中对齐。运行界面如图 3-18 所示。

2. ImageButton 控件

ImageButton 控件称为图像按钮，在服务器端执行后转换为 HTML 标记＜input type="image"＞。

ImageButton 控件从功能上看和 Button 控件一样，但是 ImageButton 控件是用图像作为按钮的表面。常用属性及事件如下：

(1) ImageUrl＝"…"：设置要显示的图像文件的路径。

(2) AlternateText＝＝"…"：设置图像的替换文本，替换文本只有在无法读取图像或图像尚未下载完成时才会显示。

(3) OnClick＝"函数名"：事件参数为 ImageClickEventArgs，有 X、Y 两个属性。(X,Y)用于返回图像被单击的位置。

【例 3-20】　应用 ImageButton 控件的 OnClick 事件。

(1) 在站点中添加一个名称为 ImageButton.aspx 的网页，向网页中拖入一个 ImageButton 控件和一个 Label 控件。在"属性"窗口中设置 ImageButton 控件的 ImageUrl 属性值。

(2) 双击 ImageButton 控件引出事件处理函数 B1_Click，编写如下代码：

```
protected void B1_Click(object sender,
ImageClickEventArgs e)
{
    Label1.Text="您点按的坐标为 ("+e.X+", "+e.Y+")";
}
```

图 3-19　例 3-20 运行界面

(3) 运行程序，当在图像的某个位置上单击时，就会在图像下方显示出单击的位置，如图 3-19 所示。

3.3.9 HyperLink 与 LinkButton 控件

1. HyperLink 控件

利用 HyperLink 控件可以制作文本和图像超链接,功能与 HTML 标记＜a href="…"＞相似。

常用属性如下:

(1) NavigateUrl="…":设置链接到的网页文件。

(2) ImageUrl="…":设置超链接的图像。

(3) Text="…":设置超链接的文本,若同时设置 ImageUrl 与 Text 的属性值,则以 ImageUrl 为准,Text 属性值变成图片的替代文本。

2. LinkButton 控件

LinkButton 控件用于创建超链接样式的按钮。该控件的外观与 HyperLink 控件的相同,但其功能与 Button 控件的一样。

对于 Web 访问者而言,HyperLink、LinkButton 控件是一样的,但它们在功能方面仍然有较大的差异。当用户单击控件时,HyperLink 控件会立即将用户导航到目标 URL,表单不会被回送到服务器上;LinkButton 控件则首先将表单发回到服务器,然后将用户导航到目标 URL。如果在"到达"目标 URL 之前需要进行服务器端处理,则使用 LinkButton 控件;如果无须进行服务器端处理,则可以使用 HyperLink 控件。

3.3.10 Panel 控件

Panel 控件是一个可以放置各种控件的容器,在服务器端执行后转换为 HTML 标记＜div＞,利用 Panel 控件,可以对网页中的相关控件进行分组管理并进行显示或隐藏。常用属性如下:

(1) BackImageUrl="URL":设置面板的背景图片。

(2) Wrap=true/false:设置面板中的内容是否自动换行。

【例 3-21】 显示或隐藏 Panel 控件示例。

(1) 在站点中添加一个名称为 Panel.aspx 的网页,向网页中拖入一个 Panel 控件和一个 Button 控件,向 Panel 控件中输入文本,初始界面如图 3-20 所示。

(2) 双击 Button 控件引出事件处理函数 Button1_Click,编写如下代码:

图 3-20 例 3-21 初始界面

```
if (myPanel.Visible==true)
{
    myPanel.Visible=false;
    Button1.Text="显示面板";
}
else
{
    myPanel.Visible=true;
```

```
        Button1.Text="隐藏面板";
}
```

(3) 运行程序,实现 Panel 控件的显示和隐藏。

3.3.11 Table 控件

Table 控件用来制作表格,它可以使数据的输出更加整齐、美观。Table 控件和 TableRow、TableCell 控件是密不可分的。

Table 控件用来声明表格,而 TableRow 和 TableCell 控件分别用来声明表格的行与单元格。它们的关系可以理解为:一个 Table 控件包含一个或多个 TableRow 控件;一个 TableRow 控件包含一个或多个 TableCell 控件。

Table 控件的声明格式如下:

```
<asp:Table
    ID="对象名称"
    Runat="server"
    BackImageUrl="背景图片所在位置"
    CellSpacing="单元格之间的间距"
    CellPadding="单元格中文字和单元格内部边界之间的距离"
    HorizontalAlign="整个表格水平对齐方式"
>
    <asp:TableRow>
        <asp:TableCell/>
    </asp:TableRow>
</asp:Table>
```

注意:

(1) Table 控件可设置表格的边框、对齐方式、网格线,常用属性:BorderWidth、HorizontalAlign、GridLines。

(2) TableRow 控件可设置单元格的对齐方式、行高,常用属性:HorizontalAlign、Height。

(3) TableCell 控件可设置单元格的对齐方式、列宽、单元格合并,只需设置第 1 行单元格的列宽即可,常用属性:HorizontalAlign、Width、RowSpan、ColumnSpan。

下面介绍利用 Table 控件制作如表 3-7 所示的表格的步骤。

表 3-7 表格

学 号	姓 名	性 别	成 绩	
			语文	数学

(1) 将页面切换到"设计"视图,从工具箱中拖动一个 Table 控件到页面上。

(2) 在"属性"窗口中将 Table 控件的 BorderWidth 设置为 1，HorizontalAlign 属性设置为 Center，GridLines 属性设置为 Both。

(3) 设置 Table 控件的 Rows 属性，单击 Collection 右边的…按钮，打开"TableRow 集合编辑器"对话框，如图 3-21 所示。

图 3-21 "TableRow 集合编辑器"对话框

(4) 单击"添加"按钮 5 次，在"成员"列表框中出现 Table 的 5 个 TableRow 控件。

(5) 在左边的"成员"列表框中依次选择每个 TableRow 控件，将每个 TableRow 控件的 Height 属性设置为 20px，HorizontalAlign 属性设置为 Center，即设置了行高、单元格的对齐方式。

(6) 在"成员"列表框中选择 0 号 TableRow 控件，然后在右边选择该控件的 Cells 属性，单击 Collection 右边的…按钮，打开"TableCell 集合编辑器"对话框，如图 3-22 所示。

(7) 单击"添加"按钮 5 次，在"成员"列表框中出现 5 个 TableCell 控件。同理，为 1～4 号 TableRow 控件各设置 5 个 TableCell 控件，设置完成后，单击两次"确定"按钮，返回网页页面，结果如图 3-23 所示。

图 3-22 "TableCell 集合编辑器"对话框

图 3-23 Table 控件

(8) 在 0 号 TableRow 控件的"TableCell 集合编辑器"对话框中，将 0～2 号 TableCell 控件的 Width 属性设置为 100px，RowSpan 属性设置为 2；将 3 号 TableCell 控件的

ColumnSpan 属性设置为 2，Width 属性设置为 200px；将 4 号 TableCell 控件移除。

（9）在 1 号 TableRow 控件的"TableCell 集合编辑器"对话框中，将 0～2 号 TableCell 控件移除，返回网页页面，结果如图 3-24 所示。

图 3-24　表格雏形

（10）设置各个 TableCell 控件的 Text 属性值。

完成以上步骤后，切换到"源"视图，可以看到自动生成的代码：

```
< asp:Table ID="Table1" runat="server" BorderWidth="1px" HorizontalAlign="Center"
GridLines="Both">
    <asp:TableRow runat="server" Height="20px" HorizontalAlign="Center">
        <asp:TableCell runat="server" RowSpan="2" Width="100px">学号</asp:TableCell>
        <asp:TableCell runat="server" RowSpan="2" Width="100px">姓名</asp:TableCell>
        <asp:TableCell runat="server" RowSpan="2" Width="100px">性别</asp:TableCell>
        <asp:TableCell runat="server" ColumnSpan="2" Width="200px">成绩</asp:
        TableCell>
    </asp:TableRow>
    <asp:TableRow runat="server" Height="20px" HorizontalAlign="Center">
        <asp:TableCell runat="server">语文</asp:TableCell>
        <asp:TableCell runat="server">数学</asp:TableCell>
    </asp:TableRow>
    <asp:TableRow runat="server" Height="20px" HorizontalAlign="Center">
        <asp:TableCell runat="server"> </asp:TableCell>
        <asp:TableCell runat="server"> </asp:TableCell>
        <asp:TableCell runat="server"> </asp:TableCell>
        <asp:TableCell runat="server"> </asp:TableCell>
        <asp:TableCell runat="server"> </asp:TableCell>
    </asp:TableRow>
    <asp:TableRow runat="server" Width="200px" Height="20px" HorizontalAlign="Center">
        <asp:TableCell runat="server"> </asp:TableCell>
        <asp:TableCell runat="server"> </asp:TableCell>
        <asp:TableCell runat="server"> </asp:TableCell>
        <asp:TableCell runat="server"> </asp:TableCell>
        <asp:TableCell runat="server"> </asp:TableCell>
    </asp:TableRow>
    <asp:TableRow runat="server" Height="20px" HorizontalAlign="Center">
        <asp:TableCell runat="server"> </asp:TableCell>
        <asp:TableCell runat="server"> </asp:TableCell>
        <asp:TableCell runat="server"> </asp:TableCell>
```

```
        <asp:TableCell runat="server"> </asp:TableCell>
        <asp:TableCell runat="server"> </asp:TableCell>
    </asp:TableRow>
</asp:Table>
```

【例 3-22】 在站点中添加一个名称为 Table1.aspx 的网页,当用户从下拉框中选择一个行数和一个列数,并单击"产生表格"按钮时,就能产生一个动态表格,运行界面如图 3-25 所示。

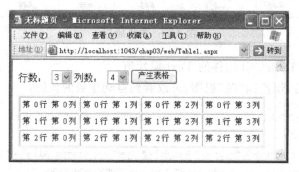

图 3-25 例 3-22 运行界面

(1) 在"设计"视图中,将 Table 控件的 CellPadding 属性设置为 4,CellSpacing 属性设置为 1,BorderWidth 属性设置为 1,Gridlines 属性设置为 Both。

(2) 在"设计"视图中,双击"产生表格"按钮,引出事件处理函数,编写如下代码:

```
int m=int.Parse(rowNumber.SelectedValue);
int n=int.Parse(cellNumber.SelectedValue);
for (int i=0; i<m; i++)
{
    TableRow r=new TableRow();
    for (int j=0; j<n; j++)
    {
        TableCell c=new TableCell();
        c.Text="第 "+i+" 行 第 "+j+" 列";
        r.Cells.Add(c);
    }
    myTable.Rows.Add(r);
}
```

3.3.12 Calendar 控件

Calendar 控件用于在 Web 页中显示一个日历,用户可以选择日期,可以在上、下月之间移动。

Calendar 控件由 9 个部件组成,不同组成部件采用不同的样式,见表 3-8。

Calendar 控件的主要属性和事件:

(1) NextPrevFormat:设置前往上个月或下个月的超文本显示方式(默认为 Custom

Text)。

当 NextPrevFormat＝"Custom Text"时,才能设置如下两个属性值：NextMonthText,默认为≥;PrevMonthText,默认为≤。

表 3-8　Calendar 控件的组成部件

组成部件	采用样式	组成部件	采用样式
标题栏	标题样式(TitleStyle)	今天日期	今天日期样式(Today DayStyle)
标题栏导航	下一个"前一个"样式(NextPrevStyle)	周末日期	周末日期样式(WeekendDayStyle)
星期区段	日期标题样式(DayHeaderStyle)	其他月日期	其他月日期样式(OtherMonthDayStyle)
选择器	选择器样式(SelectorStyle)	选取日期	SelectedDayStyle
本月日期	日期样式(DayStyle)		

（2）SelectionMode：设置日期的选择模式,默认为 Day。

当 SelectionMode＝"DayWeek/DayWeekMonth"时,才能显示选择器。

当 SelectionMode＝"DayWeek"时,才能设置 SelectWeekText 的属性值。

当 SelectionMode＝"DayWeekMonth"时,才能设置 SelectWeekText、SelectMonthText 的属性值。

（3）OnselectionChanged＝"函数名"：当用户选择某天、某周或某月时就会自动提交,并触发该事件。

【例 3-23】 在站点中添加一个名称为 Calendar1.aspx 的网页,向网页中拖入一个 Calendar 控件和一个 Label 控件,并对 Calendar 控件进行属性设置,当用户选择一个日期时,Label 控件会显示选择的日期,执行结果如图 3-26 所示。

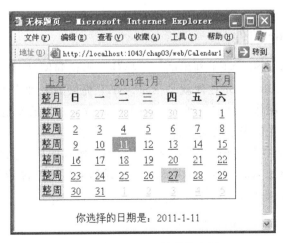

图 3-26　Calendar 控件的应用

（1）用户界面的 HTML 代码：

```
< form id="form1" runat="server">
<Asp:Calendar runat="server"
```

```
            id="Calendar1"
            BorderColor="Black"
            NextPrevFormat="CustomText"
            PrevMonthText="上月"
            NextMonthText="下月"
            SelectionMode="DayWeekMonth"
            SelectMonthText="整月"
            SelectWeekText="整周"
            OnSelectionChanged="DayChange" CellSpacing="1">
    <TodayDayStyle BackColor="OrangeRed"/>
    <SelectorStyle BackColor="PaleTurquoise"/>
    <NextPrevStyle ForeColor="Blue"/>
    <DayHeaderStyle Font-Bold="True" BackColor="#FFEEDD"/>
    <SelectedDayStyle ForeColor="White" BackColor="#666666"/>
    <TitleStyle ForeColor="Brown" BackColor="#CCCCCC"/>
    <WeekendDayStyle BackColor="#FFFFCC"/>
    <OtherMonthDayStyle ForeColor="LightGray"/>
 </asp:Calendar>
 <br><asp:Label runat="server" id="Message"/>
</form>
```

（2）在.cs文件中编写代码：

```
protected void DayChange(object sender, EventArgs e)
{
    Message.Text="你选择的日期是："+Calendar1.SelectedDate.ToShortDateString();
}
```

3.3.13 AdRotator 控件

AdRotator 控件是 ASP.NET 新增的一个控件。当访问网站时，经常会看到网页上各种各样的网络广告。AdRotator 控件就是 ASP.NET 提供的一种广告控件，它用来呈现一些广告图像，单击这些图像将会定位到一个新的 Web 位置。它的作用是可以使多个广告交替出现，并允许某些广告优先于其他广告。

在使用 AdRotator 控件之前，必须定义一个 XML 格式的广告文件。一个广告文件由 <Advertisements> 开头，以 </Advertisements> 结束，中间包含若干广告，每个广告以 <Ad> 开头，以 </Ad> 结束。具体格式如下：

```
<?xml version="1.0" encoding="gb2312"?>
<Advertisements>
  <Ad>
    <ImageUrl>广告图片的URL</ImageUrl>
    <NavigateUrl>单击广告时,将链接到哪个网址</NavigateUrl>
    <Alternatetext>用来替代的文本</Alternatetext>
    <Keyword>关键字</Keyword>
```

```
        <Impressions>广告出现频率的权重值</Impressions>
    </Ad>
</Advertisements>
```

例如,在站点中编写一个广告文件 ADFile.xml,代码如下:

```
<?xml version="1.0" encoding="gb2312" ?>
<Advertisements>
    <Ad>
        <ImageUrl>../images/book1.jpg</ImageUrl>
        <NavigateUrl>book1.htm</NavigateUrl>
        <AlternateText>Visual Basic.NET 程序设计</AlternateText>
        <Keyword>Visual Basic.NET 工具书</Keyword>
        <Impressions>20</Impressions>
    </Ad>
    <Ad>
        <ImageUrl>../images/book2.jpg</ImageUrl>
        <NavigateUrl>book2.htm</NavigateUrl>
        <AlternateText>Visual C#.NET 程序设计</AlternateText>
        <Keyword>C#.NET 工具书</Keyword>
        <Impressions>80</Impressions>
    </Ad>
</Advertisements>
```

AdRotator 控件的语法格式如下:

```
<asp: AdRotator
id="…"
runat="server"
AdertismentFile="广告文件的路径"
KeyWordFiter="广告的关键字"
Target="新页面打开方式"
OnAdCreated="事件处理函数"/>
```

OnAdCreated="事件处理函数":当 AdRotator 控件被创建以后,就自动触发该事件,并将某个广告的所有元素传递给事件参数 AdCreatedEventArgs,它包含 AlternateText、ImageUrl、NavigateUrl 共 3 个属性。

【例 3-24】 利用 AdRotator 控件显示 ADFile.xml 中的广告。

(1) 在站点中添加一个名称为 AdRotator.aspx 的网页,在页面中放置一个 AdRotator 控件和一个 Label 控件。

(2) 在"设计"视图中将 AdRotator 控件的 AdvertisementFile 属性设置为 ADFile.xml,BorderWidth 属性设置为 1。

(3) 双击 AdRotator 控件引出事件处理函数 myAd_AdCreated,在该函数中添加如下代码:

```
String ADInfo;
ADInfo="替换文本: "+e.AlternateText;
```

```
ADInfo=ADInfo+"<br>图片源地址："+e.ImageUrl;
ADInfo=ADInfo+"<br>链接地址："+e.NavigateUrl;
showADInfo.Text=ADInfo;
```

(4) 单击"运行"按钮，将在浏览器中随机显示广告条，单击刷新，将显示不同的图片，运行结果如图 3-27 所示。

图 3-27 AdRotator 控件的应用

3.4 验 证 控 件

ASP.NET 功能强大的一种体现就是具有丰富的 Web 控件，本节将介绍验证控件和各种 Web 数据验证方式，设计成了通用的 ASP.NET 控件形式。验证控件位于 System.Web.UI.WebControls 命名空间中。

3.4.1 验证控件概述

验证控件，顾名思义就是校验用户输入数据正确性的控件。例如，用户在文本框中输入数据后，便显示一条提示信息，表明校验的数据是否合法。验证的过程可以在服务器端执行，也可以在客户端执行。在客户端运行的校验代码是在数据被提交之前执行的，因此可以提高程序的性能。

验证控件不能单独使用，必须与 HTML 控件或 Web 控件集成使用。因为验证控件是用来验证用户是否向 HTML 控件（或 Web 控件）中输入数据，输入数据的格式、类型、范围是否符合要求的。

验证控件的通用属性如下：

(1) ControlToValidate：设置要验证的控件的 ID。

(2) Display：设置错误信息的显示方式，默认为 Static。

None 表示不显示错误信息；Static 表示无论是否发生错误，错误信息均占用页面的空间；Dynamic 表示当发生错误时，错误信息才占用页面的空间。

(3) ErrorMessage：设置验证失败时所要显示的错误信息，错误信息同时会在 ValidationSummary 控件上显示出来。若与 Text 同时存在，则以 Text 为准。

(4) Text：设置验证失败时所要显示的错误信息，但错误信息不会在

ValidationSummary 控件中显示出来。

(5) IsValid：判断验证控件是否验证成功，该属性为 Page 对象和验证控件专用。

3.4.2 验证控件的类型

ASP.NET 一共包含了 6 个用于验证的服务器控件，每个控件执行特定类型的验证，且当验证失败时显示自定义消息，下面介绍这 6 个验证控件。

1. RequiredFieldValidator 控件

RequiredFieldValidator 控件称为必需字段验证，用来判断用户是否输入数据。

RequiredFieldValidator 控件的声明格式如下：

```
<asp:RequiredFieldValidator
    Id="…"
    runat="server"
    ControlToValidate="被验证控件的 ID"
    ErrorMessage="验证失败时显示的错误信息"
    InitialValue="初始值"/>
```

注意：

(1) 若被验证的控件的 Value(或 Text)值与 InitialValue 值相等，则必须验证控件认为未输入数据。

(2) 若用户没有输入数据，只会调用 RequiredFieldValidator 的验证规则，不会调用其他验证控件的验证规则。

【例 3-25】 RequiredFieldValidator 控件的应用，设计界面如图 3-28 所示。

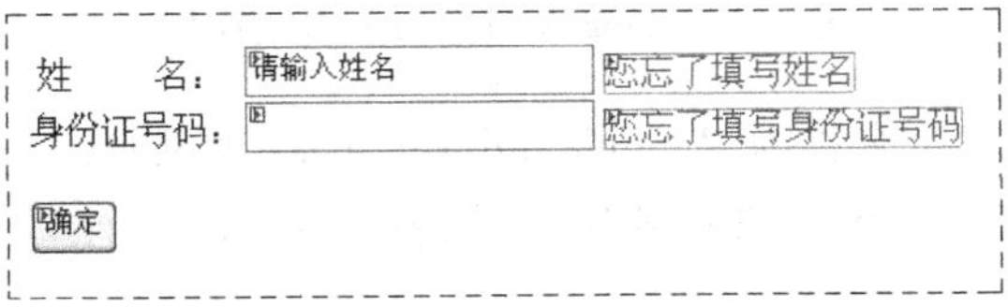

图 3-28 RequiredFieldValidator 控件的应用

(1) 在站点中添加一个名称为 RequiredFieldValidator.aspx 的网页。

(2) 向网页中添加一些控件，并设置属性，见表 3-9。

表 3-9 例 3-25 控件的属性设置

控件类型	ID	属 性 设 置
TextBox	Name	Text="请输入姓名"
RequiredFieldValidator	R1	ControlToValidate="Name" InitialValue="请输入姓名" ErrorMessage="您忘了填写姓名"
TextBox	SID	
RequiredFieldValidator	R2	ControlToValidate="SID" InitialValue="" ErrorMessage="您忘了填写身份证号码"
Button	B1	Text="确定"

(3) 在.cs 文件中编写代码：

```
protected void Page_Load(object sender, EventArgs e)
{
    if (Page.IsPostBack) Response.Write("Ok");
}
```

2. RangeValidator 控件

RangeValidator 控件称为范围验证，用来判断用户输入的数据是否介于某个范围之内。RangeValidator 控件的声明格式如下：

```
<asp:RangeValidator
    ID="…"
    runat="server"
    ControlToValidate="被验证控件的ID"
    MaximumValue="最大值"
    MinimumValue="最小值"
    Type="数据类型"
    ErrorMessage="验证失败时显示的错误信息"/>
```

【例 3-26】 RangeValidator 控件的应用，设计界面如图 3-29 所示。

图 3-29　RangeValidator 控件的应用

(1) 在站点中添加一个名称为 RangeValidator.aspx 的网页。

(2) 向网页中添加一些控件，并设置属性，见表 3-10。

表 3-10　例 3-26 控件的属性设置

控件类型	ID	属 性 设 置
TextBox	Score	
RequiredFieldValidator	R2	ControlToValidate="Score" ErrorMessage="请输入一个分数" isplay="Dynamic"
RangeValidator	R1	ControlToValidate="Score" Type="Integer" MaximumValue="100" MinimumValue="0" ErrorMessage="成绩必须介于0～100分之间"
Button	B1	Text="确定"

(3) 在.cs 文件中编写代码：

```
protected void Page_Load(object sender, EventArgs e)
{
    if(Page.IsPostBack) Response.Write("Ok");
}
```

3. CompareValidator 控件

CompareValidator 控件称为比较验证,用于将用户输入的数据与指定的数据进行比较,比较的数据可以是常量、另一个控件的值。

CompareValidator 控件的声明格式如下:

```
<asp:CompareValidator
ID="…"
Runat="Server"
    ControlToValidate="被验证控件的 ID"
    ControlToCompare="比较的控件"
    ValueToCompare="比较的常量"
    Type="数据类型"
    Operator="比较操作"
    ErrorMessage="验证失败时显示的错误信息"/>
```

其中,Operator 属性指定了进行比较的类型,如大于、等于。若 Operator 属性取 DataTypeCheck,则 ControlToCompare 和 ValueToCompare 属性将被忽略。

【例 3-27】 CompareValidator 控件的应用,设计界面如图 3-30 所示。

图 3-30 CompareValidator 控件的应用

(1) 在站点中添加一个名称为 CompareValidator.aspx 的网页。
(2) 向网页中添加一些控件,并设置属性,见表 3-11。

表 3-11 例 3-27 控件的属性设置

控件类型	ID	属性设置
CompareValidator	CompareValidator1	ControlToValidate="TextBox2" ControlToCompare="TextBox1" Type="Double" Operator="LessThanEqual" ErrorMessage="最小值不能大于最大值!"
Button	Button1	Text="确定"

(3) 在.cs 文件中编写代码:

```
protected void Page_Load(object sender, EventArgs e)
{
    if (Page.IsPostBack) Response.Write("Ok");
}
```

4. RegularExpressionValidator 控件

RegularExpressionValidator 控件称为正则表达式验证,用来验证用户输入的数据是否符合指定的格式。

RegularExpressionValidator 控件的声明格式如下：

```
<asp:RegularExpressionValidator
    ID="…"
    runat="server"
    ControlToValidate="被验证控件的 ID"
    ValidationExpression="验证表达式"
    ErrorMessage="验证失败时显示的错误信息"/>
```

【例 3-28】 RegularExpressionValidator 控件的应用，设计界面如图 3-31 所示。

图 3-31 RegularExpressionValidator 控件的应用

(1) 在站点中添加一个名称为 RegularExpressionValidator.aspx 的网页。
(2) 向网页中添加一些控件，并设置属性，见表 3-12。

表 3-12 例 3-28 控件的属性设置

控件类型	ID	属性设置
RequiredFieldValidator	R1	ControlToValidate="Tel" Display="Dynamic" ErrorMessage="请输入邮政编码"
RegularExpressionValidator	R2	ControlToValidate="Tel" ValidationExpression="\d{6}" ErrorMessage="邮政编码格式错误"
Button	B1	Text="确定"

对于身份证号、邮政编码、电子邮件地址及电话号码等常用字符序列，可以利用正则表达式编辑器来生成正则表达式。对于其他验证格式，需要用户自己编写正则表达式。

正则表达式是由普通字符、特殊字符组成的一种字符模式，它由正斜杠括住。正则表达式的书写规范见表 3-13。

表 3-13 正则表达式的书写规范

特殊字符	说 明	示 例
?	表示 0 个或 1 个字符	/ab?/ 表示 a、ab
*	表示 0 个或多个字符	/ab*/ 表示 a、ab、abb、abbb 等
+	表示 1 个或多个字符	/ab+/ 表示 ab、abb、abbb 等；/(ab)+/ 表示 ab、abab、ababab 等
[ ]	表示[ ]内的任一个字符	/[0-9]/ 表示任一个数字；/[ab-]/ 表示 a、b、-中的一个
{ }	有两种方式：{n}表示 n 个字符；{m,n}表示 m~n 个字符	/abc{3}/ 表示 abccc；/(abc){3}/ 表示 abcabcabc
.	表示一个任意字符	.{5,10} 表示 5~10 个任意字符

续表

特殊字符	说明	示例
( )	选择性的符号，可用可不用，只是为了提高可读性	
|	表示"或"	
\	若用户输入的数据包含特殊符号（如{}[]().|），则必须在特殊符号前加上\符号，如\(\)	\([0-9]{4}\)-[0-9]{8}表示输入的数据格式为(xxxx)-yyyyyyyy
^	匹配字符串的开始位置	
$	匹配字符串的结束位置	
\d	表示0~9中的一个数字	与[0-9]相同
\w	表示任意一个大写字母、小写字母或数字	与/[a-zA-Z0-9]/相同

注意：

(1) 在[]中，若"-"位于两个字符之间，则"-"作为特殊字符解释。例如，[a-z]表示任意一个小写字母。

(2) 在{}中的","作为特殊字符解释。例如，.{5,10}表示5~10个任意字符。

5. CustomValidator 控件

CustomValidator 控件称为自定义验证，允许用户自定义验证规则。

CustomValidator 控件的声明格式如下：

```
<asp:CustomValidator
    ID="…"
    runat="server"
    ControlToValidate="被验证控件的 ID"
    ClientValidationFunction="客户端验证函数"
    OnServerValidate="服务器端验证函数"
    ErrorMessage="验证失败时显示的错误信息"/>
```

OnServerValidate="服务器端验证函数"：当 CustomValidator 控件被调用时会触发该事件，事件参数为 ServerValidateEventArgs，含有两个属性。

(1) Value：返回被验证的控件的 Value(或 Text)值。

(2) IsValid：判断被验证的控件是否验证成功，若为 False，则显示错误信息。

【例 3-29】 CustomValidator 控件的服务器端验证，设计界面如图 3-32 所示。

图 3-32 服务器端验证

(1) 在站点中添加一个名称为 CustomValidator1.aspx 的网页。

(2)向网页中添加一些控件,并设置属性,见表3-14。

表3-14 例3-29 控件的属性设置

控件类型	ID	属性设置
TextBox	Num	
CustomValidator	CustomValidator1	ControlToValidate="Num" OnServerValidate="CheckNum" ErrorMessage="您输入的数字不是偶数"
Button	B1	Text="确定"

(3)在.cs文件中编写代码:

```
void Page_Load(Object sender, EventArgs e)
  { Response.Write(Num.Text); }
protected void CheckNum(object source, ServerValidateEventArgs e)
{
    //当e.IsValid为False时显示错误信息
    e.IsValid=int.Parse(e.Value)%2==0;
}
```

程序说明:当在文本框中输入一个奇数,如5,并单击"确定"按钮时,会先输出5,再显示错误信息,表明服务器端验证是在调用Page_Load()函数之后进行的。

【例3-30】 CustomValidator控件的客户端验证,设计界面如图3-33所示。

图3-33 客户端验证

(1)在站点中添加一个名称为CustomValidator2.aspx的网页。
(2)向网页中添加一些控件,并设置属性,见表3-15。

表3-15 例3-30 控件的属性设置

控件类型	ID	属性设置
TextBox	Num	
CustomValidator	CustomValidator1	ControlToValidate="Num" ClientValidationFunction="CheckNum" ErrorMessage="您输入的数字不是偶数"
Button	B1	Text="确定"

(3)在.aspx页面的<head>和</head>之间编写JavaScript脚本:

```
script language="JavaScript">
  function CheckNum(source,arguments)
  {
      arguments.IsValid=Number(arguments.Value)%2==0;
```

```
  }
</script>
```

(4) 在.cs 文件中编写代码：

```
protected void Page_Load(object sender, EventArgs e)
{
    Response.Write(Num.Text);
}
```

程序说明：当在文本框中输入一个奇数，如 5，并单击“确定”按钮时，仅显示错误信息，表明客户端验证是在客户端执行单击事件时就调用验证控件了。

6. ValidationSummary 控件

ValidationSummary 控件称为验证汇总，用来显示网页上所有验证控件的错误信息。

ValidationSummary 控件的声明格式如下：

```
<asp:ValidationSummary
ID="…"
runat="server"
DisplayMode="BulletList|List|SingleParagraph"
ShowSummary="true|false"
ShowMessageBox="true|false"
HeaderText="标题文字"/>
```

其中，DisplayMode 属性用于设置出错信息的显示模式，可以取如下几个值。

(1) BulletList：默认的显示模式，分行显示出错信息，每行信息前加一个点号。

(2) List：分行显示出错信息，每行信息前不加点号。

(3) SingleParagraph：以单行形式显示所有出错信息。

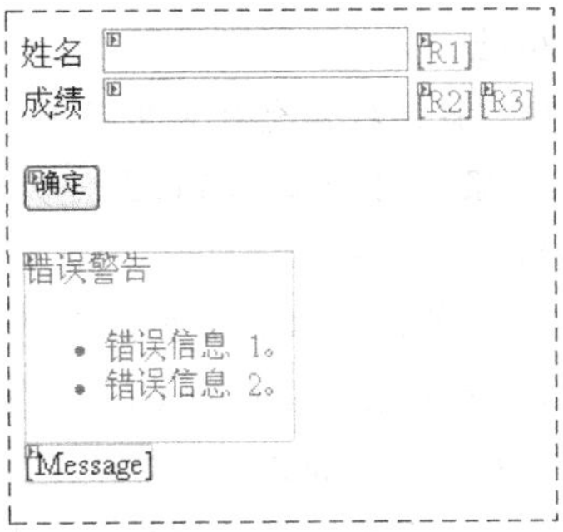

图 3-34　ValidationSummary 控件的应用

【例 3-31】　ValidationSummary 控件的应用，设计界面如图 3-34 所示。

(1) 在站点中添加一个名称为 ValidationSummary.aspx 的网页。

(2) 向网页中添加一些控件，并设置属性，见表 3-16。

表 3-16　例 3-31 控件的属性设置

控件类型	ID	属性设置
TextBox	Name	
RequiredFieldValidator	R1	ControlToValidate="Name" Display="None" ErrorMessage="姓名字段不可空白"
TextBox	Score	

续表

控件类型	ID	属性设置
RequiredFieldValidator	R2	ControlToValidate="Score" Display="None" ErrorMessage="成绩字段不可空白"
RangeValidator	R3	ControlToValidate="Score" MaximumValue="100" MinimumValue="0" Type="Integer" Display="None" ErrorMessage="成绩必须介于0~100分之间"
Button	B1	Text="确定"
ValidationSummary	V1	DisplayMode="BulletList" ShowSummary="True" HeaderText="错误警告"

(3) 在.cs文件中编写代码：

```
protected void Page_Load(object sender, EventArgs e)
{
    if (Page.IsPostBack) Response.Write("OK");
}
protected void B1_Click(object sender, EventArgs e)
{
    if (Page.IsValid) Message.Text="全部栏位验证成功";
}
```

小结：

(1) 验证控件允许采用服务器验证和客户端验证两种方式。

① 服务器验证：指在上传数据并调用 Page_Load() 函数后才调用验证控件，所有验证控件均支持此方式。

② 客户端验证：指在客户端执行单击事件时就调用验证控件，所有验证控件均支持此方式，自定义验证当包含 ClientValidationFunction="函数名" 时也支持此方式。

(2) 第一次加载网页时没有调用验证控件。

(3) 在页面包含验证控件的情况下，不管哪类服务器控件，只要存在 OnServerClick="函数名"（或 OnClick="函数名"），则单击控件时，就会进行如下6项操作。

① 客户端验证。

② 调用本页面的用户界面部分。

③ 将客户端各控件的主要属性值（Value、Text、Checked、PostFile）上传到服务器。

④ 调用 Page_Load() 函数。

⑤ 服务器验证。

⑥ 执行指定的函数。

3.4.3 验证控件的综合应用

【例3-32】 验证控件的综合应用，设计界面如图3-35所示。

(1) 在站点中添加一个名称为 login.aspx 的网页。

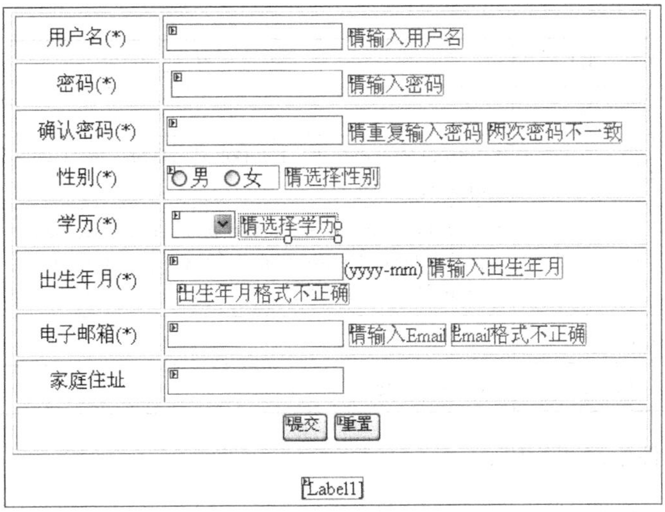

图 3-35 验证控件的综合应用

(2) 向网页中添加控件，并设置属性，见表 3-17。

表 3-17 例 3-32 控件的属性设置

控件类型	ID	属 性 设 置
TextBox	TextBox1	
RequiredFieldValidator	R1	ControlToValidate="TextBox1" ErrorMessage="请输入用户名"
TextBox	TextBox2	
RequiredFieldValidator	R2	ControlToValidate="TextBox2" ErrorMessage="请输入密码"
TextBox	TextBox3	TextMode="Password"
RequiredFieldValidator	R3	ControlToValidate="TextBox3" Display="Dynamic" ErrorMessage="请重复输入密码"
CompareValidator	C1	ControlToCompare="TextBox2" ControlToValidate="TextBox3" ErrorMessage="两次密码不一致" Operator="Equal" Type="String"
RadioButtonList	R4	RepeatDirection="Horizontal" RepeatLayout="Flow" TextAlign="right"
RequiredFieldValidator	R5	ControlToValidate="R4" ErrorMessage="请选择性别"
DropDownList	D1	包含"中职"、"大专"、"本科"、"硕士"、"博士"5 个选项
RequiredFieldValidator	R6	ControlToValidate="D1" ErrorMessage="请选择学历"
TextBox	TextBox4	
RequiredFieldValidator	R7	ControlToValidate="TextBox4" Display="Dynamic" ErrorMessage="请输入出生年月"
RegularExpressionValidator	Regular1	ControlToValidate="TextBox4"ErrorMessage="出生年月格式不正确" ValidationExpression="\d{4}-(1[0-2]|[1-9]|0[1-9])"

续表

控件类型	ID	属性设置
TextBox	TextBox5	
RequiredField-Validator	R8	ControlToValidate="TextBox5" Display="Dynamic" ErrorMessage="请输入 Email"
RegularExpression-Validator	Regular2	ControlToValidate="TextBox5" ErrorMessage="Email 格式不正确"ValidationExpression="[\w-]+@[\w-]+.(com|net|org|edu|mil)"
TextBox	TextBox6	
Button	Button1	Text="提交"

(3) 在.cs 文件中编写代码：

```
protected void Page_Load(object sender, EventArgs e)
{
    if (Page.IsPostBack) Label1.Text="祝贺你提交成功！";
}
```

3.5 项目实训

实训1 应用 HTML 控件

实训目的

(1) 掌握 HtmlInputText 控件的应用。
(2) 掌握 HtmlInputRadioButton 控件的应用。
(3) 掌握 HtmlSelect 控件的应用。
(4) 掌握 HtmlInputCheckBox 控件的应用。
(5) 掌握 HtmlInputButton 控件的应用。

实训要求

(1) 创建一个 Web 网站 sx03，并设置成虚拟目录。
(2) 在网站中添加一个名为 sx3_1.aspx 的网页，用 HTML 控件编写一个简单的注册页面，单击"确定"按钮后，显示注册人员的综合信息，运行界面如图 3-36 所示。

实训2 应用 Web 控件

实训目的

(1) 掌握 TextBox 控件的应用。
(2) 掌握 RadioButtonList 控件的应用。
(3) 掌握在 DropDownList 控件中动态设置选项的方法。
(4) 掌握 CheckBoxList 控件的应用。

实训要求

在网站中添加一个名称为 sx3_2.aspx 的网页，用 Web 控件编写一个简单的注册页面，单击"确定"按钮后,显示注册人员的综合信息,初始界面如图 3-37 所示,运行界面如图 3-36 所示。要求"籍贯"下拉框中包含"湖南"、"湖北"、"广东"、"广西"、"北京"、"天津"、"上海" 7 个选项,且 7 个选项是在 Page_Load()函数中设置的。

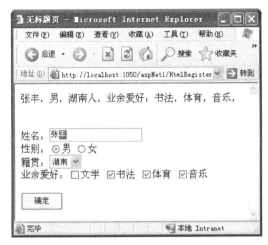

图 3-36 实训 1 运行界面

图 3-37 实训 2 初始界面

实训提示

(1) RadioButtonList 控件、CheckBoxList 控件的 RepeatDirection 属性要设置为 Horizontal,RepeatLayout 属性要设置为 Flow。

(2) 参考程序代码如下:

```
protected void Page_Load(object sender, EventArgs e)
{
    String[] jg={ "湖南","湖北","广东","广西","北京","天津","上海" };
    DropDownList1.DataSource=jg;
    DropDownList1.DataBind();
}
protected void Button1_Click(object sender, EventArgs e)
{
    String s="";
    s+=TextBox1.Text+",";
    s+=RadioButtonList1.SelectedValue+",";
    s+=DropDownList1.SelectedValue+"人,";
    s+="业余爱好:";
    
    for (int i=0; i<CheckBoxList1.Items.Count; i++)
    {
        if (CheckBoxList1.Items[i].Selected)
            s=s+CheckBoxList1.Items[i].Value+",";
    }
    Response.Write(s);
}
```

实训 3 应用验证控件

实训目的

(1) 掌握 RequiredFieldValidator 控件的应用。
(2) 掌握 CompareValidator 控件的应用。
(3) 掌握 RangeValidator 控件的应用。
(4) 掌握 RegularExpressionValidator 控件的应用。
(5) 掌握 CustomValidator 控件的应用。

实训要求

(1) 在网站中添加一个名称为 sx3_3.aspx 的网页,初始界面如图 3-38 所示,各验证控件的类型见表 3-18。

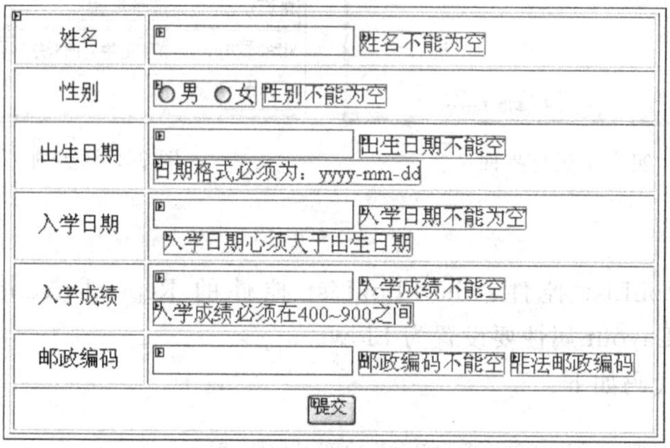

图 3-38 实训 3 初始界面

表 3-18 验证控件的类型

被验证控件	验证控件	验证失败时显示的错误信息
TextBox1	必需字段验证	姓名不能为空
RadioButtonList1	必需字段验证	性别不能为空
TextBox2	必需字段验证、用户自定义验证	出生日期不能为空,日期格式必须为 yyyy-mm-dd
TextBox3	必需字段验证、比较验证	入学日期不能为空,入学日期必须大于出生日期
TextBox4	必需字段验证、范围验证	入学成绩不能为空,入学成绩必须在 400～900 之间
TextBox5	必需字段验证、正则表达式验证	邮政编码不能为空,非法邮政编码

(2) 若验证成功,则在网页中显示"你成功提交,恭喜!"。

实训提示

验证出生日期的 JavaScript 函数如下:

```
<script language="JavaScript">
function CheckNum(source,arguments)
```

```
{
    var sDate=arguments.Value;
    var re=/^[0-9-]+$/;
            //正则表达式,[0-9-]匹配一个数字或-号,[0-9-]+匹配由数字与-号组成的字符串
    if(!re.test(sDate)) arguments.IsValid=false;

    var flag=false;
    var Days=new Array(31,28,31,30,31,30,31,31,30,31,30,31);
    var year, month, day;
    //以-为分隔符,将 sDate 分成若干个字符串,并将各字符串依次存入数组 iaDate 中
    iaDate=sDate.split("-");
    if (iaDate.length != 3) flag=true;
    else
    {   if (iaDate[0].length!=4||iaDate[1].length>2||iaDate[2].length>2) flag=true;
        year=parseFloat(iaDate[0]);
        month=parseFloat(iaDate[1]);
        day=parseFloat(iaDate[2]);
        //平年2月为28天,闰年2月为29天
        if (((year %4==0) && (year %100 !=0))||(year %400==0)) Days[1]=29;
        if (month<1||month>12) flag=true;
        if (day<1||day>Days[month-1]) flag=true;
    }
    if (flag==true)arguments.IsValid=false;
}
</script>
```

思考与练习

一、填空题

1. ASP.NET 将用户界面和程序代码进行彻底分离,并分别放在不同的文件中。用户界面放在_____文件中,程序代码放在_____文件中。

2. 在 ASP.NET 中,服务器控件包括_____控件、_____控件、_____控件、_____控件。

3. 为了使某些 RadioButton 控件构成群组关系,必须为每个 RadioButton 控件的_____属性赋予相同的值。

4. 当 TextBox 服务器控件的_____属性被设置为 True 时,使用 Enter 键或 Tab 键跳出文本输入框时,将自动触发 OnTextChanged 事件。

5. 要验证是否有数据输入,应使用_____控件,要限制输入的数据在某一范围内,应使用_____控件。

6. 在使用 AdRotator 控件之前,必须定义一个_____格式的广告文件。

7. 腾讯 QQ 号从 10000 开始,匹配腾讯 QQ 号码的正则表达式可表示为_____。

二、编程题

1. 编写一个程序,要求使用 RadioButtonList 控件控制字体是否为斜体,CheckBox 控件控制是否为粗体,DropDownList 控件控制字体大小,Button 控件执行过程,Label 控件显示结果。

2. 设计一个 Web 登录页面,要求使用 RegularExpressionValidator 控件来保证用户输入的电子邮件格式中@后面只能是 126.com、163.com、sohu.com。

第 4 章 ASP.NET 内置对象

ASP.NET 提供了一些内置对象，通过这些对象可以设置 Web 页的有关属性和方法，也可以实现基本的请求、响应、会话以及共享等处理功能。本章将介绍 ASP.NET 中几个常用的内置对象，主要有 Page 对象、Response 对象、Request 对象、Application 对象、Session 对象和 Server 对象。

学习目标

- 掌握 Page 对象的属性、方法和事件
- 掌握 Response 对象的属性和方法
- 掌握 Request 对象的属性和方法
- 掌握 Application 对象的属性和方法
- 掌握 Session 对象的属性和方法
- 掌握 Server 对象的属性和方法

4.1 Page 对象

4.1.1 Page 对象的属性

ASP.NET 中的每个 .aspx 页面在运行时都将被编译为 Page 对象，并缓存在服务器内存中。Page 对象是由 System.Web.UI 命名空间下的 Page 类派生来的。Page 对象的常用属性见表 4-1。

表 4-1 Page 对象的常用属性

属性	说明
IsPostBack	用来判断网页在何种情况下加载，若取 false 表示第一次加载网页，若取 true 表示客户端上传数据时加载网页。此属性是 Page 对象所独有的，通常与 Page_Load 事件配合使用
IsValid	用来判断页面上的验证控件是否全部验证成功，若有一个验证控件验证失败，则返回 false
EnableViewState	设置网页是否保持视图状态，默认为 true
Visible	获取或设置网页是否可见

续表

属 性	说 明
Response	获取与 Page 关联的 HttpResponse 对象
Request	获取请求页面的 HttpRequest 对象
Application	为当前 Web 请求获取 Application 对象
Session	获取 ASP.NET 提供的当前 Session 对象
Server	获取与 Page 关联的 Server 对象

很容易看出，Page 对象的一些属性本身就是 ASP.NET 的内置对象，如 Response、Request、Application、Session 和 Server，它们驻留在 Web 服务器中。

(1) Response 对象：响应客户端的请求，并将响应结果返回给客户端。

(2) Request 对象：接收从客户端传送到服务器的信息。

(3) Application 对象：记录所有上线用户均共享的信息，Application 对象随着 Web 服务器的启动而产生，随着 Web 服务器的关闭而终止。

(4) Session 对象：记录每个上线用户独享的信息，Session 对象随着用户的上线而产生，随着用户的下线或强制解除而终止。

(5) Server 对象：执行与 Web 服务器直接相关的一些操作，它包含几个重要的方法，Server 对象的功能主要通过这些方法体现。

4.1.2 Page 对象的事件

所谓事件，就是外界对对象所实施的动作。Page 对象的常用事件见表 4-2。

表 4-2 Page 对象的事件

事 件	说 明
Init	页面初始化会触发此事件，是网页执行时第一个被触发的事件
PreInit	页面初始化开始触发此事件
InitComplete	页面初始化完成触发此事件
Load	页面被加载时触发此事件
PreLoad	在 Load 事件之前触发此事件
PreRender	在页面加载控件对象之后、呈现之前触发此事件
PreRenderComplete	在呈现页面之前触发此事件
Unload	当服务器控件从内存中卸载时触发此事件
Disposed	当从内存释放服务器控件时触发此事件
Error	当网页发生未处理的异常情况时会触发此事件，可以使用此事件自定义错误处理操作

其中，Init 是第一次加载网页时才会触发的事件；Load 是每次加载网页时都会触发的事件，通过 IsPostBack 属性值可以判断出网页是首次加载还是客户端上传数据时才加

载的。

【例 4-1】 在站点中添加一个名称为 Event.aspx 的网页,运行界面如图 4-1 所示。

Event.aspx.cs 文件的程序代码如下:

图 4-1　Page 对象的事件

```
protected void Page_Init(object sender, EventArgs e)
{
    Label1.Text=" 发 生 Page _ Init 事 件 " + System.
    DateTime.Now.ToLongTimeString();
}
protected void Page_Load(object sender, EventArgs e)
{
    Label2.Text+="发生 Page_Load 事件<br>";
    DateTime MyDateTime=System.DateTime.Now;
    Label2.Text+="现在是:"+MyDateTime.ToLongTimeString()+"<br>";
    int hou;
    String str="";
    hou=Convert.ToInt32(MyDateTime.Hour)/6;
    switch (hou)
    {
        case 0: str="早上好";break;
        case 1: str="上午好";break;
        case 2: str="下午好";break;
        case 3: str="晚上好";break;
    }
    Label2.Text+=str;
}
```

程序说明:

(1) System.DateTime.Now:返回系统日期、时间,它是一个对象,含有 Date、Hour、Minute、Second、Year、Month、Day、DayOfWeek 等属性,例如,System.DateTime.Now.DayOfWeek 返回星期几。

(2) 设 x 为 DateTime 类型,则:

① x.ToShortDateString():返回"yyyy-mm-dd"。

② x.ToLongDateString():返回"yyyy 年 mm 月 dd 日"。

③ x.ToLongTimeString():返回"hh:mm:ss"。

④ x.ToShortTimeString():返回"hh:mm"。

4.2　Response 对象

Response 对象提供对当前页面的输出流的访问,可以向客户端浏览器发送信息,或者将访问者导航到另一个网址,并可以输出和控制 Cookie 信息等。

4.2.1 Response 对象的属性

Response 对象是 HttpResponse 类的一个对象，与一个 HTTP 响应相对应。每次客户端发出一个请求的时候，服务器就会用一个响应对象来处理这个请求，处理完这个请求之后，服务器就会销毁这个响应对象，以便继续接受其他客户端请求。

Response 常用属性见表 4-3。

表 4-3 Response 对象的属性

属 性	说 明
Buffer	设置服务器端是否将页面先输出到缓冲区中，默认值为 false。当取值为 ture 时，服务器端先将页面输出到缓冲区中，然后再从缓冲区中输出到客户端浏览器，否则直接将信息输出到客户端浏览器
Charset	获取或设置字符编码方式
ContentType	获取或设置输出流的 HTTP 内容类型，默认为 text/html
ContentEncoding	获取或设置输出数据的 HTTP 字符集
Cookies	获取服务器发送到客户端的 Cookie 集合
Output	返回输出 HTTP 响应流的文本输出
RedirectLocation	将当前请求重定向

4.2.2 Response 对象的方法

Response 对象用来控制输出到客户端的信息，常用方法见表 4-4。

表 4-4 Response 对象的方法

方 法	说 明
Write(表达式)	将表达式的值发送到客户端
WriteFile("文件名")	将指定文件的内容发送到客户端
Redirect("网页文件")	将客户端重新定向到指定的网页文件
ClearContent()	清空存放在缓冲区中尚未发送到客户端的所有内容
End()	结束.aspx 页面的执行，并且将缓冲区中的内容发送到客户端
Close()	关闭与客户端的连接

【例 4-2】 使用 Response.WriteFile 方法将文本文件 exa.xls 的内容发送到客户端，如图 4-2 所示。程序代码如下：

```
protected void Page_Load(object sender, EventArgs e)
{
    Response.ContentType="Application/Vnd.MS- Excel";
    Response.WriteFile("exa.xls");
    Response.End();
}
```

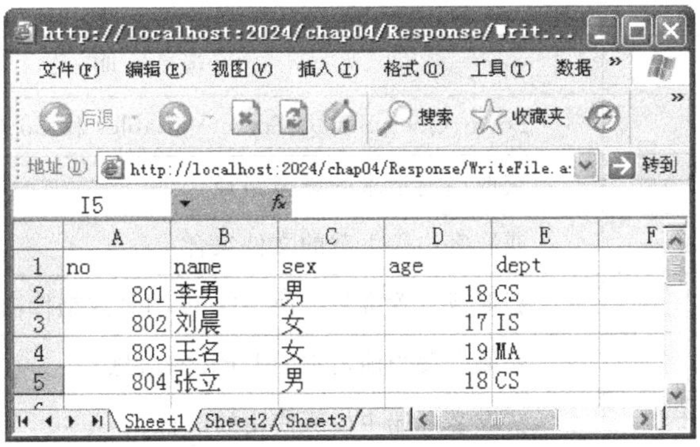

图 4-2　使用 Response 对象打开 Excel 文件

【例 4-3】　使用 Response.Redirect 方法完成页面重新定位。

```
protected void Page_Load(object sender, EventArgs e)
{
    Response.Redirect("http://www.163.com");
}
```

4.3　Request 对象

服务器端经常需要获得客户端输入的信息，比如通常通过让用户注册，获取客户端用户提交的表单数据等。利用 ASP.NET 提供的 Request 对象就可以轻松地取得客户端的信息。

4.3.1　Request 对象的属性

Request 对象实际上操作 System.Web 命名空间中的 HttpRequest 类。当客户端发出请求执行 ASP.NET 程序时，客户端的请求信息，包括请求报头、客户端的机器信息、客户端浏览器信息、请求方法（如 Post、Get）、提交的窗体信息等，会被包装在 Request 对象中。Request 对象的属性比较多，常用属性见表 4-5。

表 4-5　Request 对象的常用属性

属　　性	说　　明
ApplicationPath	返回当前页面所在的站点的名称
PhysicalApplicationPath	返回当前页面所在的站点的绝对路径
Browser	有关正在请求的客户端的浏览器功能的信息
Cookies	取得从客户端发送的 Cookie 的集合
Form	取得从客户端以 Post 方式传送过来的各控件的值
QueryString	取得从客户端以 Get 方式传送过来的各控件的值
ServerVariables	获取 Web 服务器变量的集合

续表

属　性	说　明
Params	Form、QueryString、ServerVariables 和 Cookies 集合的统称
FilePath	获取当前请求的虚拟路径
Files	获取客户端下载的文件集合
RequestType	获取或设置客户端使用的 HTTP 数据传输方式(Get 或 Post)
Url	获取有关当前请求的 URL 的信息
UserLanguages	获取客户端主机所使用的语言
UserHostAddress	获取客户端主机的 IP 地址

其中，属性 Form、QueryString、ServerVariables、Params、Cookies 又称为集合，采用不同的 Request 对象获取方法可以获取不同集合中的信息。

4.3.2　Request 对象的应用

表单数据返回服务器端的方式有 Get 和 Post 两种，默认为 Post 方式。在 Request 对象中，采用 Get 方式提交的数据是通过 QueryString 集合实现的，而采用 Post 方式提交的数据是通过 Form 集合实现的。

1. Form 集合

格式如下：

变量名=Request.Form["控件标识"]

功能：取得从客户端以 Post 方式传送过来的各控件的 Value(或 Text)值。

【例 4-4】　在站点中添加一个名称为 Form.aspx 的网页，运行界面如图 4-3 所示。当单击"确定"按钮时，就会在标签中显示提交的信息。

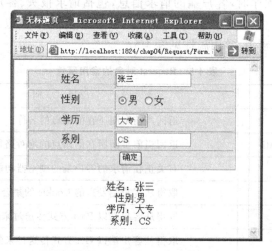

图 4-3　Request.Form 集合的应用

在.cs文件中编写如下代码：

```
1. protected void Page_Load(object sender, EventArgs e)
2. {
3.     if (Page.IsPostBack)
4.     {
5.         Label1.Text="姓名："+Request.Form["T1"]+"<br>";
6.         Label1.Text+="性别："+Request.Form["RadioButtonList1"]+"<br>";
7.         Label1.Text+="学历："+Request.Form["D1"]+"<br>";
8.         Label1.Text+="系别："+Request.Form["T2"];
9.     }
10. }
```

如果把"确定"按钮的PostBackUrl属性设置为Form1.aspx，并且在站点中再添加一个名称为Form1.aspx的网页，把Form.aspx网页中的Page_Load函数体（即第3～9行）移动到Form1.aspx网页的Page_Load函数中，这样，就能将一个网页的数据提交到另一个网页中了。

2. QueryString集合

格式1：

变量名=Request.QueryString["控件标识"]

功能：取得从客户端以Get方式传送过来的各控件的Value(或Text)值。

格式2：

变量名=Request.QueryString["参数名称"]

功能：取得从客户端传送过来的各参数的值。

带参数的语句如下：

(1) 带参数超链接 ＜a href="aspx文件名?参数名＝值＆参数名＝值"＞
(2) Response.Redirect("aspx文件名?参数名＝值＆参数名＝值");

【例4-5】 在站点中添加名称分别为2a.aspx和2b.aspx的两个网页。

(1) 2a.aspx页面的初始界面如图4-4所示，其中HyperLink控件的NavigateUrl属性设置为"2b.aspx? no＝1＆name＝张三"，在Button控件的OnClick事件所关联的事件处理函数中添加如下代码：

图4-4 2a.aspx的初始界面

```
Response.Redirect("2b.aspx?no=1&name=张三");
```

(2) 在2b.aspx页面中添加一个Button控件，将Button控件的PostBackUrl属性设置为2a.aspx，Text属性设置为"返回"。在2b.aspx.cs文件中编写代码：

```
protected void Page_Load(object sender, EventArgs e)
{
    String no=Request.QueryString["no"];
    String name=Request.QueryString["name"];
```

```
        Response.Write("学号:"+no+",姓名:"+name);
}
```

单击 2a.aspx 页面的超链接或按钮,就会切换到 2b.aspx 页面,运行结果如图 4-5 所示。当单击"返回"按钮时,就会返回到 2a.aspx 页面。

图 4-5 2b.aspx 的运行界面

3. ServerVariables 集合

有时候需要获得服务器端或客户端的一些信息,比如 IP 地址、浏览器类型等,这些信息包含在 HTTP 头部中随 HTTP 请求一起传送,可使用 ServerVariables 集合获取这些信息。

格式如下:

```
Request.ServerVariables["服务器环境变量"]
```

功能:获取服务器端环境变量的值。

常用的服务器端环境变量见表 4-6。

表 4-6 常用的服务器端环境变量

环境变量名称	说明
ALL_HTTP	客户端发送的所有 HTTP 标题文件
CONTENT_LENGTH	获取请求程序所发送内容的字符总数
CONTENT_TYPE	获取发送内容的数据类型
LOCAL_ADDR	获取服务器的 IP 地址
REMOTE_ADDR	获取用户的 IP 地址
PATH_INFO	获取当前页面的虚拟路径
URL	获取当前页面的 URL 基址
PATH_TRANSLATED	将虚拟路径转换成物理路径
QUERY_STRING	获取 URL 的附加信息
SCRIPT_NAME	获取当前程序的文件名(包含虚拟路径)
SERVER_PROTOCOL	获取服务器遵从的协议及版本号
SERVER_NAME	获取服务器的主机名、DNS 别名、IP 地址

4. Params 集合

Params 集合是 Form、QueryString、ServerVariables 和 Cookies 集合的统称。不管采用何种传送方式,均可以使用 Request.Params["名称"],且 Form、QueryString、ServerVariables、Cookies 集合名可以省略。

例 4-4 的.cs 文件可以简化为:

```
1. protected void Page_Load(object sender, EventArgs e)
2. {
```

```
3.    if (Page.IsPostBack)
4.    {
5.        Label1.Text="姓名："+Request["T1"]+"<br>";
6.        Label1.Text+="性别："+Request["RadioButtonList1"]+"<br>";
7.        Label1.Text+="学历："+Request["D1"]+"<br>";
8.        Label1.Text+="系别："+Request["T2"];
9.    }
10. }
```

注意：

（1）Request["控件标识"]：数据被上传后，才能获得控件的 Value(或 Text)值。它与"控件标识.Value"、"控件标识.Text"存在一定的区别。

（2）Request["参数名称"]不能写成"参数名称.Value"。

（3）若客户端不存在指定的控件标识(或参数名称)，则 Request["控件标识"]返回 null。

4.4　Application 对象

Web 站点事实上是一个多用户的应用程序。可以把 Application 对象视为公共场所中的公告牌，任何一个用户写入其中的信息都可以被其他用户看到。Application 对象是共有的对象，所有的用户都可以对某个特定的 Application 对象进行修改。

4.4.1　Application 对象的属性

Application 对象用于保存所有浏览器均共享的信息，Application 对象随着 Web 服务器的启动而产生，随着 Web 服务器的关闭而终止。

Application 对象最常用的属性是 Contents，它是一个集合，包含一系列的变量、方法，表示其变量、方法时可以省略 Contents 集合名。

1. Application.Contents 集合的变量

（1）定义 Contents 集合的变量：

`Application.Contents["变量名"]=值`

或

`Application["变量名"]=值`

（2）Contents 集合的变量用于保留一些共享信息。

（3）Application["变量名"]的类型为 Object，若不存在指定的变量名，则 Application["变量名"]返回 null。

2. Application.Contents 集合的方法

（1）Application.Lock()：锁定，禁止其他客户机修改 Application.Contents 中的内容。

（2）Application.UnLock()：解锁，允许其他客户机修改 Application.Contents 中的内容。

(3) Application.Remove("变量名"):移除 Application.Contents 中指定名称的变量。

(4) Application.RemoveAll():移除 Application.Contents 中的全部变量。

【例 4-6】 在站点中添加名称分别为 1a.aspx 和 1b.aspx 的两个网页。首先运行 1a.aspx 网页,向 Application.Contents 中添加信息,然后运行 1b.aspx 网页,显示 Application.Contents 中的信息。

(1) 1a.aspx.cs 的程序代码如下:

```
protected void Page_Load(object sender, EventArgs e)
{
    Application.Lock();
    Application.Contents["notice1"]="欢迎大家光临!<br>";
    Application["notice2"]=123;
    Application.Set("notice3","汕头职业技术学院");
    Application.UnLock();
}
```

(2) 1b.aspx.cs 的程序代码如下:

```
protected void Page_Load(object sender, EventArgs e)
{
    Object a=Application["notice1"];
    Object b=Application["notice2"];
    Object c=Application["notice3"];
    Response.Write(a+""+b+""+c);
}
```

4.4.2 Application 对象的应用

利用 Application 对象可以创建聊天室、网站计数器等应用程序。

【例 4-7】 利用 Application 对象创建一个简易聊天室。

(1) 在站点中添加一个名称为 Chat.aspx 的网页,其 HTML 代码如下:

```
<form id="form1" runat="server">
  <asp:TextBox ID="T1" runat="server" Height="150px" Rows="8" TextMode="MultiLine" Width="250px">
  </asp:TextBox>
  <p><asp:TextBox ID="myword" runat="server" Columns="30" Width="247px"></asp:TextBox></p>
  <p><asp:Button ID="B1" runat="server" Text="提交" OnClick="B1_Click"/></p>
</form>
```

(2) 在 Chat.aspx.cs 文件中编写代码:

```
protected void B1_Click(object sender, EventArgs e)
{
    String x=myword.Text;
    Application.Lock();
```

```
        Application["chat"]=Application["chat"]+"\n"+x;
        T1.Text=Application["chat"].ToString();
        Application.UnLock();
        myword.Text="";
    }
```

（3）运行页面，在文本框中输入文本并单击"提交"按钮时，就能在多行文本框中显示提交的结果，运行界面如图 4-6 所示。

图 4-6　简易聊天室

图 4-7　网站计数器

【例 4-8】　利用 Application 对象创建一个网站计数器，运行界面如图 4-7 所示。用户每次打开该网页或刷新该页面时，计数器都会加 1。

在 .cs 文件中编写代码：

```
protected void Page_Load(object sender, EventArgs e)
{
    Application.Lock();
    Application.Contents["Counter"]=Convert.ToInt32(Application["Counter"])+1;
    Application.UnLock();
    myCounter.Text="您是第 "+Application["Counter"]+" 位访客";
}
```

4.5　Session 对象

Session 对象是 ASP.NET 中很有特色的一个对象，用于记录每个上线用户独享的信息。Session 对象中的信息只能被用户自己使用，而不能被网站的其他用户访问，因此可以在不同的页面间共享数据，但是不能在用户间共享数据。

4.5.1　Session 对象的属性

每个浏览器有各自的 Session 对象，用于保存浏览器独享的信息。当浏览器连入一个 Web 服务器时，服务器就会为它创建一个 Session 对象，只要用户不关闭浏览器或会话不过期，此 Session 对象就会始终存在。

Session 的含义为"会话",用户从打开某个网页开始到关闭该网页为止的整个过程就称为会话。

下面介绍 Session 对象的常用属性。

1. SessionID 属性

当浏览器首次与服务器建立连接时,服务器就会为其建立一个 Session 对象,同时自动分配一个 SessionID,用以标识浏览器的唯一身份。SessionID 是长整型数。在客户机上打开多个浏览器,这些浏览器分别访问服务器的网页,服务器会分别为它们创建 Session 对象。

在客户端,浏览器会将本次会话的 SessionID 值存入本地的 Cookie 中,当再次向服务器提出页面请求时,该 SessionID 值将作为 Cookie 信息传送给服务器,这时服务器就可以根据该值找到此次会话以前在服务器上存储的信息,如图 4-8 所示。

图 4-8 Session 与 Cookie 的关系

2. Timeout 属性

Timeout 属性规定了 Session 对象的超时期限,以分钟为单位,默认值为 20 分钟。

如果停留在每个网页的时间超过 20 分钟,则浏览器对应的 Session 对象会自动消失,此时若再访问新的网页,则服务器将为浏览器创建一个新的 Session 对象。如果停留在每个网页的时间均不超过 20 分钟,则浏览器对应的 Session 对象会一直存在。

当然可以修改 Session 对象的超时期限,如将超时期限修改为 30 分钟,语句如下:

```
Session.Timeout=30;
```

3. Contents 属性

Contents 是一个集合,包含一系列的变量、方法,表示其变量、方法时可以省略 Contents 集合名。

(1) Session.Contents 集合的变量

① 定义 Contents 集合的变量:

```
Session.Contents["变量名"]=值
```

或

```
Session["变量名"]=值
```

② Session.Contents 集合的变量用于保留一些独享信息。

③ Session["变量名"]的类型为 Object,若不存在指定的变量名,则 Session["变量名"]返回 null。

(2) Session.Contents 集合的方法

① Session.Remove("变量名"):移除 Session.Contents 集合中指定名称的变量。

② Session.RemoveAll()：移除 Session.Contents 集合中的全部变量。

【例 4-9】 在站点中添加名称分别为 timeout1.aspx 和 timeout2.aspx 的两个网页。首先运行 timeout1.aspx 网页，向 Session.Contents 中添加信息，运行界面如图 4-9 所示，单击超链接时就能运行 timeout2.aspx 网页，显示 Session.Contents 中的信息。

图 4-9　timeout1.aspx 的运行界面

（1）timeout1.aspx.cs 的程序代码如下：

```
protected void Page_Load(object sender, EventArgs e)
{
    Session.Timeout=1;
    Session["no"]=1;
    Session["name"]="张三";
    Response.Write("浏览器对应的 SessionID 为:" +=Session.SessionID);
}
```

（2）timeout2.aspx.cs 的程序代码如下：

```
protected void Page_Load(object sender, EventArgs e)
{
    Response.Write("学号:"+Session["no"]+"<br>");
    Response.Write("姓名:"+Session["name"]+"<br>");
    Response.Write("浏览器对应的 SessionID 为:"+Session.SessionID);
}
```

程序说明：如果停留在 timeout1.aspx 的时间超过 1 分钟，则不能显示 Session.Contents 中的信息。

4.5.2　Session 和 Cookie 的区别

Session 和 Cookie 非常相似，都可以用来存储不同用户的私有信息，并且都有时效性。但是，两者之间又有一定的区别。

（1）Session 是处于会话状态，只有特定会话中的用户可以访问该信息，其信息存放在服务器上。而 Cookie 处于客户端状态管理，其信息存放在客户端的浏览器上。

（2）Session 在服务器端存储，安全性较好，但会占用系统资源。而 Cookie 保存在客户端，安全性较差，有被篡改或欺骗的可能，可通过算法加密来弥补。因此，建议将登录信息等重要信息存放在 Session 中，其他不影响网站安全性的信息可以存放在 Cookie 中。

（3）Session 存储的数据量是不受限制的，而 Cookie 存储的数据量很受限制，大多数浏览器支持的最大容量为 4KB,因此不要用来保存数据集及其他数据量较大的信息。

(4) Cookie 用来存储用户连续访问一个页面时所使用的信息,而 Session 信息可以在该网站的任意一个页面、任意时间被访问。

(5) 实际上客户的 Session 信息是通过 HTTP 头信息中名为 ASPSESSIONID 的 Cookie 在客户端和服务器端进行传送的。因此,如果客户端完全禁用了 Cookie 功能,则 Session 就会失效。

4.5.3 Session 对象的应用

利用 Session 对象可以实现密码验证、购物车功能等。

【例 4-10】 利用 Session 对象实现密码验证。

(1) 在站点中添加一个名称为 mm.aspx 的网页,初始界面如图 4-10 所示。

(2) 在 mm.aspx.cs 文件中编写代码:

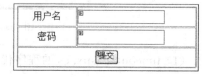

图 4-10 例 4-10 初始界面

```
protected void Page_Load(object sender, EventArgs e)
{
    if(!Page.IsPostBack)
    {
        Session["name"]="chen";
        Session["password"]="123";
    }
    else
    {
        if (TextBox1.Text==Session["name"].ToString() &&
        TextBox2.Text==Session["password"].ToString())
            Response.Write("你是一位合法用户");
        else Response.Write("你是非法用户");
    }

}
```

(3) 运行页面,若输入的用户名、密码为 chen 和 123,则显示"你是一位合法用户",否则显示"你是非法用户"。

【例 4-11】 利用 Session 对象创建购物车。

(1) 在站点中添加一个名称为 gwc1.aspx 的网页,该页面的 HTML 代码如下:

```
<form id="form1" runat="server">
<div style="text-align: center">
    肉铺:<br/><hr/>
    <asp:CheckBox ID="C1" runat="server" Text="猪肉"/>
    <asp:CheckBox ID="C2" runat="server" Text="牛肉"/>
    <asp:CheckBox ID="C3" runat="server" Text="羊肉"/>
    <br/><br/>
    <asp:Button ID="Button2" runat="server" Text="提交" OnClick="Button2_Click"/>
```

```
    <asp:Button ID="Button1" runat="server" Text="查看" PostBackUrl="~/Session/gwc2.
    aspx"/>
</div>
</form>
```

(2) gwc1.aspx.cs 文件的程序代码如下：

```
protected void Button2_Click(object sender, EventArgs e)
{
    if (C1.Checked) Session["s1"]=C1.Text;
    if (C2.Checked) Session["s2"]=C2.Text;
    if (C3.Checked) Session["s3"]=C3.Text;
}
```

(3) 在站点中添加一个名称为 gwc2.aspx 的网页，该页面的 HTML 代码如下：

```
<form id="form1" runat="server">
<asp:Label ID="label1" runat="server" Text="你选择的结果是："/><br>
<asp:Label ID="label2" runat="server"/><br>
<asp:Label ID="label3" runat="server"/><br>
<asp:Label ID="label4" runat="server"/><br>
</form>
```

(4) gwc2.aspx.cs 文件的程序代码如下：

```
protected void Page_Load(object sender, EventArgs e)
{
    label2.Text=Session["s1"]+"";
    label3.Text=Session["s2"]+"";
    label4.Text=Session["s3"]+"";
}
```

4.6 Server 对象

在开发 ASP.NET 应用程序时，需要对服务器进行必要的设置，如服务器编码方式等；或获取服务器的某些信息，如服务器的名称、页面超时时间等，这些都可以通过 Server 对象来实现。

4.6.1 Server 对象的属性

Server 对象的常用属性见表 4-7。

表 4-7 Server 对象的常用属性

属　　性	说　　明
MachineName	获取服务器的计算机名称
ScriptTimeout	设置脚本在 n 秒内执行，若超出就显示出错信息。可以通过 IIS 设置脚本超时，默认为 90 秒

例如，若想将脚本超时期限设置为 100 秒，可使用如下语句：

Server.ScriptTimeout=100;

4.6.2 Server 对象的方法

Server 对象的常用方法见表 4-8 所示。

表 4-8 Server 对象的常用方法

方 法	说 明
Execute("文件名")	执行指定的新网页，当新网页执行完毕后，继续原网页的执行
Transfer("文件名")	执行指定的新网页，并将原网页的所有内置对象的值保留到新网页中，但不返回原网页。如执行到新网页时，IE 的地址栏仍显示原网页的 URL
HtmlEncode(字符串)	对含有 HTML 标记的字符串编码（即"＜"变成"<"，"＞"变成">"），使 IE 能显示标记本身
HtmlDecode(字符串)	对经过编码的字符串进行解码
MapPath("文件名") MapPath("文件夹")	将指定文件（或文件夹）映射到当前页面所在目录之下，返回指定文件（或文件夹）的绝对路径

对 MapPath 方法，再说明如下：

MapPath("../文件名")
MapPath("../文件夹")

功能：将指定文件（或文件夹）映射到当前页面所在目录的上一级目录之下。

【例 4-12】 Server 对象的 Execute 方法使用示例。

（1）在站点中添加一个名称为 Execute.aspx 的网页，.cs 文件的程序代码如下：

```
protected void Page_Load(object sender, EventArgs e)
{
    Server.ScriptTimeout=100;
    Response.Write("<p>调用 Execute 方法之前</p>");
    Server.Execute("Page2.aspx");              //执行 Page2.aspx 后会再返回
    Response.Write("<p>调用 Execute 方法之后</p>");
}
```

（2）在站点中添加一个名称为 Page2.aspx 的网页，.cs 文件的程序代码如下：

```
protected void Page_Load(object sender, EventArgs e)
{
    Response.Write("<P>这是 Page2.aspx 的执行结果</P>");
}
```

运行 Execute.aspx 页面，运行结果如图 4-11 所示。

【例 4-13】 Server 对象的 Transfer 方法使用示例。

在站点中添加一个名称为 Transfer.aspx 的网页，.cs 文件的程序代码如下：

```
protected void Page_Load(object sender, EventArgs e)
```

第 4 章 ASP.NET 内置对象

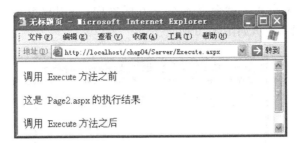

图 4-11 Execute.aspx 的运行结果

```
{
    Response.Write("<p>调用 Transfer 方法之前</p>");
    Server.Transfer("Page2.aspx");            //将控制权转移至 Page2.aspx 后便不再返回
    Response.Write("<p>调用 Transfer 方法之后</p>");
}
```

运行 Transfer.aspx 页面，运行结果如图 4-12 所示，IE 的地址栏中仍显示原网页的 URL。

图 4-12 Transfer.aspx 的运行结果

【例 4-14】 Server 对象的 HtmlEncode 方法使用示例。
程序代码如下：

```
protected void Page_Load(object sender, EventArgs e)
{
    Response.Write(Server.HtmlEncode("<b>汕头</b>"));
}
```

4.7 项目实训

实训 1 聊天室

实训目的
(1) 掌握 Web 控件的使用方法。
(2) 掌握 Application 对象的属性和应用。

实训要求
(1) 创建一个 Web 网站 sx04，并设置成虚拟目录。
(2) 在网站中添加一个名称为 sx4_1.aspx 的网页，当用户在文本框中输入一段文字并单击"提交"按钮时,这些文字就会显示在下方标签中;当用户单击"清空"按钮时,会将 Appliction 对象和标签清空,如图 4-13 所示。

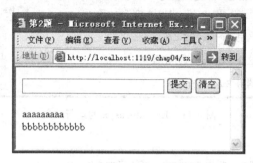

图 4-13　简易聊天室

实训 2　会话超时

实训目的

(1) 掌握 Session 对象的 Timeout 属性。

(2) 掌握 Session 对象的 Contents 集合。

实训要求

在网站中添加一个名称为 sx4_2.aspx 的网页,当装载页面时,能将用户的学号、姓名存入 Session 对象中,并显示系统的当前时间和 Session 对象的内容,规定 Session 对象的超时期限为 1 分钟。超过 1 分钟后,单击"演示"按钮时,页面失效。运行结果如图 4-14 所示。

图 4-14　会话超时

实训 3　Request 的应用

实训目的

(1) 熟悉各类验证控件的应用。

(2) 掌握 Request 对象的应用。

实训要求

(1) 在网站中添加名称分别为 sx4_3.aspx 和 2b.aspx 的两个网页。

(2) sx4_3.aspx 网页的初始界面如图 4-15 所示,其中年龄的第 2 个验证控件要求是比较验证。

(3) 如果各项填写正确，则单击"提交"按钮后，就会在 2b.aspx 页面中显示出相应的信息，运行结果如图 4-16 所示。

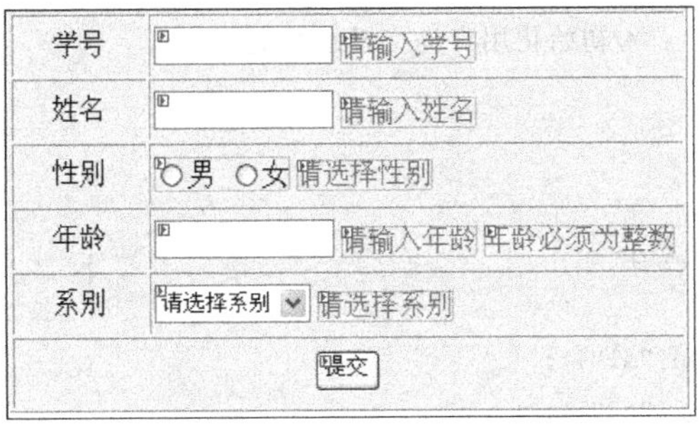

图 4-15　Request 对象的应用 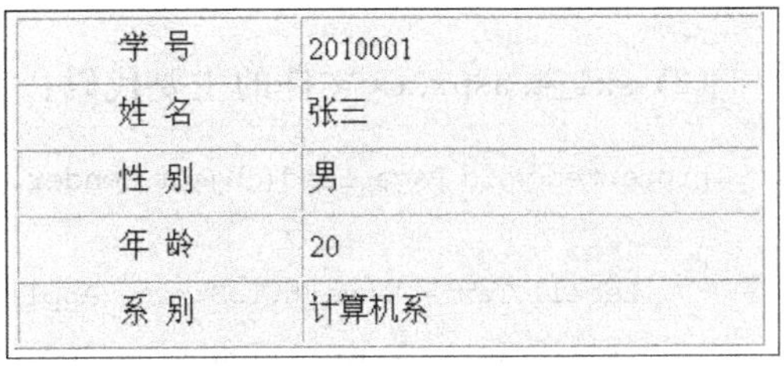　　　　图 4-16　2b.aspx 运行界面

实训 4　网上投票

实训目的

（1）掌握 Application 对象的使用方法。

（2）掌握 Session 对象的使用方法。

（3）掌握 Application 对象和 Session 对象之间的区别。

（4）了解 Global.asax 文件的应用。

实训要求

（1）在网站中添加一个名称为 sx4_4.aspx 的网页，用于实现网上投票以及结果统计。

（2）sx4_4.aspx 页面的设计视图如图 4-17 所示。上方表格用于统计投票结果，下方表格包含 1 个 RadioButtonList 控件、1 个 Button 控件和 1 个 Label 控件，用于用户的网上投票。

（3）在 Global.asax 文件中设置 4 个 Application 变量，分别统计 4 个 NBA 篮球队的总票数，设置 1 个 Session 变量，用来标志当前用户的投票次数。

（4）用户每打开一次 IE 并访问 sx4_4.aspx 页面，允许投一次票，系统会实时统计各篮球队的得票总数并显示到表格中，若投票次数超过 1 次，则在 Label 控件中显示"对不起！您已经投过票了！"。

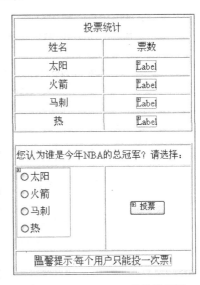

图 4-17　sx4_4.aspx 的设计视图

实训提示

（1）Global.asax 主要程序代码：

```
void Application_Start(object sender, EventArgs e)
{       Application["n1"]=0;                //初始化候选人的总票数
        Application["n2"]=0;
        Application["n3"]=0;
```

```
        Application["n4"]=0;
}
void Session_Start(object sender, EventArgs e)
{       Session["n"]=0;                            //初始化用户提交投票的次数
}
```

(2) sx4_4.aspx.cs 文件的主要代码:

```
protected void Page_Load(object sender, EventArgs e)
{
    Label1.Text=Convert.ToString(Application["n1"]);
    Label2.Text=Convert.ToString(Application["n2"]);
    Label3.Text=Convert.ToString(Application["n3"]);
    Label4.Text=Convert.ToString(Application["n4"]);
}

protected void Button1_Click(object sender, EventArgs e)
{
    Session["n"]=(int)Session["n"]+1;
    if ((int)Session["n"]<2)
    {
        Application.Lock();
        switch (RadioButtonList1.SelectedIndex)
        {
            case 0: Application["n1"]=Convert.ToInt32(Application["n1"])+1;
                    Label1.Text=Convert.ToString(Application["n1"]);
                    break;

            case 1: Application["n2"]=Convert.ToInt32(Application["n2"])+1;
                    Label2.Text=Convert.ToString(Application["n2"]);
                    break;

            case 2: Application["n3"]=Convert.ToInt32(Application["n3"])+1;
                    Label3.Text=Convert.ToString(Application["n3"]);
                    break;

            case 3: Application["n4"]=Convert.ToInt32(Application["n4"])+1;
                    Label4.Text=Convert.ToString(Application["n4"]);
                    break;
        }

        Application.UnLock();
    }
    else Label5.Text="对不起!您已经投过票了!";
}
```

思考与练习

一、填空题

1. Application 对象用于保存_____信息,Application 对象的生存期是_____。
2. Session 对象用于保存_____信息,Session 对象的生存期是_____。
3. _____是第一次加载网页时才会触发的事件;_____是每次加载网页时都会触发的事件。
4. 表单数据返回服务器端的方式有_____和_____两种,默认为_____方式。
5. Session 对象的有效时间默认值为_____分钟,Server 对象的 ScriptTimeout 属性默认脚本超时期限为_____秒。

二、简答题

1. Response、Request 和 Server 对象各有什么作用?
2. 对于 Web 控件,Request["控件标识"]与"控件标识.Text"有什么区别和联系?
3. 简述 Application 对象和 Session 对象之间的区别。
4. 如何使用 Server 对象获取服务器的信息?

第 5 章 ASP.NET 数据库编程

数据库技术是使用计算机进行数据管理的核心技术，几乎所有的管理信息系统都是以数据库为基础的。使用 ASP.NET 进行应用程序开发时，也一定离不开数据库技术。

学习目标

- 掌握 ADO.NET 的组件结构
- 掌握使用 Connection 对象连接数据库的方法
- 掌握如何使用 Command 对象运行 SQL 语句
- 掌握如何使用 DataReader 对象读取数据库
- 掌握如何使用 DataAdapter 和 DataSet 对象读取和操纵数据库

5.1 ADO.NET 简介

在 ASP.NET 应用程序中访问数据库要通过 ADO.NET(Active Data Object，ADO)来实现，即 ADO.NET 是 Web 应用程序与数据库之间的接口。

ADO.NET 包含两大核心模块：.NET Framework 数据提供程序和 DataSet 数据集。.NET Framework 数据提供程序用于连接数据库、执行命令和检索结果，.NET Framework 提供了以下 4 种数据提供程序。

（1）SQL Server .NET Framework 数据提供程序：适用于 Microsoft SQL Server 7.0 或更高的版本，它位于 System.Data.SqlClient 命名空间中。

（2）OLEDB .NET Framework 数据提供程序：适用于所有提供了 OLEDB 接口的数据源，包括 Access、Excel、SQL Server 6.5 或更低版本的数据库等，它位于 System.Data.OleDb 命名空间中。

（3）ODBC .NET Framework 数据提供程序：适用于所有提供了 ODBC 接口的数据源，它位于 System.Data.Odbc 命名空间中。

（4）Oracle .NET Framework 数据提供程序：适用于 Oracle 数据源，它位于 System.Data.OracleClient 命名空间中。

.NET Framework 数据提供程序提供了 4 个核心对象。Connection 对象用于创建当前页面与数据库的连接。Command 对象用于执行命令文本（包括 SQL 语句、表名、存储过程名）。DataReader 对象代表一个记录集，用户只能从中读取数据，不能写入数据。DataAdapter 对象是连接 DataSet 对象和数据库的桥梁，负责将数据库中的数据取出后填充到 DataSet 对象中,或者将数据存回数据库中。

SQL Server.NET Framework 数据提供程序提供的 4 个核心对象为 SqlConnection、SqlCommand、SqlDataReader、SqlDataAdapter。OLEDB.NET Framework 数据提供程序提供的 4 个核心对象为 OleDbConnection、OleDbCommand、OleDbDataReader、OleDbDataAdapter。

DataSet 是一个功能丰富、较复杂的数据集,它专门用来处理从数据源获得的数据。DataSet 对象是 ADO.NET 的核心,代表内存中的一个数据库,它可以存储多个表以及各表间的关系。ADO.NET 的对象模型如图 5-1 所示。

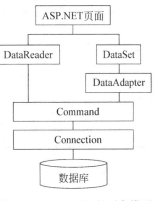

图 5-1 ADO.NET 的对象模型

由于本章及后续章节要用到 SQL Server 数据库 stu,为了后面应用方便,这里将 stu 的各个表的结构和记录分别列出。

(1) student 的结构和记录(见表 5-1)

表 5-1 student 表

	列名	数据类型	大小	是否允许空	列名含义
1	sno	char	5	N	学号
2	sname	char	6		姓名
3	ssex	char	2		性别
4	sage	int			年龄
5	sdept	char	10		系别

sno	sname	ssex	sage	sdept
95001	李勇	男	20	CS
95002	刘晨	女	19	IS
95003	王名	女	17	MA
95004	张立	男	19	IS

(2) course 的结构和记录(见表 5-2)

表 5-2 course 表

	列名	数据类型	大小	是否允许空	列名含义
1	cno	char	10	N	课程编号
2	cname	char	20		课程名称
3	credit	int			课程学分

cno	cname	credit
1	数据库系统原理	4
2	Java程序设计	3
3	操作系统	3
4	汇编语言	3
5	多媒体技术	2
6	JSP网络编程	4

(3) sc 的结构和记录(见表 5-3)

表 5-3 sc 表

列 名	数据类型	大小	是否允许空	列名含义
1	sno	char	5	N	学号
2	cno	char	2	N	课程编号
3	grade	int			成绩

sno	cno	grade
95001	1	92
95001	2	85
95001	3	88
95002	2	90
95002	3	80

5.2 使用 Connection 对象连接数据库

在对数据库中的数据进行操作之前要先连接数据库,本节将通过实例介绍如何连接 Microsoft SQL Server 数据库和 Microsoft Access 数据库。这两个数据库比较有代表性,其他数据库的连接可以参考这两个数据库的连接方法。连接数据库并完成了对数据库的操作之后,必须关闭与数据库的连接,可以使用 Connection 对象的 Close 或 Dispose 方法来完成。

5.2.1 Connection 对象简介

1. 创建 Connection 对象

```
SqlConnection 对象名=new SqlConnection([连接字符串]);
OleDbConnection 对象名=new OleDbConnection([连接字符串]);
```

SqlConnection 对象和 OleDbConnection 对象的区别仅在于适用的数据源不同,其属性和方法完全相同,因此把它们统称为 Connection 对象,即连接对象。

格式中的"[连接字符串]"用于指定连接方式,它随着连接的数据源的不同而不同。若该参数省略,则可在创建 Connection 对象之后再指定其属性。

2. Connection 对象的属性和方法

Connection 对象的属性和方法如表 5-4 所示。

表 5-4 Connection 对象的属性和方法

属性和方法	说 明
ConnectionString	设置或取得连接字符串
Open()	打开数据库的连接
Close()	关闭数据库的连接
Dispose()	关闭数据库连接,并释放所占用的系统资源

例如：

```
String str="Data Source=localhost;Initial Catalog=Northwind;Integrated Security=True";
SqlConnection con=new SqlConnection(str);
```

可写成

```
SqlConnection con=new SqlConnection();
con.ConnectionString=" Data Source = localhost; Initial Catalog = Northwind; Integrated Security=True";
```

5.2.2 连接 SQL Server 数据库

连接数据库的方式有两种：图形方式和字符方式。

1. 用图形方式连接 SQL Server 数据库

【例 5-1】 用图形方式连接 SQL Server 2000 中的 Northwind 数据库，如果连接成功，则输出连接成功的信息；如果连接失败，则输出连接错误的信息。

操作步骤如下：

（1）在网站中添加一个名称为 SQLCon.aspx 的网页，在 Web 网页中添加一个 SqlDataSource 控件。

（2）在"属性"窗口中选择 ConnectionString 属性，打开右侧的下拉列表，选择"新建连接"命令，打开如图 5-2 所示的"添加连接"对话框。

（3）单击"更改"按钮，在打开的"更改数据源"对话框中选择 Microsoft SQL Server 选项。

（4）设置要连接的服务器名，然后选择登录 SQL Server 数据库的方式，如果选择了"使用 SQL Server 身份验证"方式，则还需要指定登录名和密码，最后选择默认打开的数据库。

（5）单击"测试连接"按钮，如果显示如图 5-3 所示的对话框，则表示连接成功。

（6）单击"确定"按钮，将完成数据库的连接，此时"属性"窗口中的 ConnectionString 的值变为：Data Source＝A1;Initial Catalog＝Northwind;Integrated Security＝True。

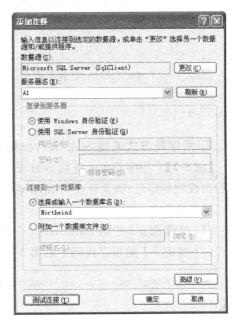

图 5-2 "添加连接"对话框

（7）在 Web 网页中添加其他控件，使初始界面如图 5-4 所示。

图 5-3 "测试连接成功"对话框

图 5-4 SQLCon.aspx 的初始界面

(8) 编写程序代码。

在声明命名空间区域添加：

using System.Data.SqlClient;

主要代码如下：

```
1. protected void Page_Load(object sender, EventArgs e)
2. {
3.     String str=SqlDataSource1.ConnectionString;
4.     conn_str.Text=str;
5.     SqlConnection con=new SqlConnection(str);
6.     try
7.     {
8.         con.Open();
9.         conn_open.Text="连接成功!";
10.        con.Close();
11.        conn_close.Text="连接关闭!";
12.    }
13.    catch (Exception)
14.    {
15.        conn_open.Text="连接失败!";
16.    }
17. }
```

2. 用字符方式连接 SQL Server 数据库

【例 5-2】 用字符方式连接 SQL Server 2000 中的 Northwind 数据库，如果连接成功，则输出成功的信息；如果连接失败，则输出连接错误的信息。

操作步骤如下：

(1) 删除图 5-4 中的 SqlDataSource1 控件。

(2) 将例 5-1 的程序代码中的第 3 行改为：

```
String str="Data Source=localhost;Initial Catalog=Northwind;Integrated Security=True";
```

或者

```
String str="server=localhost;uid=sa;pwd=;database=Northwind;Trusted_Connection=no";
```

前者为信任连接，即使用 Windows 登录名连接到 SQL Server 2000，无须提供登录名和密码，格式为：

```
String str="Data Source=服务器名;Initial Catalog=数据库名;Integrated Security=True";
```

后者为非信任连接，即使用 SQL Server 登录名连接到 SQL Server 2000，必须提供登录名和密码，格式为：

```
String str="server=服务器名;uid=sql server登录名;pwd=密码;database=数据库名;Trusted_
```

Connection=no ";

5.2.3 连接 Access 数据库

1. 用图形方式连接 Access 数据库

【例 5-3】 用图形方式连接站点根目录下 App_Data\Northwind.mdb 数据库,如果连接成功,则输出连接成功的信息;如果连接失败,则输出连接错误的信息。

操作步骤如下:

(1) 在网站中添加一个名称为 AccessCon.aspx 的网页,在 Web 网页中添加 SqlDataSource 控件后,在"属性"窗口中选择 ConnectionString 属性,再新建一个连接,打开如图 5-2 所示的"添加连接"对话框。单击"更改"按钮,在打开的"更改数据源"对话框中选择"Microsoft Access 数据库文件"选项。单击"浏览"按钮,选择数据库文件 Northwind.mdb,单击"测试连接"按钮,弹出"测试连接成功"信息,表明数据库连接成功。单击"确定"按钮,关闭"添加连接"对话框,此时,查看 ConnectionString 属性,其值如下:

Provider=Microsoft.Jet.OLEDB.4.0;Data Source=E:\清华大学出版社\案例\chap05\App_Data\Northwind.mdb

(2) 在 Web 网页添加其他控件,使初始界面如图 5-4 所示。

(3) 编写程序代码。

在声明命名空间区域添加:

using System.Data.OleDb;

主要代码如下:

```
1. protected void Page_Load(object sender, EventArgs e)
2. {
3.     String str=SqlDataSource1.ConnectionString;
4.     conn_str.Text=str;
5.     OleDbConnection con=new OleDbConnection (str);
6.     try
7.     {
8.       con.Open();
9.       conn_open.Text="连接成功!";
10.      con.Close();
11.      conn_close.Text="连接关闭!";
12.    }
13.    catch (Exception)
14.    {
15.      conn_open.Text="连接失败!";
16.    }
17. }
```

2. 用字符方式连接 Access 数据库

【例 5-4】 用字符方式连接站点根目录下的 App_Data\Northwind.mdb 数据库,如果连接成功,则输出成功的信息;如果连接失败,则输出连接错误的信息。

操作步骤如下:

(1) 删除图 5-4 中的 SqlDataSource1 控件。

(2) 将例 5-3 的程序代码中的第 3 行改为:

```
String str="provider=Microsoft.Jet.OLEDB.4.0;data source="+Server.MapPath("App_Data/Northwind.mdb");
```

5.3 使用 Command 对象

在连接数据库后,可以读取和操作数据库中的数据。下面介绍如何通过 SqlCommand 和 OleDbCommand 类来操作数据库中的数据。

1. 创建 Command 对象

Command 对象(即命令对象)的创建格式如下:

```
SqlCommand 对象名=new SqlCommand(命令文本,连接对象);
OleDbCommand 对象名=new OleDbCommand(命令文本,连接对象);
```

如果使用的数据库是 SQL Server 2000,则命令文本可以是 SQL 语句、存储过程名。如果使用的数据库是 Access,则命令文本可以是 SQL 语句、表名。

2. Command 对象的属性

Command 对象的常用属性见表 5-5。

表 5-5 Command 对象的常用属性

属　性	说　明
CommandText	获取或设置要执行的 SQL 语句、表名、存储过程名
Connection	获取或设置 Connection 对象
CommandType	解释命令文本代表的意义(SQL 语句、存储过程名、表名) ① 若命令文本为存储过程名,则必须加入: 对象名.CommandType= CommandType.StoredProcedure; ② 若命令文本为表名,则必须加入: 对象名.CommandType= CommandType.TableDirect; ③ 若命令文本为 SQL 语句,则可以加入: 对象名.CommandType= CommandType.Text; 但不是必须的

例如:

```
SqlCommand cmd=new SqlCommand("select * from student",con);
```

等价于

```
SqlCommand cmd=new SqlCommand();
cmd.CommandText="select * from student";
```

```
cmd.Connection=con;
```

3. Command 对象的方法

假定 Command 对象为 cmd,其方法有以下几种。

(1) ExecuteNonQuery()

格式如下:

```
int x=cmd.ExecuteNonQuery();
```

功能:执行 cmd 指定的命令文本,并返回受影响的行数。其中命令文本必须是非表名、非 select 语句。

(2) ExecuteReader()

格式如下:

```
SqlDataReader rs=cmd.ExecuteReader ();
OleDbDataReader rs=cmd.ExecuteReader ();
```

功能:执行 cmd 指定的命令文本,并返回一个 DataReader 对象(记录集对象)。其中命令文本必须是表名、select 语句。

(3) ExecuteScalar()

格式如下:

```
Object x=cmd.ExecuteScalar()
```

功能:执行 cmd 指定的命令文本,并返回记录集第一行第一列的值(Object 型)。命令文本必须是表名、select 语句。

【例 5-5】 在站点中添加一个名称为 ExecuteNonQuery.aspx 的网页,当用户正确填写数据并单击"插入"按钮后,能向 student 表中添加一条记录,并显示"插入成功!"等信息。运行界面如图 5-5 所示。

图 5-5 例 5-5 运行界面

主要程序代码如下:

```
protected void Button1_Click(object sender, EventArgs e)
{
    String no=TextBox1.Text;
    String name=TextBox2.Text;
    String sex=RadioButtonList1.SelectedValue;
    String age=TextBox3.Text;
    String dept=TextBox4.Text;
    //创建连接对象 con
    String str="server=localhost;uid=sa;pwd=;database=stu;Trusted_Connection=no";
    SqlConnection con=new SqlConnection(str);
    con.Open();
    //创建命令对象 cmd
```

```
        String sql="insert into student values('"+no+"','"+name+"','"+sex+"','"+age+"','"+dept
        +"')";
        SqlCommand cmd=new SqlCommand(sql,con);
        int n=cmd.ExecuteNonQuery();
        label1.Text="插入成功,受影响的行数为："+n;

        sql="select count(*) from student";
        cmd=new SqlCommand(sql,con);
        n=(int)cmd.ExecuteScalar();
        label2.Text="目前共有"+n+"条记录";
    }
```

【例 5-6】 在站点中添加一个名称为 ExecuteReader.aspx 的网页,要求连接 App_Data\Northwind.mdb,并显示 Customers 表中第一条记录的 CustomerID、CompanyName、Address。

首先使用"using System.Data.OleDb;"引用命名空间,具体实现代码如下：

```
protected void Page_Load(object sender, EventArgs e)
{
    String str="Provider=Microsoft.Jet.OLEDB.4.0;Data Source="+Server.MapPath("App_
    Data/Northwind.mdb");
    OleDbConnection con=new OleDbConnection(str);
    con.Open();
    OleDbCommand cmd=new OleDbCommand("Customers",con);
    cmd.CommandType=CommandType.TableDirect;
    OleDbDataReader rs=cmd.ExecuteReader();
    while (rs.Read())
    {
        Response.Write(rs.GetValue(0)+","+rs.GetValue(1)+","+rs.GetValue(4));
        break;
    }
    rs.Close();
    con.Close();
}
```

5.4 使用 DataReader 对象读取数据库

ADO.NET 有两种访问数据库的方式,分别为 DataReader 对象及 DataSet 对象。

使用 DataReader 对象可以从数据库中检索只读、只进的记录集。所谓"只读",是指在该记录集上不可修改、删除、增加记录；所谓"只进",是指记录集中的记录指针只能向后移动。

DataReader 对象和数据库的类型联系紧密：SQL Server 数据库使用 SqlDataReader 类,Access 数据库使用 OleDbDataReader 类。

使用 DataReader 对象读取数据库的步骤如下：

(1) 创建连接对象。

(2) 创建命令对象。

(3) 执行命令对象指定的命令文本(即 select 语句),返回记录集。

(4) 读取记录集中的记录。

1. 创建 DataReader 对象

```
SqlDataReader 对象名=Command 对象.ExecuteReader();
OleDbDataReader 对象名=Command 对象.ExecuteReader();
```

例如:

```
SqlDataReader rs= cmd.ExecuteReader();
```

DataReader 对象,又称为记录集对象,是由 Command 对象执行 ExecuteReader()方法时生成的,不能直接使用构造函数声明,因为 SqlDataReader、OleDbDataReader 是抽象类,不能显式实例化。

创建记录集对象时,记录指针指向第一条记录之前。创建的记录集对象为只读,且记录指针只能向后移动。

2. DataReader 对象的属性和方法

DataReader 对象的属性和方法见表 5-6。

表 5-6 **DataReader 对象的属性和方法**

属性和方法	说　　明
FieldCount	返回记录集的字段个数
GetName(i)	返回序号为 i 的字段名(第 1 个字段的序号为 0)
GetValue(i)	返回当前记录的字段值(Object 型),若要返回字段原来的类型,可以使用 GetInt32(i)、GetString(i)、GetDateTime(i)、GetBoolean(i)等
Read()	将记录指针指向下一条记录,读取该记录,返回一个布尔值
Close()	关闭记录集对象

设 DataReader 对象为 rs,则 rs["属性名"]也会返回当前记录的字段值(Object 型)。

【**例 5-7**】 在站点中添加一个名称为 rstotable.aspx 的网页,当用户选择组合框中的一个数据表,并单击"确定"按钮时,能将数据表以表格形式显示出来。运行界面如图 5-6 所示。

主要程序代码如下:

```
protected void Button1_Click(object sender, EventArgs e)
{
    //创建连接对象 con
    String str="server=localhost;uid=sa;pwd=;database=stu;
    Trusted_Connection=no";
    SqlConnection con=new SqlConnection(str);
    con.Open();
    //创建命令对象 cmd
```

图 5-6　例 5-7 运行界面

```
String sql="select * from "+D1.Value;
SqlCommand cmd=new SqlCommand(sql, con);
//执行 cmd 指定的命令文本,返回记录集
SqlDataReader rs=cmd.ExecuteReader();

//读取记录集
Response.Write("<center>");
Response.Write("<table border='1' cellpadding='0' cellspacing='1' width='400' bordercolor=#FFA500>");
Response.Write("<tr>");
for (int i=0; i<rs.FieldCount; i++)
Response.Write("<th align='center' height='30'>"+rs.GetName(i)+"</th>");
Response.Write("</tr>");
while (rs.Read())
{
    Response.Write("<tr>");
    for (int i=0; i<rs.FieldCount; i++)
    Response.Write("<td align='center' height='30'>"+rs.GetValue(i)+"</td>");
    Response.Write("</tr>");
}
Response.Write("</table>");
rs.Close();
con.Close();
}
```

【例 5-8】 在站点中添加一个名称为 ExcelCon.aspx 的网页,要求页面连接 App_Data\school.xls 工作簿后,将 course 工作表以表格形式显示出来。

主要程序代码如下:

```
protected void Page_Load(object sender, EventArgs e)
{
    //创建连接对象
    String str="provider=Microsoft.Jet.OLEDB.4.0;data source="+Server.MapPath("App_Data/school.xls")+";Extended properties=Excel 8.0";
    OleDbConnection con=new OleDbConnection(str);
    con.Open();
    //创建命令对象
    String sql="select * from [course$]";
    OleDbCommand cmd=new OleDbCommand(sql, con);

    //创建 OleDbDataReader 对象,返回一个记录集
    OleDbDataReader rs=cmd.ExecuteReader();
    //读取记录集中的记录
    Response.Write("<table border='1' align='center' with='300'><tr>");
    for (int i=0; i<rs.FieldCount; i++)
    { Response.Write("<td align='center'>"+rs.GetName(i)+"</td>"); }
```

```
        Response.Write("</tr>");

        while (rs.Read())
        {
            Response.Write("<tr>");
            for (int i=0; i<rs.FieldCount; i++)
            {Response.Write("<td align='center'>"+rs.GetValue(i)+"</td>"); }
            Response.Write("</tr>");
        }
        Response.Write("</table>");
        rs.Close();
        con.Close();
}
```

利用 Connection、Command、DataReader 对象可以对数据源进行插入、修改、删除和浏览操作。但 DataReader 对象使用"连接定向传输模式",当用户要求访问数据源时,必须经过冗长的连接操作,当前用户会锁定数据源,其他用户无法访问该数据源。

5.5 使用 DataAdapter 对象

数据适配器(DataAdapter 对象)表示一组数据命令和一个数据库连接,它们用于填充 DataSet 和更新数据库。DataAdapter 对象是连接 DataSet 和数据库的桥梁,它经常和 DataSet 配合使用。DataAdapter 对象使用 Fill()方法将数据库中的数据装入 DataSet 中,通过 Update()方法将 DataSet 中的数据更新到数据库中。图 5-7 说明了 DataAdapter 对象与 DataSet、数据库之间的关系。

图 5-7　DataAdapter 对象与 DataSet、数据库之间的关系

1　创建 DataAdapter 对象

SqlDataAdapter 对象名=new SqlDataAdapter("查询命令",连接对象);
OleDbDataAdapter 对象名=new OleDbDataAdapter("查询命令",连接对象);

SQL Server 数据库使用 SqlDataAdapter 类,Access 数据库使用 OleDbDataAdapter 类。
例如:

SqlDataAdapter adapter=new SqlDataAdapter("select * from student",con);

2. DataAdapter 对象的属性

DataAdapter 对象的常用属性如表 5-7 所示。

表 5-7 DataAdapter 对象的常用属性

属　性	说　明
SelectCommand	获取或设置命令文本为 select 语句的 Command 对象
InsertCommand	获取或设置命令文本为 insert 语句的 Command 对象
DeleteCommand	获取或设置命令文本为 delete 语句的 Command 对象
UpdateCommand	获取或设置命令文本为 update 语句的 Command 对象

例如：

```
SqlDataAdapter adapter=new SqlDataAdapter("select * from student",con);
```

可写成

```
SqlCommand cmd=new SqlCommand("select * from student",con);
SqlDataAdapter adapter=new SqlDataAdapter();
adapter.SelectCommand=cmd;
```

3. DataAdapter 对象的方法

假定 DataAdapter 对象为 adapter，则其方法有以下两个。

(1) Fill()

格式如下：

```
adapter.Fill (DataSet 对象,"表名");
```

功能：将适配器对象指定的查询结果存入数据集(DataSet)的指定表名中。

若 DataSet 已存在指定的表名，则将查询结果追加到指定表名的后面；若 DataSet 未存在指定的表名，则创建一个。

(2) Update()

格式如下：

```
adapter.Update (DataSet 对象,"表名");
```

功能：用数据集(DataSet)的指定表去更新适配器对象指定的数据表。

说明：执行命令对象的方法之前，必须打开连接对象；执行适配器对象的方法之前，无须打开连接对象。

【例 5-9】 在站点中添加一个名为 DataAdapter.aspx 的网页，要求在页面上放置 1 个 DataGrid 控件(控件属性设置见表 5-8)，当加载页面时，利用 DataGrid 控件将 student 表中的记录以表格形式显示出来。

表 5-8 设置 DataGrid 控件的属性

属　性	设置值	属　性	设置值
CellPadding	3	font-size	10pt
CellSpacing	1	HorizontalAlign	Center

主要程序代码如下：

```
protected void Page_Load(object sender, EventArgs e)
{
    //创建连接对象
    String str="server=localhost;uid=sa;pwd=;database=stu;Trusted_Connection=no";
    SqlConnection con=new SqlConnection(str);
    //创建数据集对象与适配器对象
    DataSet DS=new DataSet();
    SqlDataAdapter adapter=new SqlDataAdapter("select * from student", con);
    //将适配器对象指定的查询结果置入数据集对象的指定表名中
    adapter.Fill(DS, "student");
    grid1.DataSource=DS.Tables[0];
    grid1.DataBind();                    //将数据源绑定到服务器控件中
}
```

5.6 使用 DataSet 对象访问数据库

DataSet 对象是 ADO.NET 的核心，代表内存中的一个数据库，它可以存储多个表以及各表间的关系。

利用 Connection、DataAdapter、DataSet 对象也可以对数据源进行插入、修改、删除和浏览操作。DataSet 对象使用"无连接传输模式"，当用户要求访问数据源时，无须经过冗长的连接操作，而且数据由数据源读入 DataSet 对象之后，便关闭数据连接，解除数据源的锁定，其他用户可以再次使用该数据源，用户之间无须争夺数据源。

每个用户都拥有专属的 DataSet 对象，所有对数据库的操作都在 DataSet 对象中进行，与数据库无关。

5.6.1 DataSet 对象的结构

DataSet 对象的结构如图 5-8 所示。

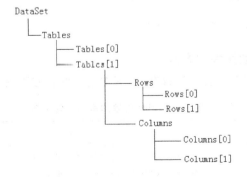

图 5-8 DataSet 对象的结构图

一个 DataSet 对象包含一个 Tables 集合，Tables 集合用于存放 DataSet 对象的所有数据表，Tables[i]表示第 i 号数据表，每个数据表都是一个 DataTable 对象。

每个数据表包含一个 Rows 集合和一个 Columns 集合。Rows 集合用于存放数据表的所有表行，Rows[i]表示第 i 行记录，每个表行都是一个 DataRow 对象。Columns 集合用于存放数据表的所有列，Columns[i]表示第 i 列，每个列是一个 DataColumn 对象。DataColumn 对象的 ColumnName 属性表示当前列的列名。

DataSet、DataTable、DataRow、DataColumn、DataRelation 类位于 System.Data 命名空间中。

5.6.2 创建 DataSet、DataTable 对象

1. 创建 DataSet 对象

创建 DataSet 对象的方式很简单，语法格式如下：

```
DataSet 对象名=new DataSet();
```

例如：

```
DataSet DS=new DataSet();
adapter.Fill(DS,"student");
```

2. DataSet 对象的属性和方法

DataSet 对象的常用属性和方法见表 5-9。

表 5-9 DataSet 对象的常用属性和方法

属性和方法	说明
Tables	集合名，用于存放 DataSet 对象的所有数据表 Tables.Count：获取 DataSet 对象所包含的数据表个数 Tables.Add(DataTable 对象)：向 DataSet 对象中添加一个数据表 Tables.Remove(DataTable 对象)：删除 DataSet 对象中的数据表 Tables.Clear()：清除 DataSet 对象中的所有数据表
Clear()	清除 DS 中所有数据表中的记录，使数据表成为空表

3. 创建 DataTable 对象

```
DataTable 对象名=new DataTable("表名");
```

4. DataTable 对象的属性和方法

一个 DataTable 对象对应着一个数据表，其常用属性和方法见表 5-10。

表 5-10 DataTable 对象的常用属性和方法

属性和方法	说明
Rows	集合名，用于存放数据表的所有表行 Rows.Add(表行对象)：添加表行 Rows.Remove(表行对象)：删除数据表中的某一个表行 Rows[i].Delete()：删除数据表中的某一个表行

续表

属性和方法	说　　明
Columns	集合名,用于存放数据表的所有列
TableName	获取或设置数据表的名称
PrimaryKey	获取或设置数据表的主键。设置数据表 t 的主键的格式为： t.PrimaryKey=new DataColumn[]{t.Columns["字段名"]}
NewRow()	创建一个表行对象

特别地,如果已经为数据集 DS 中的数据表指定了主键字段,则表示数据表某一行的代码为：

```
DS.Tables["表名"].Rows.Find(主键值)
```

或

```
DS.Tables["表名"].Rows[行号]
```

【例 5-10】 在站点中添加一个名称为 DataTableTest.aspx 的网页,要求使用 DataTable、DataRow 和 DataColumn 对象来显示数据库 stu 中 student 表中的数据。

主要程序代码如下：

```
protected void Page_Load(object sender, EventArgs e)
{
    //创建连接对象
    String str="Data Source=localhost;Initial Catalog=Stu;Integrated Security=True";
    SqlConnection con=new SqlConnection(str);
    //创建数据集对象和适配器对象
    DataSet DS=new DataSet();
    SqlDataAdapter adapter=new SqlDataAdapter("select * from student", con);
    //将适配器对象的查询结果置入数据集的某个表中
    adapter.Fill(DS,"student");
    //通过 DataTable、DataColumn 和 DataRow 显示数据库中的数据
    Response.Write("<h3>使用 DataTable、DataColumn 和 DataRow</h3><hr>");
    Response.Write("<table border=1 cellspacing=0 cellpadding=2>");

    //获取 DataTable 对象
    DataTable myTable=DS.Tables[0];
    //显示标题行
    Response.Write("<tr bgcolor=#DAB4B4>");
    foreach (DataColumn myColumn in myTable.Columns)
    {
        Response.Write("<td>"+myColumn.ColumnName+"</td>");
    }
    Response.Write("</tr>");

    //显示记录行
```

```
        foreach (DataRow myRow in myTable.Rows)
        {
            Response.Write("<tr>");
            foreach (DataColumn myColumn in myTable.Columns)
            {
                Response.Write("<td>"+myRow[myColumn]+"</td>");
            }
            Response.Write("</tr>");
        }
        Response.Write("</table>");
    }
```

5.6.3 使用 DataSet 对象访问数据库

利用 DataSet 对象不仅可以显示数据表中的记录，还可对数据表进行插入、修改、删除操作，具体的操作步骤如下：

(1) 创建连接对象。

(2) 创建数据集对象和适配器对象。

(3) 将适配器对象的查询结果置入数据集的某个表中。

(4) 对数据集中的指定表进行插入、删除、修改操作。

(5) 创建命令生成对象，以便获得适配器对象的 InsertCommand、DeleteCommand、UpdateCommand 属性值。

(6) 用数据集的指定表去更新适配器对象指定的数据表。

【例 5-11】 在站点中添加一个名称为 DS_Update.aspx 的网页，设计界面如图 5-9 所示，利用 Connection、DataAdapter、DataSet 对象对 student 表进行插入、修改、删除操作。

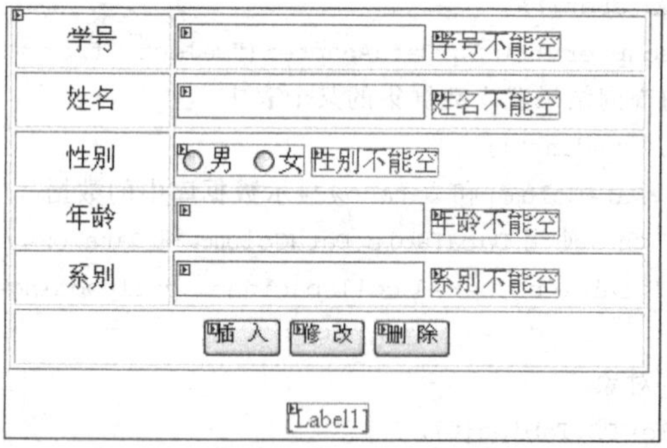

图 5-9 例 5-11 设计界面

(1) 完成插入操作：用户正确填写数据后，再单击"插入"按钮。

(2) 完成修改操作：对刚才插入的记录进行修改，但不能修改学号。

(3) 完成删除操作：删除刚才插入的记录。

在每种操作完成后，要在标签中显示"你已成功**记录！"的字样。

操作步骤如下：

(1) 添加验证控件：如表 5-11 所示。

表 5-11 验证控件的类型

被验证控件	验证控件	被验证控件	验证控件
TextBox1	必需字段验证	TextBox3	必需字段验证
TextBox2	必需字段验证	TextBox4	必需字段验证
RadioButtonList1	必需字段验证		

(2) 将"修改"、"删除"按钮的 CausesValidation 属性的值设置为 False。

(3) 编写程序代码：

```csharp
1. DataSet DS;
2. SqlDataAdapter adapter;
3. protected void Page_Load(object sender, EventArgs e)
4. {
5.     //创建连接对象
6.     String str="server=localhost;uid=sa;pwd=;database=stu;Trusted_Connection=no";
7.     SqlConnection con=new SqlConnection(str);
8.     //创建数据集对象与适配器对象
9.     DS=new DataSet();
10.    adapter=new SqlDataAdapter("select * from student", con);
11.    //将适配器对象指定的查询结果置入数据集的 student 表中
12.    adapter.Fill(DS, "student");
13. }
14. protected void Button1_Click(object sender, EventArgs e)
15. {
16.    //向数据集的 student 表添加新记录
17.    DataRow r=DS.Tables["student"].NewRow();//按 student 表的结构创建一个数据行对象
18.    r["sno"]=TextBox1.Text;
19.    r["sname"]=TextBox2.Text;
20.    r["ssex"]=RadioButtonList1.SelectedValue;
21.    r["sage"]=TextBox3.Text;
22.    r["sdept"]=TextBox4.Text;
23.    DS.Tables["student"].Rows.Add(r);
24.    //创建命令生成对象,以便获得适配器对象的 InsertCommand 属性值
25.    SqlCommandBuilder builder=new SqlCommandBuilder(adapter);
26.    adapter.InsertCommand=builder.GetInsertCommand();
27.    //用数据集的 student 表去更新适配器对象指定的数据表
28.    adapter.Update(DS, "student");
29.    Label1.Text="你已成功插入记录!";
30.    TextBox1.ReadOnly=true;
31. }

protected void Button2_Click(object sender, EventArgs e)
{
    //对数据集的 student 表进行修改操作
    DS.Tables["student"].PrimaryKey= new DataColumn[] { DS.Tables["student"].Columns["sno"] };
```

```csharp
        String no=TextBox1.Text;
        DS.Tables["student"].Rows.Find(no)["sname"]=TextBox2.Text;
        DS.Tables["student"].Rows.Find(no)["ssex"]=RadioButtonList1.SelectedValue;
        DS.Tables["student"].Rows.Find(no)["sage"]=TextBox3.Text;
        DS.Tables["student"].Rows.Find(no)["sdept"]=TextBox4.Text;
        //创建命令生成对象,以便获得适配器对象的 UpdateCommand 属性值
        SqlCommandBuilder builder=new SqlCommandBuilder(adapter);
        adapter.UpdateCommand=builder.GetUpdateCommand();
        //用数据集的 student 表去更新适配器对象指定的数据表
        adapter.Update(DS, "student");
        Label1.Text="你已成功修改记录!";
    }

    protected void Button3_Click(object sender, EventArgs e)
    {
        //对数据集的 student 表进行删除操作
        DS.Tables["student"].PrimaryKey= new DataColumn[] { DS.Tables["student"].Columns["sno"] };
        String no=TextBox1.Text;
        DS.Tables["student"].Rows.Find(no).Delete();           //删除主键值为 no 的记录
        //创建命令生成对象,以便获得适配器对象的 DeleteCommand 属性值
        SqlCommandBuilder builder=new SqlCommandBuilder(adapter);
        adapter.DeleteCommand=builder.GetDeleteCommand();
        //用数据集的 student 表去更新适配器对象指定的数据表
        adapter.Update(DS, "student");
        Label1.Text="你已成功删除记录!";
    }
```

程序说明:第 25、26 行使用了 CommandBuilder 对象。如果为适配器对象设置了 SelectCommand 属性,就可以通过 CommandBuilder 对象来自动获得适配器对象的 InsertCommand、DeleteCommand、UpdateCommand 属性值。

在"SqlCommandBuilder builder=new SqlCommandBuilder(adapter);"语句中,adapter 指定的查询结果只涉及一个基表,且必须包含主键字段。在本程序中,adapter 指定的查询结果是整个 student 表,其主键字段是 sno。

第 28 行实际上是对数据库执行 InsertCommand、DeleteCommand 或 UpdateCommand 属性指定的 SQL 语句。

5.7 项目实训

实训 1 对数据表进行插入操作

实训目的

(1) 掌握连接对象 SqlConnection 的应用。
(2) 掌握适配器对象 SqlDataAdapter 的应用。
(3) 掌握数据集对象 DataSet 的应用。

(4) 掌握命令生成对象 SqlCommandBuilder 的应用。

实训要求

(1) 在 SQL Server 2000 中创建数据库"素材 A",在其中创建 4 个数据表,表的设计和内容分别如图 5-10～图 5-13 所示。

列名	数据类型	长度	允许空
书籍ID	int	4	
书名	char	30	✓
出版社	char	10	✓
作者姓名	char	10	✓
在馆数量	int	4	✓

(a)

书籍ID	书名	出版社	作者姓名	在馆数量
1001	心灵鸡汤	人民出版社	刘墉	5
1002	数字逻辑	教育出版社	罗兰	10
1003	风云对话	文学出版社	李兴	10
1004	人工智能	教育出版社	陈思楷	10
1005	居里夫人	人民出版社	钟耀德	10
1006	科学的故事	光明出版社	姚鑫	5
1007	宋词三百首	教育出版社	陈冬立	5
1008	唐诗三百首	教育出版社	刘凯森	10

(b)

图 5-10 书籍管理表

列名	数据类型	长度	允许空
读者ID	int	4	
读者姓名	char	10	✓
联系电话	char	10	✓
家庭住址	char	30	✓

(a)

读者ID	读者姓名	联系电话	家庭住址
1	陈里娟	886954	安平路22号
2	张素妍	887541	跃进路4号
3	林毅	896521	玫瑰园4幢302
4	吴启华	874596	金币花园5幢
5	周慧	875112	昌平街3号
6	方玲	879698	同平路7号

(b)

图 5-11 读者管理表

列名	数据类型	长度	允许空
借阅编号	int	4	
书籍ID	int	4	✓
读者ID	int	4	✓
借阅日期	datetime	8	✓
还书日期	datetime	8	✓
借书数量	int	4	✓

(a)

借阅编号	书籍ID	读者ID	借阅日期	还书日期	借书数量
3000	1001	2	2007-4-2	2007-5-6	1
3001	1005	5	2007-4-3	2007-4-25	1
3002	1005	2	2007-4-3	2007-4-14	1
3003	1008	2	2007-4-4	2007-5-8	1
3004	1004	6	2007-4-11	2007-5-2	1
3005	1007	2	2007-4-12	2007-5-26	1
3006	1003	3	2007-4-12	2007-5-27	1

(b)

图 5-12 借阅信息表

列名	数据类型	长度	允许空
职工号	nvarchar	10	
姓名	nvarchar	8	✓
密码	nvarchar	6	✓
性别	nvarchar	2	✓
学历	nvarchar	4	✓
简历	ntext	16	✓

(a)

职工号	姓名	密码	性别	学历	简历
20030201	陈斌	123	男	博士	<NULL>
20030202	陈泽明	123	男	大专	<NULL>
20030203	苏欣毅	123	女	本科	<NULL>
20030204	吕世智	123	男	本科	<NULL>
20030205	林敬雄	123	女	中专	<NULL>
20030206	刘定尊	123	男	硕士	<NULL>
20030207	彭思源	123	女	博士	<NULL>
20030209	黄天奖	123	男	大专	<NULL>
20030210	谭煜琨	123	女	本科	<NULL>
20030211	刘喜	123	男	本科	<NULL>
20030212	欧阳德培	123	男	中专	<NULL>
20030213	陈延东	123	男	硕士	<NULL>
20030214	李伟乾	123	女	博士	<NULL>
20030215	凌从宏	123	男	大专	<NULL>
20030216	袁桂森	123	女	本科	<NULL>
20030217	袁海进	123	女	本科	<NULL>
20030218	幸业文	123	男	硕士	<NULL>
20030219	杨霞	123	女	博士	<NULL>
20030220	李彩仪	123	女	博士	<NULL>
20030221	江树泽	123	男	大专	<NULL>
20030223	蔡少康	123	女	本科	<NULL>
20030224	刘晓西	123	男	本科	<NULL>
20030225	李昌伟	123	男	中专	<NULL>
20030226	林志坚	123	男	硕士	<NULL>
20030227	黄权枝	123	男	博士	<NULL>
20030228	叶仕勇	123	男	大专	<NULL>
20030229	钟小云	123	女	本科	<NULL>
20030230	陈冬娜	123	女	本科	<NULL>

(b)

图 5-13 职工表

(2) 创建一个 Web 网站 sx05，并设置成虚拟目录。

(3) 在网站中添加一个名称为 sx5_1.aspx 的网页，设计界面如图 5-14 所示，利用 Connection、DataAdapter、DataSet 对象对"职工"表进行插入操作。

要求：

① 使用 CustomValidator 控件验证用户填写的职工号是否与职工表中原有的职工号相同，若相同，则显示"职工号已经存在，请重输！"的出错信息。

② 当用户输入的数据正确并单击"添加"按钮后，就能向"职工"表中添加一条记录，并在标签中显示"你已插入一条记录！"的信息。

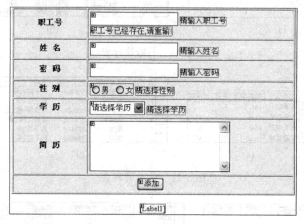

图 5-14　实训 1 设计界面

实训 2　以表格形式显示数据表中的记录

实训目的

(1) 掌握利用 Table 标记显示数据表中记录的方法。

(2) 掌握利用 DataGrid 控件显示数据表中记录的方法。

(3) 比较两者的异同。

实训要求

在网站中添加一个名称为 sx5_2.aspx 的网页，设计界面如图 5-15 所示。

图 5-15　实训 2 设计界面

要求：

(1) 第一次加载页面时，仅显示"Table 标记显示"、"DataGrid 显示"按钮。

(2) 当单击"Table 标记显示"按钮时，利用 Connection、Command、DataReader 对象和 Table 标记将"书籍管理"表以表格形式显示在 Label1 控件中。此时，DataGrid 控件不显示。

(3) 当单击"DataGrid 显示"按钮时，利用 Connection、DataAdapter、DataSet 对象和 DataGrid 控件将"书籍管理"表以表格形式显示出来。此时，Label1 控件不显示。

实训 3　分页显示数据表中的记录

实训目的

(1) 掌握连接对象 SqlConnection 的应用。

(2) 掌握命令对象 SqlCommand 的应用。

(3) 掌握记录集对象 SqlDataReader 的应用。

(4) 掌握分页显示数据表中记录的方法。

实训要求

(1) 在网站中添加一个名为 sx5_3.aspx 的网页，要求分页显示"职工"表中的记录。设计界面和运行界面如图 5-16 和图 5-17 所示。

第[Label1]页/共 [Label2]页 [Label3][Label4]				
职工号	姓名	密码	性别	学历

图 5-16　实训 3 设计界面

第1页/共 3页 首 页 | 上一页 | 下一页 | 尾 页				
职工号	姓名	密码	性别	学历
20030201	陈斌	123	男	博士
20030202	陈泽明	123	男	大专
20030203	苏欣毅	123	女	本科
20030204	吕世智	123	男	本科

图 5-17　实训 3 运行界面

(2) 若当前显示第 1 页，则首页、上一页不显示超链接；若当前显示最后一页，则下一页、尾页不显示超链接；规定每页显示 10 条记录。

实训提示

参考程序代码如下：

```
protected void Page_Load(object sender, EventArgs e)
{
    String str="server=localhost;uid=sa;pwd=;database=素材 A";
    SqlConnection con=new SqlConnection(str);
    con.Open();

    //统计职工表中的记录条数 count
    String sql="select count(职工号) from 职工";
```

```
SqlCommand cmd=new SqlCommand(sql,con);
int count=(int)cmd.ExecuteScalar();

//若每页显示10条记录,则职工表可分成pagecount页
sql="select * from 职工";
cmd=new SqlCommand(sql,con);
SqlDataReader rs=cmd.ExecuteReader();
int pagecount;
if (count%10==0) pagecount=count/10; else pagecount=count/10+1;

//设置要显示的页号page,将记录指针指向page页的第1条记录中
String page1=Request["page"];
int page;
if (page1==null) page=1; else page=int.Parse(page1);
if (page<1) page=1;
if (page>pagecount) page=pagecount;
for (int i=1; i<=(page-1)*10+1; i++)
    rs.Read();

//设置当前页各记录的内容
for (int i=1; i<=10; i++)
{
    HtmlTableRow r=new HtmlTableRow();
    HtmlTableCell[] c=new HtmlTableCell[5];
    c[0]=new HtmlTableCell();//将数组各元素初始化
    c[1]=new HtmlTableCell();
    c[2]=new HtmlTableCell();
    c[3]=new HtmlTableCell();
    c[4]=new HtmlTableCell();
    c[0].InnerHtml=rs["职工号"].ToString();
    c[1].InnerHtml=rs["姓名"].ToString();
    c[2].InnerHtml=rs["密码"].ToString();
    c[3].InnerHtml=rs["性别"].ToString();
    c[4].InnerHtml=rs["学历"].ToString();
    for (int j=0; j<5; j++)
    {
        c[j].Height="20";
        r.Cells.Add(c[j]);
        r.Cells[j].Align="center";
    }
    TABLE1.Rows.Add(r);
    if(!rs.Read()) break;
}

//设置"首页"|"上一页"|"下一页"|"尾页"的超链接
```

```
Label1.Text=page.ToString();
Label2.Text=pagecount.ToString();
if(page==1)Label3.Text="首页|上一页 |";
else Label3.Text="<a href='sx5_3.aspx?page=1'>首 页</a>|<a href='sx5_3.aspx?
page="+ (page-1)+"'>上一页</a>| ";
if(page==pagecount)Label4.Text="下一页 | 尾页";
else Label4.Text="<a href='sx5_3.aspx?page="+ (page+1)+"'>下一页</a>|<a href='
sx5_3.aspx?page="+pagecount+"'>尾页</a>";
con.Close();
}
```

思考与练习

一、填空题

1. ADO.NET 对象模型中有 5 个主要的组件，分别是 ＿＿＿＿、＿＿＿＿、＿＿＿＿、＿＿＿＿、＿＿＿＿。

2. 数据适配器（DataAdapter）表示一组 ＿＿＿＿ 和 个 ＿＿＿＿，它们用于 ＿＿＿＿ 和 ＿＿＿＿。DataAdapter 经常和 ＿＿＿＿ 一起配合使用。

3. 执行 ＿＿＿＿ 的方法之前，必须打开连接对象；执行 ＿＿＿＿ 的方法之前，无须打开连接对象。

4. 如果为适配器对象设置了 ＿＿＿＿ 属性，就可以通过 ＿＿＿＿ 对象来自动获得适配器对象的 InsertCommand、DeleteCommand、UpdateCommand 属性值。

二、简答题

1. 简述使用 DataReader 对象读取数据库的步骤。
2. 简述使用 DataSet 对象访问数据库的步骤。

第 6 章 数 据 控 件

数据控件用于在界面上显示数据。在 ASP.NET 中提供了几种功能强大的数据访问控件,包括 DataGrid、DataList 和 Repeater 等。通过这些数据控件,用户可以快速地开发基于数据库的应用程序。本章将介绍如何使用 DataGrid、DataList 和 Repeater 控件以及数据绑定技术。

学习目标

- 掌握使用 DataGrid 控件显示数据表的方法
- 掌握使用 DataList 控件显示数据表的方法
- 掌握使用 Repeater 控件显示数据表的方法
- 掌握简单服务器控件的数据绑定

6.1 DataGrid 控件

DataGrid 控件用于将数据表中的数据以表格形式显示出来,同时支持分页、排序、筛选、更新记录等操作。DataGrid 控件虽然很复杂,但可以依照功能将其区分成"自动生成列"与"手动指定列"两种模式。

采用"自动生成列"模式还是"手动指定列"模式取决于 AutoGenerateColumns 属性,若设置为 True,表示为"自动生成列",至于哪些字段要显示出来,则由 DataGrid 控件来决定,用户只需设置其显示格式;若设置为 False,表示为"手动指定列",用户必须自行设置要显示的字段。

DataGrid 控件的声明格式如下:

```
1.  <asp:DataGrid runat="server" ID="myDataGrid" AutoGenerateColumns="False"
    HorizontalAlign="Center" Width="480px">
2.      <HeaderStyle Font-Size="Small" Font-Bold="True" HorizontalAlign="Center"
        ForeColor="#FFFFCC"/>
3.      <ItemStyle Font-Size="Small" ForeColor="#330099" HorizontalAlign=
        "Center"/>
4.      <Columns>
5.          <asp:BoundColumn HeaderText="种类" DataField="零部件种类">
            </asp:BoundColumn>
6.          <asp:BoundColumn HeaderText="品牌" DataField="品牌">
            </asp:BoundColumn>
```

7.   </Columns>
8. </asp:DataGrid>

由此可见，DataGrid 控件的属性分为 3 类：表格级属性、样式属性、列级属性。表格级属性如第 1 行中的属性名：AutoGenerateColumns；样式属性如第 2、3 行的属性名：ForeColor，用于控制表格各部分（如标题行、数据行、分页块）的显示效果；列级属性如第 5 行的属性名：HeaderText。

DataGrid 控件共有 7 类样式，如表 6-1 所示。

表 6-1 DataGrid 控件的样式

样 式 名	解 释	样 式 名	解 释
AlternatingItemStyle	交替数据行样式	ItemStyle	数据行样式
EditItemStyle	编辑数据行样式	PagerStyle	分页块样式
FooterStyle	页脚样式	SelectedItemStyle	选择数据行样式
HeaderStyle	标题行样式		

6.1.1 自动生成列

1．DataGrid 控件的分页显示

当数据很多，在一页中不能完全显示时就需要进行分页显示。DataGrid 控件提供的与分页有关的属性、事件如表 6-2 所示。

表 6-2 与分页有关的属性、事件

属性与事件	说 明
AllowPaging	决定是否进行分页显示，默认为 false
PageSize	设置每页显示的记录条数，默认为 10
PageCount	获取整个 DataGrid 控件占用的页数（只读属性）
CurrentPageIndex	设置当前要显示的页数，默认为 0
OnPageIndexChanged	当单击分页块的页码时，就会自动提交并触发该事件 事件参数类为 DataGridPageChangedEventArgs，它含有 NewPageIndex 属性，用于获取新页码

【例 6-1】 在站点中添加一个名为 DataGrid_Paging.aspx 的网页，要求能分页显示"零部件报价表"的记录，每页显示 10 条记录，并允许用户选择分页显示的模式。运行界面如图 6-1 所示。

图 6-1 例 6-1 运行界面

设计步骤如下：

（1）创建 Access 数据库 factory.mdb，在其中创建"零部件报价表"、"通讯簿"两个表，如表 6-3 和表 6-4 所示。

表 6-3 零部件报价表

编号	零部件种类	品牌	规格	价格	报价日期	厂商信息
301	主板	华硕	ASUS A7M266	4800	2002-3-25	www.asus.com.tw
302	主板	升技	ABIT KR7A-RAID	5200	2002-3-30	www.abit.com.tw
303	主板	技嘉	GigaByte GA-7VTXH	3300	2002-3-30	www.gigabyte.co
304	主板	升技	ABIT KG7	3800	2002-3-20	www.abit.com.tw
305	主板	华硕	ASUS A7V133	4300	2002-3-20	www.asus.com.tw
306	主板	微星	MSI MS-K7N420 Pro	5200	2002-3-31	www.msi.com.tw
307	主板	技嘉	GigaByte GA-7DXR	3900	2002-3-31	www.gigabyte.co
308	主板	微星	MSI MS-K7T266 Pro	3200	2002-3-31	www.msi.com.tw
309	主板	华硕	ASUS A7VI-VM/WOA	3500	2002-3-1	www.asus.com.tw
310	主板	技嘉	GigaByte GA-7ZMMH	2800	2002-3-5	www.gigabyte.co
311	CPU	Intel	Pentium 4 2GHz	14500	2002-3-15	www.intel.com.t
312	CPU	Intel	Celeron 1.2G	3500	2002-3-15	www.intel.com.t
313	CPU	Intel	Pentium III 1GHz	5000	2002-3-15	www.intel.com.t
314	CPU	AMD	AthlonXP 1600+	4200	2002-3-1	www.amd.com
315	CPU	AMD	AthlonXP 1900+	9100	2002-3-1	www.amd.com
316	内存	创见	Transcend 512MB DI	6300	2002-3-10	www.transcend.c
317	内存	胜创	Kingmax 256MB DDRS	2950	2002-3-10	www.kingmax.com
318	内存	金士顿	Kingston 256MB DDF	2850	2002-3-15	www.kingston.co
319	内存	创见	Transcend 256MB DI	3040	2002-3-15	www.transcend.c
320	内存	胜创	Kingmax 256MB DDRS	3200	2002-3-15	www.kingmax.com
321	显卡	华硕	ASUS AGP-V8200 Ti	13000	2002-3-1	www.asus.com.tw
322	显卡	丽台	Leadtek WinFast Ge	14000	2002-3-1	www.leadtek.com
323	显卡	丽台	Leadtek WinFast Ge	3300	2002-3-1	www.leadtek.com
324	显卡	华硕	ASUS V3800 M64	1800	2002-3-1	www.asus.com.tw
325	硬盘	Western Digital	Western Digital Ca	8000	2002-3-10	www.wdc.com
326	硬盘	IBM	IBM Deskstar 60GXF	4300	2002-3-10	www.ibm.com.tw
327	硬盘	Western Digital	Western Digital Ca	4000	2002-3-10	www.wdc.com
328	硬盘	Western Digital	Western Digital Ca	2900	2002-3-10	www.wdc.com
329	硬盘	IBM	IBM Deskstar 120GX	7350	2002-3-10	www.ibm.com.tw
330	显示器	优派	ViewSonic VE170	26000	2002-3-5	www.viewsonic.c
331	显示器	中强	CTX PV720A	22500	2002-3-5	www.ctx.com.tw
332	显示器	优派	ViewSonic VP140	9500	2002-3-1	www.viewsonic.c
333	显示器	中强	CTX PV520	12900	2002-3-5	www.ctx.com.tw
334	打印机	惠普	HP LaserJet 1100A	13500	2002-4-1	www.hp.com.tw
335	打印机	Canon	Canon LBP-800	8500	2002-4-1	www.abico.com.t
336	打印机	EPSON	EPSON EPL-5800	12500	2002-4-1	www.epson.com.t
337	扫描仪	Acer	Acer S2W 3300U	1700	2002-4-2	www.acer.com.tw
338	扫描仪	UMAX	UMAX Astra 3450U	3850	2002-4-1	www.umax.com.tw
339	扫描仪	UMAX	UMAX Astra 4000U	5400	2002-4-1	www.umax.com.tw

字段名称	数据类型
编号	数字
零部件种类	文本
品牌	文本
规格	文本
价格	数字
报价日期	日期/时间
厂商信息	超链接

表 6-4 通讯簿

编号	姓名	生日	电话
1	林晋卫	1966-8-14	(04) 2333-2555
2	林怡君	1974-12-7	(04) 2541-0347
3	黄丽祯	1966-6-18	(04) 2975-0364
4	杨纯芳	1979-8-29	(04) 6485-9563
5	汤惠雅	1972-4-23	(04) 2153-0432
6	魏啤臻	1979-12-5	(02) 2456-3643

字段名称	数据类型
编号	数字
姓名	文本
生日	日期/时间
电话	文本

(2) 用户界面的主要代码如下：

```
<form ID="form1" runat="server">
  <h1 Align="Center"><span style="fontsize: 16pt">计算机零部件报价系统</span></h1>
  <asp:DataGrid  runat="server"  ID="myDataGrid" HorizontalAlign="Center"
      AutoGenerateColumns="True"  AllowPaging="True"  PageSize="10"
      OnPageIndexChanged="ChangePage">
    <HeaderStyle Font-Size="Small" Font-Bold="True" HorizontalAlign="Center"
      ForeColor="#FFFFCC" BackColor="#990000"/>
    <PagerStyle Font-Size="Small" HorizontalAlign="Center"
      ForeColor="#330099" BackColor="#FFFFCC"/>
    <ItemStyle Font-Size="Small" ForeColor="#330099" />
  </asp:DataGrid><br />
    <Center>页码模式：
<asp:RadioButtonList  ID="RadioButtonList1"  runat="server"
    RepeatDirection="Horizontal"  RepeatLayout="Flow"  AutoPostBack="True">
        <asp:ListItem>上下页模式  </asp:ListItem>
        <asp:ListItem>数字模式</asp:ListItem>
  </asp:RadioButtonList>
   </Center>
</form>
```

(3) DataGrid_Paging.aspx.cs 文件的程序代码如下：

```
void Page_Load(Object sender,EventArgs e)
{
    if(RadioButtonList1.SelectedIndex==0)
    {
        myDataGrid.PagerStyle.Mode=PagerMode.NextPrev;
        myDataGrid.PagerStyle.PrevPageText="上一页";
        myDataGrid.PagerStyle.NextPageText="下一页";
    }
    else myDataGrid.PagerStyle.Mode=PagerMode.NumericPages;
    BindList();
}
void BindList()
{
    String str="Provider=Microsoft.Jet.OLEDB.4.0;Data Source="+
        Server.MapPath("../App_Data/factory.mdb");
    OleDbConnection con=new OleDbConnection(str);
    DataSet DS=new DataSet();
    OleDbDataAdapter adapter=new OleDbDataAdapter(
        "select * from 零部件报价表",con);
```

```
        adapter.Fill(DS,"零部件报价表");
        myDataGrid.DataSource=DS;
        myDataGrid.DataBind();
}
protected void ChangePage(Object sender,DataGridPageChangedEventArgs e)
{
        myDataGrid.CurrentPageIndex=e.NewPageIndex;
        myDataGrid.DataBind();
}
```

程序说明：当改变 DataGrid 控件的 CurrentPageIndex(当前页号)属性值时，要重新将 DataGrid 控件绑定到数据源中。

2. DataGrid 控件的排序显示

在 DataGrid 中可以实现数据的排序。当将 AllowSorting 属性设置为 true 时，就启动排序功能，此时 DataGrid 控件的所有字段名就成为排序按钮。当单击"排序"按钮时，就会自动提交并触发 OnSortCommand 事件。OnSortCommand 事件的语法定义如下：

```
protected void DataGridSortCommandEventHandler
    (Object sender,DataGridSortCommandEventArgs e);
```

其中，DataGridSortCommandEventArgs 参数的 SortExpression 属性表示的是要进行排序的字段名。

【例 6-2】 在站点中添加一个名称为 DataGrid_Ordering.aspx 的网页，用于显示"零部件报价表"的记录。当单击某个字段时，则数据表按该字段升序(或降序)显示，若再次单击该字段，则数据表按该字段降序(或升序)显示。设计界面如图 6-2 所示。

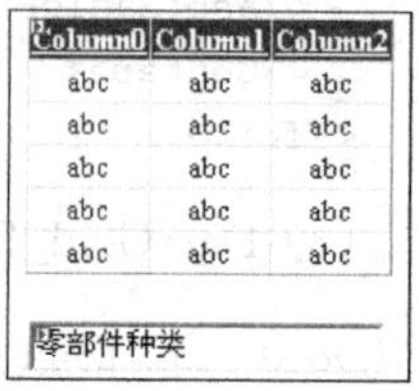

(1) 用户界面的主要代码如下：

```
<form id="form1"runat="server">
    <div  style="text-align:center">
        <h3>计算机零部件报价系统</h3>
        <asp:DataGrid runat="server"ID="myDataGrid"AutoGenerateColumns="True"
            HorizontalAlign="Center"AllowSorting="True"  OnSortCommand="sort">
        <HeaderStyle Font-Size="Small"  Font-Bold="True"  HorizontalAlign="Center"
            ForeColor="#FFFFCC"BackColor="#990000"/>
        <pagerstyle  Font-Size="X-Small"  HorizontalAlign="Center"
            ForeColor="#330099"BackColor="#FFFFCC"/>
        <ItemStyle Font-Size="Small"ForeColor="#330099"/>
        </asp:DataGrid><br/>
        <input type="Hidden"runat="server"ID="SortField"value="零部件种类">
    </div>
</form>
```

图 6-2 例 6-2 设计界面

(2) DataGrid_Ordering.aspx.cs 文件的程序代码如下：

```
1. DataView DV;
2. protected void Page_Load(object sender,EventArgs e)
```

```
3.  {
4.      String str="Provider=Microsoft.Jet.OLEDB.4.0;Data Source="+
                Server.MapPath("../App_Data/factory.mdb");
5.      OleDbConnection con=new OleDbConnection(str);
6.      DataSet DS=new DataSet();
7.      OleDbDataAdapter adapter=new OleDbDataAdapter
                ("select * from 零部件报价表",con);
8.      adapter.Fill(DS,"零部件报价表");
9.      DV=new DataView(DS.Tables["零部件报价表"]);
10.     myDataGrid.DataSource=DV;
11.     myDataGrid.DataBind();
12. }
13. protected void sort(Object sender,DataGridSortCommandEventArgs e)
14. {
15.     if(SortField.Value.EndsWith("desc")==false)
16.         SortField.Value=e.SortExpression+"desc";
17.     else SortField.Value=e.SortExpression+"asc";
18.     DV.Sort=SortField.Value;
19.     myDataGrid.DataBind();
20. }
```

程序说明：第 9 行为创建 DataView 对象的语句，格式为：

`DataView DV=new DataView(DataTable 对象);`

使用 DataView 对象，可以对数据表进行筛选或排序，它比 select 语句的 where 子句与 order by 子句更加灵活。

第 18 行中的 DV.Sort 用于设置要排序的字段名，当改变 DV.Sort 属性值时，要重新将 DataGrid 控件绑定到数据源中。

6.1.2 手动指定列

如果要手动指定列，首先要将 AutoGenerateColumns 属性设置为 False，然后再在 <Columns> 块中添加自定义的列。DataGrid 控件可以定义下面 5 种列。

(1) 绑定列(BoundColumn)：最常用的列，自动生成的列均为绑定列。

(2) 超链接列(HyperLinkColumn)：每一行均含有超链接的列。

(3) 模板列(TemplateColumn)：每一行均含有模板的列。

(4) 按钮列(ButtonColumn)：每一行均含有一个自定义按钮的列。

(5) 编辑列(EditCommandColumn)：每一行均含有 3 个按钮("编辑"、"更新"、"取消")的列。

1. 绑定列

绑定列有下列常用属性。

(1) HeaderText="…"：设置列标题所要显示的文字。

(2) DataField="字段名"：设置所要显示的字段名称。

【例 6-3】 在 BoundColumn.aspx 中实现 BoundColumn 的应用。

(1) 用户界面的代码如下：

`<form id="form1" runat="server">`

```
        <h1 Align="Center">计算机零部件报价系统</h1>
        <asp:DataGrid runat="server"  ID="myDataGrid" AllowPaging="True"
            AutoGenerateColumns="False" HorizontalAlign="Center" Width="480px">
            <HeaderStyle Font-Size="Small" Font-Bold="True"  HorizontalAlign="Center"
                ForeColor="# FFFFCC" BackColor="#990000" />
            <ItemStyle Font-Size="Small" ForeColor="#330099" HorizontalAlign="Center"/>
            <PagerStyle Font-Size="Small" HorizontalAlign="Center" NextPageText="下一页"
                PrevPageText="上一页" />
            <Columns>
                <asp:BoundColumn HeaderText="种类" DataField="零部件种类"/>
                <asp:BoundColumn HeaderText="品牌" DataField="品牌"/>
                <asp:BoundColumn HeaderText="规格" DataField="规格" />
                <asp:BoundColumn HeaderText="价格" DataField="价格"
                    DataFormatString="{0:c0}" />
                <%--{0:c0}表示将数值显示为货币格式,第 2 个 0 表示小数位数,若省略,则默
                    认为 2--%>
            </Columns>
        </asp:DataGrid>
    </form>
```

(2) BoundColumn.aspx.cs 文件的程序代码如下:

```
protected void Page_Load(object sender,EventArgs e)
{
    String str="Provider=Microsoft.Jet.OLEDB.4.0;Data Source="+
        Server.MapPath("../App_Data/factory.mdb");
    OleDbConnection con=new OleDbConnection(str);
    DataSet DS=new DataSet();
    OleDbDataAdapter adapter=new OleDbDataAdapter
        ("select * from 零部件报价表",con);
    adapter.Fill(DS,"零部件报价表");
    myDataGrid.DataSource=DS;
    myDataGrid.DataBind();
}
```

2. 超链接列

超链接列有下列常用属性:

(1) HeaderText="…":设置列标题所要显示的文字。

(2) Text="…":设置超链接的文本。

(3) DataTextField="字段名":设置超链接的文本,若与 Text 同时设置,则以 DataTextField 为准。

(4) DataNavigateUrlField="字段名":当单击超链接时,就会转去执行该字段指定的 URL。

【例 6-4】 在 HyperLinkColumn.aspx 中实现 HyperLinkColumn 的应用。

用户界面的代码如下:

```
1. <form id="form1"runat="server">
2.    <h1 Align="Center">计算机零部件报价系统</h1>
```

```
3.    <asp:DataGrid runat="Server"ID="myDataGrid"AutoGenerateColumns="False"
          HorizontalAlign="Center"Width="550px">
4.      <HeaderStyle Font-Size="Small"Font-Bold="True"HorizontalAlign="Center"
              ForeColor="#FFFFCC"BackColor="#990000"/>
5.      <ItemStyle Font-Size="Small"ForeColor="#330099"HorizontalAlign="Center"/>
6.      <Columns>
7.        <asp:BoundColumn HeaderText="种类"DataField="零部件种类"/>
8.        <asp:BoundColumn HeaderText="品牌"DataField="品牌"/>
9.        <asp:BoundColumn HeaderText="规格"DataField="规格"/>
10.       <asp:BoundColumn HeaderText="价格"DataField="价格"
              DataFormatString="{0:c0}"/>
11.       <asp:HyperLinkColumn HeaderText="厂商信息"  DataNavigateUrlField="厂商
              信息"DataNavigateUrlFormatString="http://{0}"  Text="Click Here"
              DataTextField="厂商信息"  Target="_new"/>
12.     </Columns>
13.   </asp:DataGrid>
14. </form>
```

程序说明：第11行加入 HyperLinkColumn，超链接文字取自"厂商信息"字段，超链接地址取自"厂商信息"字段，超链接格式为："http://{0}"，表示超链接地址以 http.//开头，{0}表示取自由 DataNavigateUrlField 属性指定的字段，目标框架为打开新窗口。

3. 模板列

TemplateColumn 是灵活性最大的列类型，也是必须花时间设置的列类型。TemplateColumn 有下列常用属性。

（1）HeaderText＝"…"：设置列的标题。

（2）HeaderTemplate：标题模板，用来设置列的标题，若与 HeaderText 同时设置，则以 HeaderTemplate 为准。

（3）ItemTemplate：数据模板，用来定义每个数据行要显示的数据，此模板不能省略。

（4）EditItemTemplate：编辑数据模板，用来定义在编辑模式下数据行显示的数据，它一般包含 TextBox 控件。若省略此模板，则在编辑模式下数据行仍使用数据模板。

在模板中可以加入 HTML 标记、服务器控件。在模板中使用 ASP.NET 变量时，必须使用＜％♯变量名％＞格式，例如：

```
<ItemTemplate><%# DataBinder.Eval(Container.DataItem,"字段名")%></ItemTemplate>
```

意义：执行数据绑定表达式，并返回结果字符串，Container.DataItem 表示当前数据行，也可简写成＜ItemTemplate＞＜％♯Eval("字段名")％＞＜/ItemTemplate＞。

【例 6-5】 在 TemplateColumn.aspx 中实现 TemplateColumn 的应用。

用户界面的代码如下：

```
<form id="form1" runat="server">
    <h1 Align="Center"> 计算机零部件报价系统</h1>
    <asp:DataGrid runat="server" ID="myDataGrid" AutoGenerateColumns="False"
        HorizontalAlign="Center" Width="550px">
    <HeaderStyle Font-Size="Small" Font-Bold="True" HorizontalAlign="Center"
        ForeColor="#FFFFCC" BackColor="#990000" />
```

```
        <ItemStyle Font-Size="Small" ForeColor="#330099" HorizontalAlign="Center" />
        <Columns>
            <asp:BoundColumn HeaderText="种类" DataField="零部件种类" />
            <asp:BoundColumn HeaderText="品牌" DataField="品牌" />
            <asp:BoundColumn HeaderText="规格" DataField="规格" />
            <asp:BoundColumn HeaderText="价格" DataField="价格"
                DataFormatString="{0:c0}" />
            <asp:TemplateColumn>
                <HeaderTemplate>报价日期</HeaderTemplate>
                <ItemTemplate><%#Convert.ToDateTime(DataBinder.Eval
                    (Container.DataItem,"报价日期")).ToShortDateString()%></ItemTemplate>
            </asp:TemplateColumn>
        </Columns>
    </asp:DataGrid>
</form>
```

4. 按钮列

按钮列有下列常用属性。

(1) HeaderText="列标题"：设置列的标题。

(2) Text：设置命令按钮的文本。

(3) DataTextField：设置命令按钮的文本，若与 Text 同时设置，则以 DataTextField 为准。

(4) ButtonType="LinkButton/PushButton"，默认为 LinkButton。

(5) CommandName="…"：设置 Button 控件的命令名称。

【例 6-6】 在 ButtonColumn.aspx 中实现 ButtonColumn 的应用。

用户界面的代码如下：

```
<form id="form1" runat="server">
<h1 Align="Center" style="text-align: center">计算机零部件报价系统</h1>
    <asp:DataGrid runat="server" ID="myDataGrid" AutoGenerateColumns="False"
            HorizontalAlign="Center" Width="500px">
    <HeaderStyle Font-Size="Small" Font-Bold="True"
            HorizontalAlign="Center" ForeColor="#FFFFCC" BackColor="#990000"/>
    <ItemStyle Font-Size="Small" ForeColor="#330099" HorizontalAlign="Center" />
    <Columns>
        <asp:BoundColumn HeaderText="种类" DataField="零部件种类" />
        <asp:BoundColumn HeaderText="品牌" DataField="品牌" />
        <asp:BoundColumn HeaderText="规格" DataField="规格" />
        <asp:BoundColumn HeaderText="价格" DataField="价格"
            DataFormatString="{0:c0}" />
        <asp:ButtonColumn HeaderText="加入购物袋" Text="订购"
            ButtonType="LinkButton"/>
    </Columns>
    </asp:DataGrid>
</form>
```

5. 编辑列

(1) 编辑列的列级属性

① HeaderText="列标题"：设置列的标题。

② ButtonType=" LinkButton/PushButton ",默认为 LinkButton,在代码声明块中写成 ButtonColumnType.LinkButton。

③ EditText=" … ":设置 CommandName 为 Edit 的按钮的文本。

④ UpdateText=" … ":设置 CommandName 为 Update 的按钮的文本。

⑤ CancelText=" … ":设置 CommandName 为 Cancel 的按钮的文本。

(2) 与更新记录有关的 DataGrid 控件的属性

① DataKeyField="字段名":设置关键字段,每条记录的关键字段值均放在 DataKeys 集合中。

② EditItemIndex=n:获取或设置编辑行的序号,若退出编辑行,则返回-1。

(3) 与更新记录有关的 DataGrid 控件的事件

① OnEditCommand="…":单击 CommandName 为 Edit 的按钮会触发该事件。

② OnUpdateCommand="…":单击 CommandName 为 Update 的按钮会触发该事件。

③ OnCancelCommand="…":单击 CommandName 为 Cancel 的按钮会触发该事件。

④ OnDeleteCommand="…":单击 CommandName 为 Delete 的按钮会触发该事件。

⑤ OnItemCommand="…":单击 DataGrid 控件内的任何一个按钮均会触发该事件。

上述事件的事件参数类均为 DataGridCommandEventArgs,含有如下属性。

① CommandName:获取按钮所指定的命令名称。

② Item:获取单击的按钮所在的数据行(DataGridItem 对象)。

这里的"按钮"是指 Button、ImageButton 或 LinkButton 控件。

【例 6-7】 在 EditCommandColumn.aspx 中实现 EditCommandColumn 的应用。

(1) 用户界面的代码如下:

```
<form id="form1" runat="server">
<asp:DataGrid runat="server" ID="Grid1" AutoGenerateColumns="false"
    HorizontalAlign="Center"  Width="650px"  Font-Size="Smaller"
    OnEditCommand="Edit"  OnUpdateCommand="Update"
    OnCancelCommand="Cancel">
    <HeaderStyle  Font-Bold="True" HorizontalAlign="Center" ForeColor="#FFFFCC"
        BackColor="#990000" />
    <ItemStyle  ForeColor="#330099" />
    <Columns>
      <asp:TemplateColumn HeaderText="学号">
         <ItemTemplate>
            <%#DataBinder.Eval(Container.DataItem,"sno")%>
         </ItemTemplate>
            <EditItemTemplate>
               <%#DataBinder.Eval(Container.DataItem,"sno")%>
            </EditItemTemplate>
      </asp:TemplateColumn>
      <asp:BoundColumn HeaderText="姓名" DataField="sname">
         <HeaderStyle Width="100px" /></asp:BoundColumn>
      <asp:BoundColumn HeaderText="性别" DataField="ssex">
         <HeaderStyle Width="100px" /></asp:BoundColumn>
      <asp:BoundColumn HeaderText="年龄" DataField="sage">
         <HeaderStyle Width="100px" /></asp:BoundColumn>
```

```
            <asp:BoundColumn HeaderText="系别" DataField="sdept">
                <HeaderStyle Width="100px" /></asp:BoundColumn>
            <asp:EditCommandColumn EditText="编辑" CancelText="取消" UpdateText="更新"
HeaderText="编辑">
                </asp:EditCommandColumn>
            </Columns>
    </asp:DataGrid>
</form>
```

(2) EditCommandColumn.aspx.cs 文件的程序代码如下:

```
SqlDataAdapter adapter;
DataSet DS;
protected void Page_Load(object sender,EventArgs e)
    {    //创建连接对象
        String strcon="server=localhost;uid=sa;pwd=;database=stu;Trusted_Connection=no";
        SqlConnection con=new SqlConnection(strcon);
        //创建适配器对象与数据集对象
        adapter=new SqlDataAdapter("select * from student",con);
        DS=new DataSet();
        //将适配器对象的查询结果置入数据集的 student 表中
        adapter.Fill(DS,"student");
        Grid1.DataSource=DS;
        if(!Page.IsPostBack) Grid1.DataBind();
    }
//进入数据编辑模式
protected void Edit(Object sender,DataGridCommandEventArgs e)
    {
        Grid1.EditItemIndex=e.Item.ItemIndex;
        Grid1.DataBind();
    }
//退出数据编辑模式
protected void Cancel(Object sender,DataGridCommandEventArgs e)
    {
        Grid1.EditItemIndex=-1;
        Grid1.DataBind();
    }
//更新数据
protected void Update(Object sender,DataGridCommandEventArgs e)
    {
        String name=((TextBox)e.Item.Cells[1].Controls[0]).Text;
        String sex=((TextBox)e.Item.Cells[2].Controls[0]).Text;
        String age=((TextBox)e.Item.Cells[3].Controls[0]).Text;
        String dept=((TextBox)e.Item.Cells[4].Controls[0]).Text;
        int row=e.Item.ItemIndex;//e.Item 返回单击的按钮所在的数据行
        DS.Tables["student"].Rows[row][1]=name;
        DS.Tables["student"].Rows[row][2]=sex;
        DS.Tables["student"].Rows[row][3]=age;
        DS.Tables["student"].Rows[row][4]=dept;
        //创建命令生成对象,以便获得 adapter 的 UpdateCommand 属性的值
        SqlCommandBuilder builder=new SqlCommandBuilder(adapter);
```

```
        adapter.UpdateCommand=builder.GetUpdateCommand();
        //用数据集的 student 表去更新适配器对象指定的数据表
        adapter.Update(DS,"student");
        DS.Clear();
        //将适配器对象指定的查询结果置入数据集的 student 表中
        adapter.Fill(DS,"student");
        Grid1.DataSource=DS;
        Grid1.EditItemIndex=-1;
        Grid1.DataBind();
    }
```

当改变 DataGrid 控件的 CurrentPageIndex（当前页号）、EditItemIndex（编辑行序号）属性值时，都要重新将 DataGrid 控件绑定到数据源中。

单击 DataGrid 控件中某一行 CommandName 为 Edit 的按钮时，该行就进入编辑模式，所有的绑定列都可以编辑，模板列在指定编辑数据模板时也可以编辑，但其他类型的列不能编辑。

【例 6-8】 在站点中添加一个名称为 integrate.aspx 的网页，要求利用 DataGrid 控件实现对 student 表的修改、删除等操作，运行界面如图 6-3 所示。

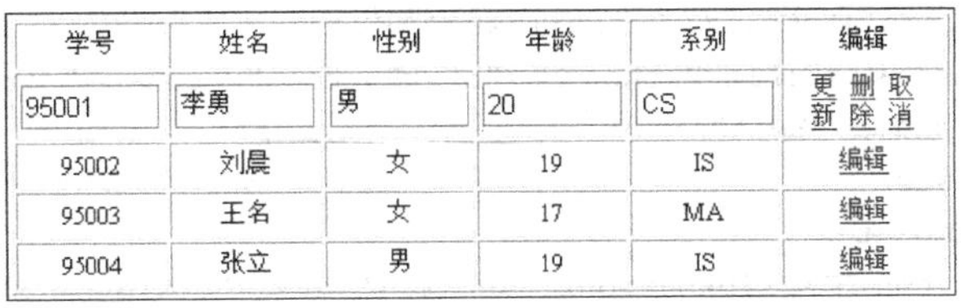

图 6-3 例 6-8 运行界面

(1) 用户界面的代码如下：

```
<form id="form1" runat="server">
<div style="text-align: center">
<h4>对数据表进行修改、删除操作</h4>
<asp:DataGrid AutoGenerateColumns="False" ID="Grid1" runat="server"
    OnEditCommand="Edit" OnCancelCommand="Cancel" OnUpdateCommand="Update"
    OnDeleteCommand="Delete" width="480" Font-Size="Small"
    HorizontalAlign="Center" CellSpacing="1">
<HeaderStyle Height="20px"/>
<ItemStyle Height="20px" />
<Columns>
    <asp:TemplateColumn HeaderText="学号">
    <ItemTemplate><%#Eval("sno")%></itemtemplate>
    <EditItemTemplate><asp:TextBox ID="sno" runat="server" Columns="6" Text='<%#
        Eval("sno")%>' />
    </EditItemTemplate>
    </asp:TemplateColumn>
    <asp:TemplateColumn HeaderText="姓名">
    <ItemTemplate><%#Eval("sname")%></ItemTemplate>
    <EditItemTemplate><asp:TextBox ID="sname" runat="server" Columns="6"
        Text='<%#Eval("sname")%>'/>
```

```
                </EditItemTemplate>
            </asp:TemplateColumn>
            <asp:TemplateColumn HeaderText="性别">
            <ItemTemplate><%#Eval("ssex")%></ItemTemplate>
            <EditItemTemplate><asp:TextBox ID="ssex" runat="server" Columns="6" Text='<%#
                Eval("ssex")%>' />
            </EditItemTemplate>
            </asp:TemplateColumn>
            <asp:TemplateColumn HeaderText="年龄">
            <ItemTemplate><%#Eval("sage")%></ItemTemplate>
            <EditItemTemplate><asp:TextBox ID="sage" runat="server" Columns="6" Text='<%#
                Eval("sage")%>' />
            </EditItemTemplate>
            </asp:TemplateColumn>
            <asp:TemplateColumn HeaderText="系别">
            <ItemTemplate><%#Eval("sdept")%></ItemTemplate>
            <EditItemTemplate><asp:TextBox ID="sdept" runat="server" Columns="6"
                Text='<%#Eval("sdept")%>' />
            </EditItemTemplate>
            </asp:TemplateColumn>
                <asp:TemplateColumn HeaderText="编辑">
            <ItemTemplate><asp:LinkButton ID="LinkButton1" runat="server" Text="编辑"
                CommandName="Edit"/>
            </ItemTemplate>
            <EditItemTemplate>
            <asp:LinkButton ID="LinkButton2" runat="server" Width="5" Text="更新"
                CommandName="Update"/>
            <asp:LinkButton ID="LinkButton3" runat="server" Width="5" Text="删除"
                CommandName="Delete" />
            <asp:LinkButton ID="LinkButton4" runat="server" Width="5" Text="取消"
                CommandName="Cancel"/>
            </EditItemTemplate>
            <HeaderStyle Width="80px" />
        </asp:TemplateColumn>
    </Columns>
</asp:DataGrid>
</form>
```

(2) integrate.aspx.cs 文件的程序代码如下：

```
SqlDataAdapter adapter;
DataSet DS;
protected void Page_Load(object sender,EventArgs e)
{
    //创建连接对象
    String strcon="server=localhost;uid=sa;pwd=;database=stu;Trusted_Connection=no";
    SqlConnection con=new SqlConnection(strcon);
    //创建适配器对象与数据集对象
    adapter=new SqlDataAdapter("select * from student",con);
    DS=new DataSet();
    //将适配器对象指定的查询结果置入数据集的 student 表中
```

```csharp
    adapter.Fill(DS,"student");
    Grid1.DataSource=DS;
    if (! Page.IsPostBack) Grid1.DataBind(); //第一次调用
}
//进入数据编辑模式
protected void Edit(Object sender,DataGridCommandEventArgs e)
{
    Grid1.EditItemIndex=e.Item.ItemIndex;
    Grid1.DataBind();
}
//退出数据编辑模式
protected void Cancel(Object sender,DataGridCommandEventArgs e)
{
    Grid1.EditItemIndex=-1;
    Grid1.DataBind();
}
//删除数据
protected void Delete(Object sender,DataGridCommandEventArgs e)
{
    DS.Tables["student"].Rows[e.Item.ItemIndex].Delete();
    //创建命令生成对象,以便获得 adapter 的 DeleteCommand 属性的值
    SqlCommandBuilder builder=new SqlCommandBuilder(adapter);
    adapter.DeleteCommand=builder.GetDeleteCommand();
    //用数据集的 student 表去更新适配器对象指定的数据表
    adapter.Update(DS,"student");
    DS.Clear();
    adapter.Fill(DS,"student");
    Grid1.DataSource=DS;
    Grid1.DataBind();
}
//更新数据
protected void Update(Object sender,DataGridCommandEventArgs e)
{
    // e.Item:返回单击的按钮所在的数据行
    int row=e.Item.ItemIndex;
    //FindControl(id):在容器控件中搜索标识为 id 的控件
    DS.Tables["student"].Rows[row]["sno"]=((TextBox)e.Item.FindControl("sno")).Text;
    DS.Tables["student"].Rows[row]["sname"]=
        ((TextBox)e.Item.FindControl("sname")).Text;
    DS.Tables["student"].Rows[row]["ssex"]=((TextBox)e.Item.FindControl("ssex")).Text;
    DS.Tables["student"].Rows[row]["sage"]=((TextBox)e.Item.FindControl("sage")).Text;
    DS.Tables["student"].Rows[row]["sdept"]=
        ((TextBox)e.Item.FindControl("sdept")).Text;
    SqlCommandBuilder builder=new SqlCommandBuilder(adapter);
    adapter.UpdateCommand=builder.GetUpdateCommand();
    //用数据集的 student 表去更新适配器对象指定的数据表
    adapter.Update(DS,"student");
    DS.Clear();                              //清除 DS 中所有表的所有行
    adapter.Fill(DS,"student");
    Grid1.DataSource=DS;
    Grid1.DataBind();
}
```

6.2 DataList 控件

DataList 是一个模板控件，它使用模板将数据表中的数据显示出来，并且可以对记录进行删除、更新等操作。

6.2.1 DataList 控件的模板

DataList 控件支持 7 种模板，每种模板可以设置各自的样式，见表 6-5。

表 6-5 各种模板对应的样式

模板	对应的样式	模板	对应的样式
HeaderTemplate	HeaderStyle	FooterTemplate	FooterStyle
ItemTemplate	ItemStyle	EditItemTemplate	EditItemStyle
AlternatingItemTemplate	AlternatingItemStyle	SelectedItemTemplate	SelectedItemStyle
SeparatorTemplate	SeparatorStyle		

（1）HeaderTemplate：页眉模板，用来定义 DataList 控件的标题。

（2）ItemTemplate：数据模板，用来定义每个数据行要显示的数据，此模板不能省略。

（3）AlternatingItemTemplate：隔行数据模板，用来定义隔行显示的数据。如果设置了此模板，则奇数行数据会应用数据模板，偶数行数据应用隔行数据模板。

（4）SeparatorTemplate：分隔模板，定义两行数据之间如何分隔。

（5）FooterTemplate：页脚模板。

（6）EditItemTemplate：编辑数据模板，用来定义在编辑模式下数据行显示的数据，它一般包含 TextBox 控件。若省略此模板，则在编辑模式下数据行仍使用数据模板。

（7）SelectedItemTemplate：选择数据模板，用来定义选择某个数据行时将显示的数据。

6.2.2 DataList 控件的属性和事件

1. DataList 控件的属性

（1）DataKeyField="字段名"：设置关键字段，每条记录的关键字段值均放在 DataKeys 集合中。

（2）EditItemIndex=n：获取或设置编辑行的序号，若退出编辑行，则返回 -1。

（3）ExtractTemplateRows=true/false：默认为 false。设置当各模板包含 Table 控件时，是否将所有 Table 控件合并成一个。若取 true，则所有模板都必须包含结构完整的 Table 控件，否则会产生错误。

（4）GridLines：设置当 RepeatLayout=Table 时，DataList 控件的网格线样式。

2. DataList 控件的事件

（1）OnEditCommand="…"：单击 CommandName 为 Edit 的按钮时会触发该事件。

（2）OnUpdateCommand="…"：单击 CommandName 为 Update 的按钮时会触发该

事件。

（3）OnCancelCommand＝"…"：单击 CommandName 为 Cancel 的按钮时会触发该事件。

（4）OnDeleteCommand＝"…"：单击 CommandName 为 Delete 的按钮时会触发该事件。

上述事件的事件参数类均为 DataListCommandEventArgs，含有如下属性。

（1）CommandName：获取按钮所指定的命令名称。

（2）Item：获取单击的按钮所在的数据行(DataListItem 对象)。

【例 6-9】 在站点中添加一个名称为 DataList.aspx 的网页，要求利用 DataList 控件实现对"通讯簿"表的修改、删除等操作，运行界面如图 6-4 所示。

图 6-4 例 6-9 运行界面

（1）用户界面的代码如下：

```
<form id="form1"runat="server">
<h1 align="center">通讯簿管理系统</h1>
<asp:DataList runat="server"  ID="myDataList"  CellPadding="3"  Width="500"
    RepeatColumns="1"  Border="1" BorderColor="Blue"  HorizontalAlign="Center"
    OnEditCommand="Edit" OnUpdateCommand="Update" OnDeleteCommand="Delete"
    OnCancelCommand="Cancel" CellSpacing="1" ExtractTemplateRows="True">
    <HeaderTemplate>
       <asp:Table ID="Table1" runat="server" Width="500" GridLines=Both>
         <asp:TableRow ID="TableRow1" runat="server">
           <asp:TableCell ID="TableCell1" runat="server" Width="100">
           姓名
           </asp:TableCell>
           <asp:TableCell ID="TableCell2" runat="server" Width="100">
           生日
           </asp:TableCell>
           <asp:TableCell ID="TableCell3" runat="server" Width="200">
           电话
           </asp:TableCell>
           <asp:TableCell ID="TableCell4" runat="server" Width="100">
           编辑
           </asp:TableCell>
         </asp:TableRow>
       </asp:Table>
```

```
            </HeaderTemplate>
            <ItemTemplate>
              <asp:Table ID="Table2"  runat="server"  Width="500"  BorderColor="blue"
                  GridLines=Both>
                <asp:TableRow ID="TableRow2" runat="server" HorizontalAlign="Center">
                  <asp:TableCell ID="TableCell5" runat="server">
                    <%# DataBinder.Eval(Container.DataItem,"姓名")%>
                  </asp:TableCell>
                  <asp:TableCell ID="TableCell6" runat="server">
                    <%# Convert.ToDateTime(DataBinder.Eval(Container.DataItem,"生日")).
                        ToShortDateString()%>
                  </asp:TableCell>
                  <asp:TableCell ID="TableCell7" runat="server">
                    <%# DataBinder.Eval(Container.DataItem,"电话")%>
                  </asp:TableCell>
                  <asp:TableCell ID="TableCell8" runat="server">
                    <asp:Button ID="Button1" runat="server" Text="编辑"
                        CommandName="Edit"/>
                  </asp:TableCell>
                </asp:TableRow>
              </asp:Table>
            </ItemTemplate>
            <EditItemTemplate>
              <asp:Table ID="Table3" runat="server" Width="500" GridLines=Both>
                <asp:TableRow ID="TableRow3" runat="server" HorizontalAlign="Center">
                  <asp:TableCell ID="TableCell9" runat="server">
                    <asp:TextBox runat="Server" ID="name" Width="90"
                        Text='<%# DataBinder.Eval(Container.DataItem,"姓名")%>' />
                  </asp:TableCell>
                  <asp:TableCell ID="TableCell10" runat="server">
                    <asp:TextBox runat="server" ID="Birthday" Width="90"
                        Text='<%#Convert.ToDateTime(DataBinder.Eval(Container.DataItem,
                            "生日")).ToShortDateString()%>' />
                  </asp:TableCell>
                  <asp:TableCell ID="TableCell11" runat="server">
                    <asp:TextBox runat="server" ID="Tel" Width="130"
                        Text='<%# DataBinder.Eval(Container.DataItem,"电话")%>' />
                  </asp:TableCell>
                  <asp:TableCell ID="TableCell12" runat="server">
                    <asp:LinkButton ID="LinkButton1" runat="server" Width="18"
                        Text="更新" CommandName="Update" />
                    <asp:LinkButton ID="LinkButton2" runat="server" Width="18"
                        Text="删除" CommandName="Delete" />
                    <asp:LinkButton ID="LinkButton3" runat="server" Width="18"
                        Text="取消" CommandName="Cancel" />
                  </asp:TableCell>
                </asp:TableRow>
              </asp:Table>
            </EditItemTemplate>
            <HeaderStyle HorizontalAlign="Center" BackColor="# 66CCFF" ForeColor="Red" />
            <ItemStyle BackColor="Moccasin" />
```

```
        <EditItemStyle BackColor="Lavender" />
    </asp:DataList>
</form>
```

(2) DataList.aspx.cs 文件的程序代码如下：

```
OleDbDataAdapter adapter;
DataSet DS;
protected void Page_Load(object sender,EventArgs e)
{
    String str="Provider=Microsoft.Jet.OLEDB.4.0;Data Source="+
        Server.MapPath("../App_Data/factory.mdb");
    OleDbConnection con=new OleDbConnection(str);
    adapter=new OleDbDataAdapter("select * from 通讯簿",con);
    DS=new DataSet();
    adapter.Fill(DS,"通讯簿");
    myDataList.DataSource=DS;
    if (!Page.IsPostBack) myDataList.DataBind();
}
//进入数据编辑模式
protected void Edit(Object sender,DataListCommandEventArgs e)
{
    myDataList.EditItemIndex=e.Item.ItemIndex;
    myDataList.DataBind();
}
//退出数据编辑模式
protected void Cancel(Object sender,DataListCommandEventArgs e)
{
    myDataList.EditItemIndex=-1;
    myDataList.DataBind();
}
//删除数据
protected void Delete(Object sender,DataListCommandEventArgs e)
{
    DS.Tables["通讯簿"].Rows[e.Item.ItemIndex].Delete();
    //创建命令生成对象，以便获得 adapter 的 DeleteCommand 属性的值
    OleDbCommandBuilder builder=new OleDbCommandBuilder(adapter);
    adapter.DeleteCommand=builder.GetDeleteCommand();
    //用数据集对象的 student 表去更新适配器对象指定的数据表
    adapter.Update(DS,"通讯簿");
    DS.Clear();
    adapter.Fill(DS,"通讯簿");
    myDataList.EditItemIndex=-1;
    myDataList.DataSource=DS;
    myDataList.DataBind();
}
//更新数据
protected void Update(Object sender,DataListCommandEventArgs e)
{
    int row=e.Item.ItemIndex;
    DS.Tables["通讯簿"].Rows[row]["姓名"]=
```

```
        ((TextBox)e.Item.FindControl("name")).Text;
    DS.Tables["通讯簿"].Rows[row]["生日"]=
        ((TextBox)e.Item.FindControl("Birthday")).Text;
    DS.Tables["通讯簿"].Rows[row]["电话"]=
        ((TextBox)e.Item.FindControl("Tel")).Text;
    OleDbCommandBuilder builder=new OleDbCommandBuilder(adapter);
    adapter.UpdateCommand=builder.GetUpdateCommand();
    //用数据集的指定表去更新适配器对象的数据表
    adapter.Update(DS,"通讯簿");
    DS.Clear();            //清除 DS 中所有数据表中的记录,使数据表成为空表
    adapter.Fill(DS,"通讯簿");
    myDataList.EditItemIndex=-1;
    myDataList.DataSource=DS;
    myDataList.DataBind();
}
```

在 DataGrid 控件中,每一个数据行都是 DataGridItem 对象,存在 Cells 集合,见例 6-7 中的程序代码。在 DataList 控件中,每一个数据行都是 DataListItem 对象,不存在 Cells 集合。

6.3 Repeater 控件

与 DataGrid 控件和 DataList 控件相比,Repeater 控件简单、小巧、使用灵活,但功能比 DataGrid 或 DataList 控件减弱很多。它只能应用模板将数据表中的数据显示出来,不能对记录进行删除、更新等操作。

Repeater 控件支持 5 种模板。

(1) HeaderTemplate:页眉模板,用来定义 Repeater 控件的标题。

(2) ItemTemplate:数据模板,用来定义每个数据行要显示的数据,此模板不能省略。

(3) AlternatingItemTemplate:隔行数据模板,用来定义隔行显示的数据。如果设置了此模板,则奇数行数据会应用数据模板,偶数行数据应用隔行数据模板。

(4) SeparatorTemplate:分隔模板,定义两行数据之间如何分隔。

(5) FooterTemplate:页脚模板。

【例 6-10】 在站点中添加一个名称为 Repeater1.aspx 的网页,使用 Repeater 控件来显示 student 表中的记录,要求在符号分隔的列表中显示。

(1) 用户界面的代码如下:

```
<form id="form1" runat="server">
<asp:Repeater runat="Server" ID="myRepeater">
    <HeaderTemplate>
        <h1>打印机报价单</h1>
        ---------由此开始---------<br>
    </HeaderTemplate>
    <ItemTemplate>
        学号:<%#DataBinder.Eval(Container.DataItem,"sno")%><br>
```

```
      姓名:<%# DataBinder.Eval(Container.DataItem,"sname")%><br>
      性别:<%# DataBinder.Eval(Container.DataItem,"ssex")%><br>
      年龄:<%# DataBinder.Eval(Container.DataItem,"sage")%><br>
      系别:<%# DataBinder.Eval(Container.DataItem,"sdept")%><br>
    </ItemTemplate>
    <AlternatingItemTemplate>
      <font color="#FF0000">
      学号:<%# DataBinder.Eval(Container.DataItem,"sno")%><br>
      姓名:<%# DataBinder.Eval(Container.DataItem,"sname")%><br>
      性别:<%# DataBinder.Eval(Container.DataItem,"ssex")%><br>
      年龄:<%# DataBinder.Eval(Container.DataItem,"sage")%><br>
      系别:<%# DataBinder.Eval(Container.DataItem,"sdept")%><br>
      </font>
    </AlternatingItemTemplate>
    <SeparatorTemplate>
      <Hr Width="200" Align="Left">
    </SeparatorTemplate>
    <FooterTemplate>
    ---------至此结束---------
    </FooterTemplate>
</asp:Repeater>
</form>
```

(2) Repeater1.aspx.cs 文件的程序代码如下：

```
protected void Page_Load(object sender,EventArgs e)
{
    String str="server=localhost;uid=sa;pwd=;database=stu";
    SqlConnection con=new SqlConnection(str);
    DataSet DS=new DataSet();
    SqlDataAdapter adapter=new SqlDataAdapter("select * from student",con);
    adapter.Fill(DS,"student");
    myRepeater.DataSource=DS;
    myRepeater.DataBind();
}
```

【例 6-11】 在站点中添加一个名为 Repeater2.aspx 的网页，使用 Repeater 控件来显示 student 表中的记录，要求以表格形式显示记录。

用户界面的代码如下：

```
<form id="form1" runat="server">
<center>
<asp:Repeater ID="Repeater1" runat="server">
<HeaderTemplate>
<table width="300" border="1" cellspacing="0">
<tr>
<td style="height: 30px">学号</td>
<td>姓名</td>
<td>性别</td>
<td>年龄</td>
<td>系别</td>
```

```
        </tr>
    </HeaderTemplate>
    <ItemTemplate>
    <tr>
    <td style="height: 30px"><%# DataBinder.Eval(Container.DataItem,"sno")%></td>
    <td><%# DataBinder.Eval(Container.DataItem,"sname")%></td>
    <td><%# DataBinder.Eval(Container.DataItem,"ssex")%></td>
    <td><%# DataBinder.Eval(Container.DataItem,"sage")%></td>
    <td><%# DataBinder.Eval(Container.DataItem,"sdept")%></td>
    </tr>
    </ItemTemplate>
    <AlternatingItemTemplate>
    <tr>
    <td style="color:red; font-family:华文中宋;height:30px;">
        <%# DataBinder.Eval(Container.DataItem,"sno")%></td>
    <td style="color:red;font-family:华文中宋">
        <%# DataBinder.Eval(Container.DataItem,"sname")%></td>
    <td style="color:red;font-family:华文中宋">
        <%# DataBinder.Eval(Container.DataItem,"ssex")%></td>
    <td style="color:red;font-family:华文中宋">
        <%# DataBinder.Eval(Container.DataItem,"sage")%></td>
    <td style="color:red; font-family:华文中宋">
        <%# DataBinder.Eval(Container.DataItem,"sdept")%></td>
    </tr>
    </AlternatingItemTemplate>
    <FooterTemplate>
    </table>
    </FooterTemplate>
    </asp:Repeater>
    </center>
    </form>
```

6.4 简单服务器控件的数据绑定

前面几节介绍了 DataGrid、DataList 和 Repeater 控件，这几个控件的用法都比较复杂，称为复杂绑定控件。其他的服务器控件也支持数据绑定，都有 DataBind() 方法，统称为简单绑定控件，如 Label 控件、TextBox 控件、DropDownList 控件和 ListBox 控件。

在使用这些控件进行数据绑定、显示数据时，一般要经过如下 3 个步骤。

(1) 准备好数据源，这些数据可能是变量、表达式、方法的返回值、数组、集合、DataView 对象和 DataReader 对象等。

(2) 为服务器控件设置数据源。数据源的设置方法有两种。

① 对于没有 DataSource 属性的控件，可以直接把数据源的数据指定给控件的某个属性，格式为：属性名="<%#数据源%>"。

② 对于有 DataSource 属性的控件，可以直接把数据源的数据指定给控件的 DataSource 属性。

(3) 将数据源绑定到服务器控件中。绑定数据源的方法有两种。

① 调用服务器控件自身的 DataBind() 方法。

② 调用 Page 对象的 DataBind() 方法。在调用 Page 对象的 DataBind() 方法时，Page 对象会自动调用本页所有控件的 DataBind() 方法。

1. 简单变量做数据源

【例 6-12】 在站点中添加一个名称为 example1.aspx 的网页，使用数据绑定技术，使 Label 控件和 Button 控件的文本显示两个字符变量 s1 和 s2 的值。运行结果如图 6-5 所示。

(1) 创建 example1.aspx 网页，在其中添加 Label 控件和 Button 控件。

(2) 在网页后台的隐藏代码中，添加成员变量 s1、s2，代码如下：

图 6-5 例 6-12 运行结果

```
public String s1="Hello";
public String s2="World!";
```

(3) 切换到页面 HTML 视图，设置 Label1 控件和 Button1 控件的绑定表达式，代码如下：

```
<asp:Label ID="Label1" runat="server" Text="<%#s1%>"></asp:Label>
<asp:Button ID= "Button1" runat="server" Text="<%#s2%>"/>
```

(4) 在网页后台的隐藏代码中，给 Page_Load() 方法添加下列代码：

```
Page.DataBind();
```

2. 表达式和方法返回值做数据源

【例 6-13】 在站点中添加一个名为 example2.aspx 的网页，假设张三同学的语文、数学、英语成绩已知，且分别放在 3 个变量中，要求显示总分及是否及格。运行结果如图 6-6 所示。

(1) 创建 example2.aspx 网页，在其中添加 Label 控件和 CheckBox 控件。

(2) 在网页后台的隐藏代码中，添加存放 3 门课成绩的成员变量 chi、mat、eng，代码如下：

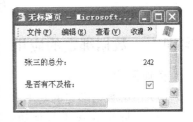

图 6-6 例 6-13 运行结果

```
protected float chi=90;
protected float mat=59;
protected float eng=93;
```

(3) 编写判断是否有不及格科目的方法 GetPassOrNot()，代码如下：

```
protected bool GetPassOrNot()
{
    return (chi>=60 && mat>=60 && eng>=60)?false:true;
}
```

(4) 切换到页面 HTML 视图，设置 Label1 控件和 CheckBox1 控件的绑定表达式，代码如下：

```
<asp:Label id="Label1" runat="server" Text="<%#chi+mat+eng%>"></asp:Label>
<asp:CheckBox id="CheckBox1" runat="server"  Checked="< %#GetPassOrNot()%>"/>
```

(5) 在网页后台的隐藏代码中,给 Page_Load()方法添加下列代码:

```
Page.DataBind();
```

3. 数组做数据源

【例 6-14】 在站点中添加一个名称为 example3.aspx 的网页,已知各个城市名已存储在一个字符串数组中,加载页面后,要求在下拉列表框中显示各城市名。运行结果如图 6-7 所示。

(1) 创建 example3.aspx 网页,在其中添加一个 DropDownList 控件。

(2) 在网页后台的隐藏代码中,添加成员变量 s,代码如下:

```
protected String[]s={ "广州","深圳","珠海","汕头","佛山",
"惠州"};
```

图 6-7 例 6-14 运行结果

(3) 切换到页面 HTML 视图,设置 DropDownList1 控件的绑定表达式,代码如下:

```
<asp:DropDownList id="DropDownList1" runat="server" DataSource="<%#s %>">
</asp:DropDownList>
```

(4) 在网页后台的隐藏代码中,给 Page_Load()方法添加下列代码:

```
DropDownList1.DataBind();
```

6.5 项目实训

实训1 数据绑定的应用

实训目的

(1) 了解数据绑定的基本原理。
(2) 掌握简单 Web 控件的数据绑定方法。
(3) 掌握不同种类数据源的数据绑定方法。

实训要求

(1) 创建一个 Web 网站 sx06,并设置成虚拟目录。
(2) 在网站中添加一个名称为 sx6_1.aspx 的网页,实现简单的投票统计和显示功能。初始界面和运行界面如图 6-8、图 6-9 所示。

实训提示

(1) 在第 2 列单元格内添加 Image 控件,图片源为 3 种不同颜色的图片:red.jpg、yellow.jpg、blue.jpg。

图 6-8 实训 1 初始界面

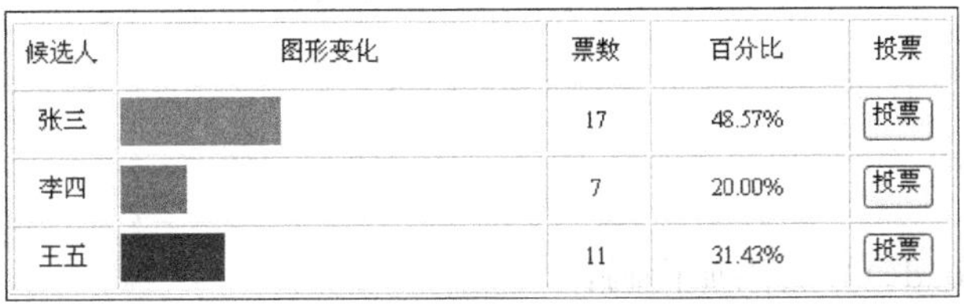

图 6-9 实训 1 运行界面

(2) 在网页后台的隐藏代码中添加 3 个成员变量 v1、v2、v3,用于存放投票数,代码如下:

```
protected static int v1,v2,v3;
```

(3) 切换到页面 HTML 视图,设置第 2 列 Image 控件的绑定表达式,代码如下:

```
<asp:Image ID="Image1" runat="server" Width="<%#5*v1%>" Height="25px" ImageUrl="~/sx06/image/red.jpg"/>
<asp:Image ID="Image2" runat="server" Width="<%#5*v2%>" Height="25px" ImageUrl="~/sx06/image/yellow.jpg"/>
<asp:Image ID="Image3" runat="server" Width="<%#5*v3%>" Height="25px" ImageUrl="~/sx06/image/blue.jpg"/>
```

(4) 设置第 3 列显示票数的 Label 控件的绑定表达式,代码如下:

```
<asp:Label ID="Label1" runat="server" Text="<%#v1%>"></asp:Label>
<asp:Label ID="Label2" runat="server" Text="<%#v2%>"></asp:Label>
<asp:Label ID="Label3" runat="server" Text="<%#v3%>"></asp:Label>
```

(5) 设置第 4 列显示票数百分比的 Label 控件的绑定表达式为 cal() 的返回值,代码如下:

```
<asp:Label ID="Label4" runat="server" Text="<%#cal(v1)%>"></asp:Label>
<asp:Label ID="Label5" runat="server" Text="<%#cal(v2)%>"></asp:Label>
<asp:Label ID="Label6" runat="server" Text="<%#cal(v3)%>"></asp:Label>
```

(6) 在网页后台的隐藏代码中添加计算票数百分比的方法 cal(),代码如下:

```
protected String cal(int i)
{
    int s=v1+v2+v3;
    String r;
    if (s==0) r="0%";
    else
```

```
            r=(Convert.ToDecimal(i)/s * 100).ToString("n2")+"%";
        return r;
}
```

(7) 添加第 5 列"投票"按钮的共同的事件处理方法,代码如下:

```
protected void Button1_Click(object sender,EventArgs e)
{
    if(((Button)sender).ID=="Button1") v1++;
    else if(((Button)sender).ID=="Button2") v2++;
    else v3++;
    this.DataBind();

}
```

(8) 给 Page_Load()方法添加代码:

```
DropDownList1.DataBind();
```

实训 2　DataGrid 控件的应用

实训目的

(1) 掌握 DataGrid 控件的"手动指定列"模式。
(2) 掌握 DataGrid 控件分页显示数据表中记录的方法。
(3) 掌握用 DataGrid 控件修改、删除数据表中记录的方法。

实训要求

(1) 在网站中添加一个名称为 sx6_2.aspx 的网页,利用 DataGrid 控件的模板列将"素材 A"数据库中"职工"表中的数据以表格的形式显示出来。

(2) DataGrid 控件支持分页显示,每页显示 15 条记录,分页块显示数字页码,单击某一个页码,就能显示相应页的全部记录。

(3) 单击某一行的"编辑"按钮时,该行就进入编辑模式,如图 6-10 所示。

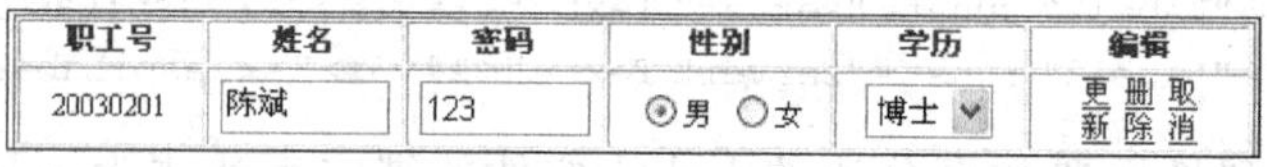

职工号	姓名	密码	性别	学历	编辑
20030201	陈斌	123	○男 ○女	博士	更新 删除 取消

图 6-10　编辑模式

(4) 在编辑模板中加入相应的验证控件,以便在单击"更新"按钮时能对各字段值进行控制,不更新"职工号"。

(5) 单击"删除"按钮,能删除该记录。单击"取消"按钮,能使该记录进入显示模式。单击"删除"、"取消"按钮时,不要调用验证控件。

实训提示

(1) 为编辑模板加入验证控件时,要求将验证控件 Display 属性设置为"none",在 DataGrid 控件的最后一列的编辑模板中加入 ValidationSummary 控件,将出错信息以对话框形式进行汇总显示,代码如下:

```
<asp:ValidationSummary ID="ValidationSummary1"runat="server"
ShowMessageBox="true" ShowSummary="false"/>
```

(2) 在"删除"、"取消"按钮的代码中加入 CausesValidation＝"false"语句,可使两个按钮不调用验证控件。

实训 3　DataList 控件的应用

实训目的

(1) 掌握 DataList 控件显示数据表中记录的方法。
(2) 掌握用 DataList 控件修改、删除数据表中记录的方法。

实训要求

在站点中添加一个名称为 sx6_3.aspx 的网页,利用 DataList 控件实现对"素材 A"数据库中"书籍管理"表中数据进行修改、删除等操作,运行界面如图 6-11 所示。

图 6-11　实训 3 运行界面

思考与练习

一、填空题

1. DataGrid 控件用于将数据表中的数据以_____形式显示出来,同时支持_____、_____、_____、更新记录等操作。
2. 在调用 Page 对象的 DataBind()方法时,Page 对象_____。
3. 单击 DataGrid 控件中某一行 CommandName 为 Edit 的按钮时,该行就进入_____模式,所有的_____列都可以编辑,_____列在指定编辑数据模板时也可以编辑,但其他类型的列不能编辑。
4. 单击 DataGrid 控件内的任何一个按钮都会触发_____事件。

二、简答题

1. 简述 DataGrid 控件如何实现数据的分页显示。
2. DataList 控件能支持哪些模板?

第 7 章 文件处理技术

.NET Framework 的 System.IO 命名空间提供了许多类,用来访问服务器端的文件和文件夹,允许对文件夹进行创建、删除和查看操作,对文件进行创建、删除、读取和写入操作。

学习目标

- 掌握服务器端文件夹的创建、删除和查看方法
- 掌握服务器端文件的创建、删除方法
- 掌握读写服务器端文件的方法
- 掌握上传文件的方法

7.1 概　　述

由于 System.IO 不是预定义的命名空间,在使用 System.IO 命名空间的类之前,必须先导入 System.IO 命名空间,代码为:

```
using System.IO;
```

System.IO 命名空间提供的类如表 7-1 所示。

表 7-1　System.IO 命名空间提供的类

类	说　　明
Directory	用来创建、移动、删除文件夹,并能列出文件夹中包含的内容
File	用来创建、打开文本文件,复制、移动或删除任意文件
StreamReader	字符流类,用来读取文本文件中的内容
StreamWriter	字符流类,用来向文本文件中写入文本
FileStream	字节流类,用来对任意类型的文件进行读写操作

注意:System.IO 命名空间提供的类用来访问服务器端的文件或文件夹,文件或文件夹必须使用绝对路径,且分隔符必须为/,例如,在 C#语句中使用"D:/TT/Talking"。

7.2 Directory 类

Directory 类的常用方法如表 7-2 所示,这些方法均是静态的。

表 7-2 Directory 类的常用方法

方　　法	说　　明
CreateDirectory	创建指定的文件夹
GetDirectories	列出文件夹内所有子文件夹的路径
GetFiles	列出文件夹内所有文件的路径
GetFileSystemEntries	列出文件夹内所有文件及子文件夹的路径
Delete	删除文件夹
Move	移动文件夹和文件
Exists	判断文件夹是否存在
GetCreationTime	获取文件夹或文件的创建日期和时间
GetLastAccessTime	获取文件夹或文件最后一次被访问的日期和时间

1. 创建文件夹

格式如下:

```
Directory.CreateDirectory(Path);
```

功能:创建指定的文件夹,若路径中的其他文件夹也不存在,则会一并创建。若指定的文件夹已存在,则忽略此方法。

例如,创建文件夹 D:\TT\Talking,代码如下:

```
Directory.CreateDirectory("D:/TT/Talking");
```

2. 列出文件夹中的文件或子文件夹

(1) String[]数组名=Directory.GetDirectories(path,通配串)。

将指定文件夹内所有子文件夹的路径存入字符串数组中。通配串是指包括通配符"*"或"?"的字符串,若省略不写,则默认为"*"。其中,"*"用来替代一串字符,"?"用来替代一个字符。例如,将 D:\TT\Talking 内所有以"w"开头的子文件夹的路径存入字符串数组 a 中,代码如下:

```
String[]a=Directory.GetDirectories("D:/TT/Talking","w*");
```

(2) String[]数组名=Directory.GetFiles(path,通配串)。

功能:将指定文件夹内所有文件的路径存入字符串数组中。

(3) String[]数组名=Directory.GetFileSystemEntries(path,通配串)。

功能:将指定文件夹内所有子文件夹及文件的路径存入字符串数组中。

3. 删除文件夹

格式如下:

```
Directory.Delete(path[,mode])
```

参数mode用来指定是否删除子文件夹及文件,若mode=true,则可以删除非空文件夹;若mode=false,则只能删除空文件夹,默认为false。若指定的文件夹不存在,则发生异常错误。例如,删除D:\TT下的Talking文件夹,Talking非空,则代码如下:

```
Directory.Delete("D:/TT/Talking",true);
```

4. 移动文件夹和文件

格式如下:

```
Directory.Move(原路径,新路径)
```

功能:将文件或文件夹从当前位置移动到目标位置,移动后的文件名或文件夹名可以与源文件或源文件夹不同。

例如,将D:\TT下的Talking文件夹移动到D:\下,移动后的文件夹名称不变,则代码如下:

```
Directory.Move("D:/TT/Talking","D:/Talking");
```

又如,将D:\TT下的Talking文件夹移动到D:\下,移动后的文件夹名称为speaking,则代码如下:

```
Directory.Move("D:/TT/Talking","D:/speaking");
```

再如,将D:\TT下的1.txt文件移动到D:\下,则代码如下:

```
Directory.Move("D:/TT/1.txt","D:/1.txt");
```

注意:使用Directory类的Move方法只能在一个逻辑盘内移动文件或文件夹。

5. 判断文件夹是否存在

```
Directory.Exists(path)
```

判断path指定的文件夹是否存在,返回值为true或false。

6. 其他

(1) Directory.GetCreationTime(path):获取path指定的文件夹或文件的创建日期和时间,返回DateTime类型值。

(2) Directory.GetLastAccessTime(path):获取path指定的文件夹或文件最后一次被访问的日期和时间,返回DateTime类型值。

【例7-1】 在站点的Directory目录下添加一个名称为Directory.aspx的网页,判断C:\Inetpub\wwwroot\Talking文件夹是否存在,如果不存在,就创建该文件夹,并获取文件夹的相关信息。运行界面如图7-1所示。

主要程序代码如下:

```
protected void Page_Load(object sender,EventArgs e)
```

图7-1 例7-1运行界面

```
{
    String dirPath="C:/Inetpub/wwwroot/Talking";
    if (Directory.Exists(dirPath)==false)   Directory.CreateDirectory(dirPath);
    Response.Write("文件夹创建时间:"+Directory.GetCreationTime(dirPath)+"<br>");
    Response.Write("文件夹最后访问日期:"+Directory.GetLastAccessTime(dirPath).
        ToShortDateString()+"<br>");
    Response.Write("文件夹的根目录:"+Directory.GetDirectoryRoot(dirPath)+"<br>");
}
```

【例 7-2】 在站点的 Directory 目录下添加一个名称为 Entries.aspx 的网页,用于列出 Directory 目录下的所有文件及子文件夹。

主要程序代码如下:

```
protected void Page_Load(object sender,EventArgs e)
{
    String[]a=Directory.GetFileSystemEntries(Server.MapPath("../Directory"),"*");
    foreach(String x in a)
    { Response.Write(x+"<br>");}

}
```

7.3 File 类

File 类的常用方法如表 7-3 所示,这些方法均是静态的。

表 7-3 File 类的常用方法

方　　法	说　　明
Create	创建指定的文本文件,返回 FileStream 对象
CreateText	创建指定的文本文件,返回 StreamWriter 对象
Open	打开指定的文本文件,返回 FileStream 对象
OpenText	打开指定的文本文件,返回 StreamWriter 对象
Move	将文件从当前位置移动到目标位置
Copy	将文件从当前位置复制到目标位置
Delete	删除指定的文件
Exists	判断指定的文件是否存在

1. 创建文本文件

```
FileStream 对象名=File.Create(path);
StreamWriter 对象名=File.CreateText(path);
```

功能:创建 path 指定的文本文件,若指定的文件已经存在,则将其覆盖。

FileStream 为字节流类,在字节流类中,每个英文字母、数字占 1 个字节,每个汉字占 2 个字节。默认字符编码方式为 System.Text.Encoding.Default。StreamWriter 为字符流类,在字符流类中,每个英文字母、数字、汉字占 2 个字节。默认字符编码方式为 System. Text.Encoding.UTF8(即包含全世界的文本和字符)。

2. 打开文件

(1) FileStream 对象名＝File.Open(path,mode [,access]);

功能：打开 path 指定的文本文件，并返回 FileStream 对象。

① 参数 mode 为文件的打开模式，可以取以下两个值。
- FileMode.Open：打开文件，若文件不存在，则产生异常错误；
- FileMode.OpenOrCreate：打开文件，若文件不存在，则创建文件。

② 参数 access 用来指定文件的访问类型，可以取以下 3 个值。
- FileAccess.Read：文件只可读取；
- FileAccess.Write：文件只可写入；
- FileAccess.ReadWrite：文件可以读取及写入，此为默认值。

例如，打开 D:\TT 下的 1.txt 文件，使文件可供读取和写入，则代码如下：

```
FileStream fs=File.Open("D:/TT/1.txt",FileMode.Open,FileAccess.ReadWrite);
```

(2) StreamReader 对象名＝File.OpenText(path)；

功能：以只读方式打开 path 指定的文本文件，并返回 StreamReader 对象。

例如：

```
StreamReader sr=File.OpenText("D:/TT/1.txt");
```

3. 移动文件

```
File.Move(原路径,新路径)
```

功能：将文件从当前位置移动到目标位置，移动后的文件名可以与源文件不同。

例如，将 D:\TT 下的 1.txt 文件移动到 C:\下，移动后的文件名不变，则代码如下：

```
File.Move("D:/TT/1.txt","C:/1.txt");
```

注意：Directory 类的 Move 方法不能跨逻辑盘移动，但 File 类的 Move 方法可以。

4. 复制文件

```
File.Copy(原路径,新路径[,overwrite])
```

功能：复制当前位置的文件到目标位置，复制后的文件名可以与源文件名不同。

参数 overwrite 用来指定当目标文件已存在时是否覆盖它，默认为 false。

例如，将 D:\TT 下的 1.txt 文件移动到 C:\下，复制后的文件名为 new1.txt，如果目标文件已经存在，那么会覆盖原来的文件，代码如下：

```
File.Copy("D:/TT/1.txt","C:/new1.txt",true);
```

5. 删除文件

```
File.Delete(path)
```

功能：删除 path 指定的文件，若指定的文件不存在，则忽略此方法。

6. 判断文件是否存在

```
File.Exists(path)
```

功能：判断 path 指定的文件是否存在，返回值为 true 或 false。

【例 7-3】 在站点的 File 目录下添加一个名称为 File.aspx 的网页，设计界面如图 7-2 所示。

图 7-2 例 7-3 设计界面

要求：

(1) 单击"创建"按钮，就在 File 目录下创建 byte.txt 与 char.txt 文件。

(2) 单击"复制"按钮，就将 char.txt 文件复制到站点根目录下。

(3) 单击"移动"按钮，就将 byte.txt 文件移动到站点根目录下。

(4) 单击"删除"按钮，就将站点根目录下的 byte.txt 与 char.txt 文件删除。

主要程序代码如下：

```
protected void B1_Click(object sender,EventArgs e)
{
    FileStream fs=File.Create(Server.MapPath("byte.txt"));
    byte[]b={97,98,99,100,101,102};
    fs.Write(b,0,b.Length);
    fs.Close();
    StreamWriter sw=File.CreateText(Server.MapPath("char.txt"));
    char[]c={'A','B','C','D','E','F'};
    sw.Write(c);
    sw.Close();
    Label1.Text="你已创建了 byte.txt 与 char.txt";
}
protected void B2_Click(object sender,EventArgs e)
{
    File.Copy(Server.MapPath("char.txt"),Server.MapPath("../char.txt"));
}
protected void B3_Click(object sender,EventArgs e)
{
    File.Move(Server.MapPath("byte.txt"),Server.MapPath("../byte.txt"));
}
protected void B4_Click(object sender,EventArgs e)
{
    File.Delete(Server.MapPath("../byte.txt"));
    File.Delete(Server.MapPath("../char.txt"));
}
```

7.4 使用 StreamReader 与 StreamWriter 类读写文本文件

C#语言把所有的数据源（键盘、显示器、文件、网络）统称为流。只能从中读取数据，不能向其中写入数据的流称为输入流；只能向其中写入数据，不能从中读取数据的流称为输出流。

7.4.1 使用 StreamWriter 类写入文本文件

1. 创建 StreamWriter 对象

```
StreamWriter 对象名=new StreamWriter(path [,append][,encoding]);
```

功能：创建输出流对象，用于指代 path 指定的文本文件。

（1）参数 path 用来指定文本文件的路径，若文本文件不存在，则会创建该文件。

（2）参数 append 用来指定是否将文本写入到文件末尾。若取 true，则会写入到文件的末尾；若取 false，则会覆盖文件的原来内容，默认为 false。

（3）参数 encoding 用来指定字符编码方式（Default、ASCII、Unicode、UTF7、UTF8），默认为 System.Text.Encoding.UTF8。

例如：

```
StreamWriter sw=new StreamWriter(Server.MapPath("char.txt"));
```

2. StreamWriter 对象的属性

AutoFlush={true,false}：获取或设置是否在每次调用 Write() 或 WriteLine() 方法后自动将缓冲区内的数据写入文件中，默认为 true。若将 AutoFlush 设置为 true，在每次调用 Write() 或 WriteLine() 方法后，StreamWriter 对象会自动调用 Flush() 方法。

3. StreamWriter 对象的方法

（1）Write(任意型数据)：将各种类型的数据写入缓冲区中。例如，sw.Write(65); sw.Write("student")；表示将整数 65、字符串 "student" 写入缓冲区中。

（2）Write(charArray [,index] [,count])：从字符数组 charArray 下标为 index 的元素开始，将连续 count 个元素的值写入缓冲区中。若省略参数 index、count，则将字符数组 charArray 的所有字符写入缓冲区中。

（3）WriteLine()：将换行符号写入缓冲区中。

（4）Flush()：将缓冲区内的数据写入文件中，并清除缓冲区内的数据。若没有指定 AutoFlush 属性，则在调用 Write() 或 WriteLine() 方法后，StreamWriter 对象会自动调用 Flush() 方法。

（5）Close()：关闭 StreamWriter 对象，当不再使用 StreamWriter 对象时，一定要关闭 StreamWriter 对象，否则文件将被锁定。调用此方法的同时也会将缓冲区内的数据写入文件中。

7.4.2 使用 StreamReader 类读取文本文件

1. 创建 StreamReader 对象

```
StreamReader 对象名=new StreamReader(path [,encoding]);
```

功能：创建输入流对象，用于指代 path 指定的文本文件，并将文件指针指向首字符。

（1）参数 path 指定的文本文件必须实际存在，否则会发生错误。

（2）参数 encoding 用来指定字符编码方式（ASCII、Unicode、UTF7、UTF8），默认为 System.Text.Encoding.UTF8。

2. StreamReader 对象的方法

（1）Read()：从输入流中读取一个字符，并返回该字符的 Unicode 码。若已到达文件尾，则返回-1。

（2）Read(charArray,index,count)：从输入流中读取 count 个字符，存入下标从 index 开始的字符数组 charArray 中。

（3）ReadLine()：从输入流中读取一行字符，返回 String 类型值。若已到达文件尾，则返回 null。

（4）Close()：关闭 StreamReader 对象，当不再使用 StreamReader 对象时，一定要关闭 StreamReader 对象，否则文件将被锁定。

【例 7-4】 在站点的 Stream 目录下添加一个名称为 StreamReader.aspx 的网页，在网页中添加"写文件"和"读文件"两个按钮，用于验证 StreamReader 与 StreamWriter 类的应用。

主要程序代码如下：

```
protected void B1_Click(object sender,EventArgs e)
{
    //创建指定的文本文件,若指定的文件已经存在,则将其覆盖
    StreamWriter sw=new StreamWriter(Server.MapPath("Poetry1.txt"),false);
    sw.Write("唐诗三百首");
    sw.WriteLine("七言律诗");
    sw.WriteLine();
    sw.WriteLine("登高(杜甫著)");
    sw.WriteLine();
    sw.WriteLine("风急天高猿啸哀,渚清沙白鸟飞回。");
    sw.WriteLine("无边落木萧萧下,不尽长江滚滚来。");
    sw.WriteLine("万里悲秋常作客,百年多病独登台。");
    sw.WriteLine("艰难苦恨繁霜鬓,潦倒新停浊酒杯。");
    sw.Close();
    B2.Visible=true;
}
protected void B2_Click(object sender,EventArgs e)
{
    //以只读的方式打开文本文件,并返回 StreamReader 对象
    StreamReader sr=new StreamReader(Server.MapPath("Poetry1.txt"));
    String Line=sr.ReadLine();
    while (Line!=null)
    {
        Response.Write("<Pre>"+Line+"</Pre>");
        Line=sr.ReadLine();
    }
    sr.Close();
}
```

7.5 使用 FileStream 类读写文本文件

StreamReader 类、StreamWriter 类以字符为单位读取及写入数据，但 FileStream 类以字节为单位读取及写入数据。利用 FileStream 类既可以读取数据，又可以写入数据，即 FileStream 对象既是输入流，又是输出流。

1. 创建 FileStream 对象

```
FileStream 对象名=new FileStream(path,mode [,access]);
```

功能：创建 FileStream 对象，用于指代 path 指定的文本文件。

（1）参数 path 指定要读取或写入的文本文件的路径。

（2）参数 mode 指定文件的打开模式，可以取以下两个值。

① FileMode.Open：打开文件，若文件不存在，则产生异常错误。

② FileMode.OpenOrCreate：打开文件，若文件不存在，则创建文件。

（3）参数 access 用来指定文件的访问类型，可以取以下 3 个值。

① FileAccess.Read：文件只可读取。

② FileAccess.Write：文件只可写入。

③ FileAccess.ReadWrite：文件可读取及写入，此为默认值。

例如：

```
FileStream fs=new FileStream(Server.MapPath("myText.txt"),FileMode.Open,
FileAccess.ReadWrite);
```

2. FileStream 对象的方法

（1）ReadByte()：从流中读取一个字节，并返回该字节的 ASCII 码。

（2）Read(byteArray,index,count)：从流中读取 count 个字节，存入下标从 index 开始的字节数组 byteArray 中。

（3）Seek(n,begin)：将文件指针向右移过 n 个字节，参数 begin 存在以下 3 种取值。

① SeekOrigin.Begin：从文件的起点（第一个字符）开始向右移动。

② SeekOrigin.Current：从当前的指针位置开始向右移动。

③ SeekOrigin.End：从文件的尾端（最后一个字符的后面）开始向右移动。

（4）Close()：关闭 FileStream 对象，当不再使用 FileStream 对象时，一定要关闭 FileStream 对象，否则文件将被锁定。

（5）WriteByte(n)：将 n 对应的字符写入流中。例如，fs.WriteByte(65);表示将字符 A 写入流 fs 中。

（6）Write(byteArray,index,count)：从字节数组 byteArray 下标为 index 的元素开始，将连续 count 个元素的值写入流中。

【例 7-5】 在站点的 Stream 目录下添加一个名称为 FileStream.aspx 的网页，用于验证 FileStream 类的应用。

主要程序代码如下：

```
protected void Page_Load(object sender,EventArgs e)
{
    //打开文本文件,并返回 FileStream 对象
    FileStream fs=new FileStream(Server.MapPath("Poetry2.txt"),
        FileMode.Open,FileAccess.ReadWrite);
    fs.Seek(0,SeekOrigin.End);                    //使文件指针指向文件的末尾
    fs.WriteByte(65);
```

```
    fs.Seek(0,SeekOrigin.Begin);            //使文件指针指向文件的开头
    byte[]b=new byte[fs.Length];
    fs.Read(b,0,b.Length);
    //将字节数组转换为字符串
    String Content=System.Text.Encoding.Default.GetString(b);
    Response.Write("<Pre>"+Content+"</Pre>");
    fs.Close();
}
```

7.6 文件的上传

文件上传是一个相当实用的功能,它允许浏览者将文件上传至服务器的某个位置。ASP.NET 提供的 HtmlInputFile 控件使用户无须依赖任何软件,就可以完成文件的上传。

HtmlInputFile 控件所在的表单必须加入 enctype="multipart/form-data" 语句,也就是写成<form id="form1" runat="server" enctype="multipart/form-data">。

1. HtmlInputFile 控件的属性

(1) MaxLength=n：设置文件路径的最大长度,单位为字符。

(2) Size=n：设置控件的宽度,单位为字符。

(3) PostedFile：获取上传的文件,它是一个 HttpPostedFile 对象,包含的属性与方法如表 7-4 所示。

表 7-4 PostedFile 包含的属性与方法

属性与方法	说　　明
ContentLength	获取上传文件的大小
ContentType	获取上传文件的类型
FileName	获取文件在客户端的完整路径,例如 D:\TT\Beauty.jpg
SaveAs("文件名")	将上传的文件以指定文件名保存在服务器中。若服务器上已存在同名的文件,则将其覆盖

2. 将字符串分隔成若干子串

格式如下：

String[]a=字符串.Split(字符数组名)

功能：以数组中的某些字符为分隔符,将字符串分隔成若干子串,并存入字符串数组 a 中。例如：

```
void Page_Load(Object sender,EventArgs e)
{   char[]c={'u','e'};
    String[]a="studentend".Split(c);
    foreach(string x in a)
    {Response.Write(x+",");}
}
```

运行结果如下:

st,d,nt,nd,

【例 7-6】 在站点的 upload 目录下添加一个名称为 upload1.aspx 的网页,初始界面如图 7-3 所示。要求上传的文件被存放在 upload\files 目录下。

图 7-3 例 7-6 初始界面

主要程序代码如下:

```
protected void b1_click(object sender,EventArgs e)
{
    //取出上传文件的名称
    String[]a=F1.PostedFile.FileName.Split('\\');
    String str="",fs="";
    foreach (string x in a)
    { fs=x; }
    str="上传的文件名为:"+fs+"<br>";
    str+="文件类型为:"+F1.PostedFile.ContentType+"<br>";
    str+="文件长度为:"+F1.PostedFile.ContentLength;

    if (File.Exists(Server.MapPath("files/"+fs))==false)
    {
        Label1.Text= TextBox1.Text+",您好!<br>"+str;
        F1.PostedFile.SaveAs(Server.MapPath("files/"+fs));
    }
    else Label1.Text="上传的文件名已存在!";
}
```

7.7 项目实训

实训 1 在浏览器中显示网页的源代码

实训目的

(1) 熟练掌握文本文件的读取方法。
(2) 学会在浏览器中显示网页的源代码。

实训要求

(1) 创建一个 Web 网站 sx07,并设置成虚拟目录,在网站中添加 Images 文件夹。
(2) 在站点中添加一个名称为 sx7_1.aspx 的网页,要求:当单击"显示"按钮时,能将 File.aspx 网页的源代码显示到浏览器中。

实训提示

```
protected void B1_Click(object sender,EventArgs e)
{
    StreamReader sr=new StreamReader(Server.MapPath("File.aspx"));
    String Line=sr.ReadLine();
    while (Line!=null)
    {
        Response.Write(Server.HtmlEncode(Line)+"<br>");
        Line=sr.ReadLine();
    }
    sr.Close();
}
```

实训 2　列出文件夹中的文件

实训目的
（1）掌握将文件夹中的图片文件添加到组合框中的方法。
（2）学会用 Image 控件显示从组合框中选中的图片。
（3）掌握删除文件的方法。

实训要求
（1）在站点中添加一个名称为 sx7_2.aspx 的网页，网页的初始界面如图 7-4 所示。

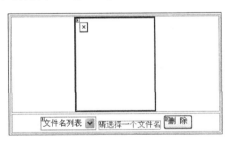

图 7-4　实训 2 初始界面

（2）将 Images 文件夹中的图片文件显示到组合框中，当选择一个图片文件时，相应的图片就会显示到 Images 控件中。此时，若单击"删除"按钮，则会将图片文件从站点中删除。

实训提示
将 Images 文件夹中的图片文件显示到组合框中，代码如下：

```
protected void Page_Load(object sender,EventArgs e)
{
    String[]a=Directory.GetFiles(Server.MapPath("Images"),"*");
    foreach (String x in a)
    {
        String fn="";
        String[]b=x.Split('\\');
        foreach (String y in b)
        { fn=y; }
```

```
            DropDownList1.Items.Add(fn);
        }
    }
```

思考与练习

一、填空题

1. 在使用 System.IO 命名空间的类之前，必须先导入 System.IO 命名空间，代码为_____。

2. StreamReader 类以_____为单位_____数据，StreamWriter 类以_____为单位_____数据，但 FileStream 类以_____为单位读取及写入数据。

3. 只能从中读取数据，不能向其中写入数据的流称为_____流；只能向其中写入数据，不能从中读取数据的流称为_____流。

二、简答题

1. Directory 类有哪些功能？
2. File 类有哪些功能？

第 8 章 ASP.NET 配置和优化

ASP.NET 提供了两种类型的配置文件，分别是服务器配置文件和应用程序配置文件。本章将主要介绍如何运用 Web.config 配置文件和 Global.asax 配置文件对网站环境进行配置，以及如何运用主题和母版页对网站进行优化，创建具有统一布局和风格的网站。

学习目标

- 了解 Web.config 配置文件的特点和结构
- 掌握 Web.config 文件的配置方法
- 掌握 Global.asax 文件的配置方法
- 掌握主题的组成和将主题应用到网页中的方法
- 熟悉母版页和内容页的创建方法

8.1 使用 Web.config 进行配置

ASP.NET 提供了一个丰富而可行的配置系统，方便网络管理员对 Web 应用、站点、机器分别进行不同的配置，帮助管理人员轻松、快速地建立自己的 Web 应用环境。ASP.NET 提供了两种类型的配置文件：服务器配置文件 Machine.config 和应用程序配置文件 Web.config。配置文件都是系统自动生成的，文件名不能随意改动。

ASP.NET 配置系统主要有以下优点。

(1) 配置信息存储在基于 XML 格式的文件(Machine.config 和 Web.config)中，可以以任意标准的文本编辑器、XML 解析器和脚本语言解释、修改配置文件。

(2) 所有配置的更新是即时的，无须重启 Web 服务器，就能将配置应用于正在运行的系统。

(3) 配置系统是一个可扩展的层次配置架构，支持第三方开发者配置自己的内容。

通常在一个系统中只能有一个 Machine.config 文件，它一般位于 WINDOWS\Microsoft.NET\Framework\v2.X\CONFIG 目录下，用于描述所有 Web 应用程序的默认设置。而一个系统可以有多个 Web.config 文件。在页面启动时，首先读取的是 Machine.config 文件的内容，获得相应的机器配置信息，然后一层一层地读取所有 Application 根目录下的 Web.config 文件的内容，根据它的内容对 Machine.config 文件中的配置进行修改或补充。而 Machine.config 文件和 Web.config 文件在语法上没有任何的区别。下面仅介绍 Web.config 配置文件的特点和结构。

8.1.1 Web.config 文件的特点

在每一个 ASP.NET 应用程序的目录中都包含一个 Web.config 文件。通常 Web.config 文件有以下几个特点。

(1) Web.config 文件用于对 IIS 或 Page 指令进行配置,不能直接访问。

(2) Web.config 文件位于站点的各个目录中,它决定了所在目录及其子目录的配置信息,并且子目录的配置信息会覆盖父目录的配置信息。

(3) 当访问某个页面时,首先读取 Machine.config 文件与站点根目录下的 Web.config 文件,然后从上到下读取各子目录下的 Web.config 文件,最后读取当前页面所在目录下的 Web.config 文件,再执行当前页面。

8.1.2 Web.config 文件的结构

Web.config 配置文件的配置内容包含在标记＜configuration＞和＜/configuration＞之间,注释语句则包含在符号"＜!--"和"--＞"之间。Web.config 的配置内容主要包含 4 部分:配置节处理程序声明、应用程序设置、＜connectionStrings＞和配置节设置。

1. 配置节处理程序声明

配置节处理程序声明一般位于配置文件顶部的＜configSections＞和＜/configSections＞标记之间,声明各个配置节对应的节处理程序。默认的 Web.config 文件中没有＜configSections＞和＜/configSections＞标记,如果需要,可以自己添加。配置节处理程序声明的语法格式如下:

```
<configSections>
<section name="配置节名称" type="节处理程序"/>
<section name="配置节名称" type="节处理程序"/>
</configSections>
```

2. 应用程序设置

应用程序设置一般位于配置文件的＜appSettings＞和＜/appSettings＞标记之间,用于定义自己需要的应用程序设置项,其语法格式如下:

```
<appSettings>
    <add key="[key]" value="[value]"/>
</appSettings>
```

其中,key 属性用于指定设置项的名称,便于在程序中引用。value 属性用于指定设置项的值。

【例 8-1】 在 Web.config 文件中指定要连接的数据库。

```
<appSettings>
<add key="SQL" value="server=localhost.;uid=sa;pwd=;database=stu"/>
<add key="Access" value="provider=Microsoft.Jet.OLEDB.4.0;data source="+Server.
 MapPath("images/stu.mdb") />
</appSettings>
```

在.aspx 页面中使用"sql=ConfigurationSettings.AppSettings["SQL"];"可得到数据库连接字符串。

3. ＜connectionStrings＞

＜connectionStrings＞一般位于配置文件的＜connectionStrings＞和＜/connectionStrings＞标记之间，用于定义自己需要的应用程序设置项，其语法格式如下：

```
<connectionStrings>
    <add name="设置名" connectionString="设置值"/>
</connectionStrings>
```

【例 8-2】 在 Web.config 文件中指定要连接的数据库。

```
<connectionStrings>
    <add name="SQL" connectionString="Data Source=localhost;DataBase=stu;User ID=
        sa;Password=;"/>
    <add name="Access" connectionString="Provider=Microsoft.Jet.OLEDB.4.0;Data
        Source="+Server.MapPath("images/stu.mdb")/>
</connectionStrings>
```

在.aspx 页面中使用：

```
string sql=Convert.ToString(ConfigurationManager.ConnectionStrings["SQL"]);
```

得到数据库连接字符串。

4. 配置节设置

配置节设置一般位于配置文件的＜system.web＞与＜/system.web＞标记之间，可以完成大多数网站参数的设置。多数配置节都可以放在任意目录下的配置文件中，但个别配置节只能放在站点根目录下的配置文件中，下面列出几个常见的配置节的具体含义和用法。

(1) ＜compilation＞

＜compilation＞配置只能放在根目录下的配置文件中，用于配置 ASP.NET 的编译环境，其配置范例如下：

```
<compilation defaultLanguage="c#" debug="true" />
```

其中，defaultLanguage 属性用于定义所使用的后台代码语言，可以使用 C♯或 Visual Basic.NET。debug 属性用于设置是否启用 ASPX 调试，debug 属性值为 true 时将启用 ASPX 调试。通常在程序调试阶段设为 true，当编译出错时，显示完整的编译源。当测试完成后应该设为 false，可以提高程序的运行性能。

(2) ＜customErrors＞

支持用户编写自定义错误页面，在发生特定的错误时，将浏览器重定向到某个 URL，其配置范例如下：

```
<customErrors mode="On" defaultRedirect="1.htm">
    <error statusCode="400" redirect="2.htm" />
    <error statusCode="404" redirect="3.htm" />
</customErrors>
```

解释：当当前页面发生错误时，就跳转到其他页面。当错误代码为 400 或 404 时，则跳转到 2.htm 或 3.htm；否则，跳转到 1.htm。

其中，各属性说明如下：

① mode 属性：设置错误模式。共有 3 种模式，On：表示始终显示自定义的信息；Off：表示始终显示详细的 ASP.NET 错误信息；RemoteOnly：默认值，表示只对不在本地 Web 服务器上运行的用户显示自定义的信息。

② defaultRedirect：当当前页面出现错误时，如果没有通过＜error＞标记处理该错误，就会重定向到 defaultRedirect 指定的 URL 地址。

③ statusCode：指明错误状态码。

④ redirect：发生对应的错误状态码时，应该重定向到的 URL 地址。

(3) ＜sessionState＞

＜sessionState＞配置只能放在根目录下的配置文件中，为每个上线用户设置会话状态，其配置范例如下：

```
<sessionState mode="InProc" cookieless="true" timeout="20"/>
```

其中，各属性说明如下：

① mode 属性：指定会话状态的存储位置。它有 Off、InProc、StateServer、SQLServer 共 4 种取值。Off 表示禁用会话状态；InProc 表示在本地保存会话状态；StateServer 表示在远程状态服务器上保存会话状态；SQLServer 表示将会话信息保存到 SQL Server 数据库中。

② cookieless：用于设置是否使用 Cookie 保存会话状态，默认值为 false。

③ timeout：用来定义会话状态维持时间，超过期限则停止会话，默认为 20 分钟。

④ ＜sessionState mode="InProc"/＞与＜%@Page EnableSessionState="true"%＞等价。

(4) ＜httpRuntime＞

设置连接超时期限，其配置范例如下：

```
<httpRuntime executionTimeout="90"/>
```

(5) ＜pages＞

通过＜pages＞配置可以控制.aspx 页面的一些默认行为，它与 Page 指令相对应。其配置范例如下：

```
<pages styleSheetTheme="主题1" buffer="true" enableViewState="true"
    enableSessionState="true" autoEventWireup="true"/>
```

(6) ＜authorization＞

＜authorization＞配置只能放在根目录下的配置文件中，用于设置应用程序的授权策略，其语法定义如下：

```
<authorization>
  <allow users="[用户列表]" roles="[角色列表]"/>
  <deny users="[用户列表]" roles="[角色列表]"/>
</authorization>
```

其中,allow 标记用于设置允许的用户,deny 标记用于设置禁止的用户。列表中如果包含多个用户,则使用逗号隔开。可使用通配符"*"表示任何人,"?"表示匿名(未经过身份验证的)用户。

(7) <trace>

用来实现 ASP.NET 应用程序的错误跟踪服务,其配置范例如下:

```
<trace enabled="true" requestLimit="10" pageOutput="false" traceMode="SortByTime"/>
```

其中,各属性说明如下:
① enabled:指定是否启用应用程序跟踪。
② requestLimit:指定存放在服务器上的跟踪请求数目,默认值为 10。
③ pageOutput:设置是否在每页的底部显示跟踪信息。
④ traceMode:设置跟踪的模式,默认为按时间排序(SortByTime)。

8.2 使用 Global.asax 进行配置

Global.asax 文件(又称为 ASP.NET 应用程序文件)是可选的配置文件,该文件包含响应 ASP.NET 或 HTTP 模块引发的应用程序级别事件的代码,例如,应用程序的开始和结束、会话状态的开始和结束等。它驻留在 ASP.NET 应用程序所在的根目录下。当第一次请求程序中的资源或 URL 时,ASP.NET 会自动将这个文件编辑成一个.NET Framework 类,该类继承自 HttpApplication 基类。Global.asax 文件本身被设置为拒绝客户端对它的任何直接 URL 请求,所以外部用户无法下载或查看该文件中的代码。

8.2.1 Global.asax 文件的结构

创建 Global.asax 文件的方法很简单,右击站点根目录,在弹出的快捷菜单中选择"添加新项"命令,在打开的对话框中选择"全局应用程序类"选项,如图 8-1 所示,这样就创建了 Global.asax 文件。

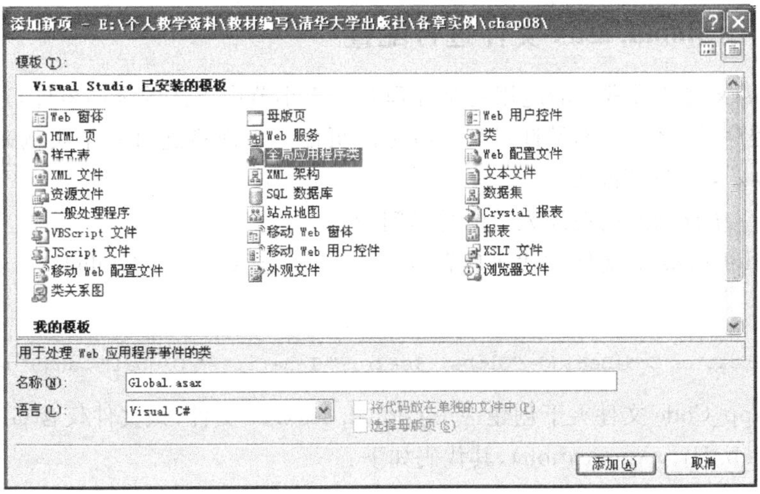

图 8-1 新建 Global.asax 文件界面

Global.asax 文件必须位于站点的根目录下，Global.asax 文件的默认结构如下：

```
<%@ Application Language="C#" %>
<script runat="server">
    void Application_Start(object sender,EventArgs e)
    {    // 在应用程序启动时运行的代码    }
    void Application_End(object sender,EventArgs e)
    {    // 在应用程序关闭时运行的代码    }
    void Application_Error(object sender,EventArgs e)
    {    // 在出现未处理的错误时运行的代码    }
    void Session_Start(object sender,EventArgs e)
    {    // 在新会话启动时运行的代码    }
    void Session_End(object sender,EventArgs e)
    {    // 在会话结束时运行的代码    }
</script>
```

当访问一个网页时，ASP.NET 系统首先读取各级目录的 Web.config 文件，再读取 Global.asax 文件，并把＜script＞块内的代码编译为.NET 框架类（即 System.Web.HttpApplication 的子类），最后执行当前网页。

定义在 Global.asax 内的成员是事件处理程序，这些事件处理程序允许用户与应用程序级（以及会话级）事件交互。表 8-1 列出了 Global.asax 内每个成员的作用。

表 8-1 Global.asax 内的成员

事件处理程序	作　　用
Application_Start()	当启动 Web 服务器或修改 Global.asax、Global.asax.cs 文件的内容时就会触发该事件
Application_End()	在应用程序关闭时就触发该事件
Application_Error()	程序出错时触发该事件
Session_Start()	创建一个 Session 对象时就会自动触发该事件。直接打开 IE 会触发该事件
Session_End()	当调用 Session.Abandon() 方法或会话过期时会自动触发该事件，但直接关闭 IE 不会触发该事件

8.2.2 使用 Global.asax 文件进行配置

Global.asax 文件最常用的应用就是处理 8.2.1 小节中讲述的全局事件，这些事件是针对整个应用程序的事件，而不是针对某个特定的页面。下面将通过一个实例来介绍如何使用 Global.asax 文件进行配置。

【例 8-3】 统计网站的在线人数的总访问量。

（1）将 Global.asax 文件的代码后置到 Global.asax.cs，仅在 Global.asax 文件中添加以下代码：

```
<%@ Application CodeBehind="Global.asax.cs" Inherits=" Global" Language="C#" %>
```

（2）在 App_Code 文件夹下创建一个 Global.asax.cs 文件，该文件仅含 Global 类（继承自 System.Web.HttpApplication），其代码如下：

```
public class Global:System.Web.HttpApplication
```

```
{
    void Application_Start(Object sender, EventArgs e)
    {
        //当启动 Web 服务器或修改 Global.asax 或 Global.asax.cs 文件的内容时就触发该事件
        Application.Lock();
        Application["Online"]=0;                //记录当前在线人数
        Application["CountAll"]=0;              //记录总访问量
        Application.UnLock();
    }
    void Application_End(object sender, EventArgs e)
    {
        //在应用程序关闭时运行的代码
    }
    void Application_Error(object sender, EventArgs e)
    {
        //在出现未处理的错误时运行的代码
    }
    void Session_Start(object sender, EventArgs e)
    {
        //创建一个 Session 对象时就触发该事件
        Session.Timeout=1;                      //设置会话期限为 1 分钟
        Application.Lock();
        Application["Online"]=(int)Application["Online"]+1;
        Application["CountAll"]=(int)Application["CountAll"]+1;
        Application.UnLock();
    }
    void Session_End(object sender, EventArgs e)
    {
        //当调用 Session.Abandon()方法或会话过期时会自动触发该事件
        Application.Lock();
        Application["Online"]=(int)Application["Online"]-1;
        Application.UnLock();
    }
}
```

(3) 创建一个名称为 count.aspx 的网页,初始界面如图 8-2 所示。

当前在线人数	Label
网站访问量	Label
SessionID	Label
结束会话	

图 8-2 count.aspx 网页的初始界面

在 count.aspx.cs 文件中编写如下代码:

```
protected void Page_Load(object sender,EventArgs e)
{
```

```
        Label1.Text=Application["Online"].ToString();
        Label2.Text=Application["CountAll"].ToString();
        Label3.Text=Session.SessionID;
}
protected void Button1_Click(object sender,EventArgs e)
{
        Session.Abandon();
}
```

程序说明：当访问 count.aspx 页面时，首先读取 Global.asax 文件，如果刚启动 Web 服务器或刚修改 Global.asax 文件的内容就会触发 Application_Start()事件，将在线人数、总访问量均置 0。接着，由于打开 IE 开始了一个新的会话，于是触发 Session_Start()事件，将在线人数、总访问量均置 1，最后执行当前页面，将在线人数、总访问量显示出来。

8.3 主题和皮肤

主题和皮肤是 ASP.NET 2.0 引入的新概念，它将样式和布局信息分解为单独的文件组，可以方便地控制 ASP.NET 页面的外观。将主题和皮肤、母版页、站点导航系统三者结合在一起，可以打造网站统一的整体效果。

8.3.1 CSS 简介

层叠样式表或级联样式表（Cascading Style Sheet，CSS）是一种样式语言，用于为 HTML 文档定义布局，控制 Web 页面的外观。

在互联网发展初期，HTML 语言原本被设计为用于定义文档内容。文档的布局是由浏览器来完成的，而不使用任何的格式化标记。由于两种主要的浏览器（Netscape 和 Internet Explorer）不断地将新的 HTML 标记和属性（比如字体标记和颜色属性）添加到 HTML 规范中，使得创建文档内容清晰地独立于文档表现层的站点变得越来越困难。CSS 由此而诞生了，它为 Web 设计师们提供了完善的、所有浏览器都支持的布局功能。同时页面样式与内容的分离，不仅可使维护站点的外观变得更加容易，而且还可以使 HTML 文档代码更加简练，缩短浏览器的加载时间。

1. CSS 的基本语法

CSS 由 3 个部分构成：选择符（selector）、属性（properties）和属性的取值（value）。即：

选择符{样式表定义}

例如，定义段落格式为：字体为宋体，居中排列，文字为红色，代码如下：

p { font-family:宋体;text-align:center;color:red }

说明：

（1）选择符可以是元素、类名、ID 名，见表 8-2。

（2）在定义类名选择符时，必须在类名前面加一个点号；在调用类名选择符时，要将点号去掉。

表 8-2 选择符分类

选择符	样式表格式	调用	作用域
元素	元素{样式表定义} 例如： p{color:red}	自动调用	整个网页的所有同名元素
类名	.类名{样式表定义} 例如： .chen{color:red}	<元素 class="类名"> 例如： <p class="chen">	调用类名的元素
ID 名	#ID名{样式表定义} 例如： #chen{color:red}	<元素 ID="ID 名"> 例如： <p ID="chen">	调用 ID 名的元素

(3) 选择符组：多个选择符可以共用一个样式表，例如：

td,.c01,#chen{font-size:12pt;font-family:宋体}

(4) 包含选择符：为指定范围内的元素定义样式表。

例如，为表格内的链接改变样式，文字大小为 10 像素，而表格外的链接的文字仍为默认大小，代码如下：

table a { font-size:10px }

(5) 注释：用来解释代码，方便程序员编辑和更改代码时理解代码的含义。CSS 和 C 语言一样，采用 /* 注释 */ 格式。

2. 样式表的类型

(1) 元素内定样式表：直接利用 HTML 标记指定其样式。

例如：

<input id="Button1" style="color:blue;font-style:italic;font-family:仿宋;text-align:center" type="button" value="提交按钮"/>

(2) 嵌入式样式表：首先定义 CSS，然后利用控件的 class 或 id 属性来指定其样式。

【例 8-4】 嵌入式样式表的定义和应用。

```
<head>
    <style type="text/css">
      #textStype{ font-size:20pt;color:black;font-style:normal;font-family:幼圆;
            text-align:left}
      .bttonStype{color:blue;font-style:italic;font-family:仿宋;text-align:center}
    </style>
</head>
<body>
        <input id="Button1"  type= "button"  class="bttonstype"  value="提交按钮" />
        <input id="Text1"  type="text"  id="textStype"  value="文本框"/></div>
</body>
```

(3) 级联样式表：和嵌入式样式表很相似，但是把 CSS 存放在一个单独的 .css 文件中，然后在需要使用样式的页面中使用 <link> 标记引入，这样就能实现样式和页面内容的分离，不仅可使维护站点的外观变得更加容易，而且还可以使 HTML 文档代码更加简练，缩短浏览器的加载时间。

【例 8-5】 级联样式表的定义和应用。

（1）先建立一个外部 CSS 文件 main-sheet.css，代码如下：

```
#textStype
{    font-size:20pt;
     color:black;
     font-style:normal;
     font-family:幼圆;
     text-align:left;
}
.bttonStype
{    color:blue;
     font-style:italic;
     font-family:仿宋;
     text-align:center
}
```

（2）在需要使用此样式的页面中，在<head></head>内部，使用如下代码引入.css 文件：

```
<link rel=stylesheet href="main-sheet.css" type="text/css">
```

引入后，在控件上的使用方法与嵌入式样式表相同。

3. 利用 Visual Studio 2005 创建样式表

Visual Studio 2005 提供了快速创建样式表的工具，利用该工具就可以轻松、便捷地创建外部 CSS 文件。具体操作步骤如下：

（1）打开"解决方案资源管理器"视图，右击站点根目录，在弹出的快捷菜单中选择"添加 ASP.NET 文件夹"|"主题"命令，创建"主题 1"。

（2）右击"主题 1"，在弹出的快捷菜单中选择"添加新项"命令，然后在打开的"添加新项"对话框中选择"样式表"文件，在"名称"文本框中输入文件名，单击"添加"按钮。

（3）在"样式"主菜单中选择"添加样式规则"命令，打开如图 8-3 所示的对话框，添加样式规则后，单击"确定"按钮即可。

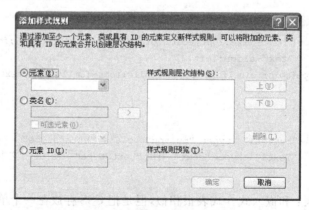

图 8-3 "添加样式规则"对话框

（4）将光标放在 CSS 文件中某个样式表的内部，选择"样式"主菜单中的"生成样式"命令，打开"样式生成器"对话框，如图 8-4 所示。添加样式内容后，单击"确定"按钮即可。

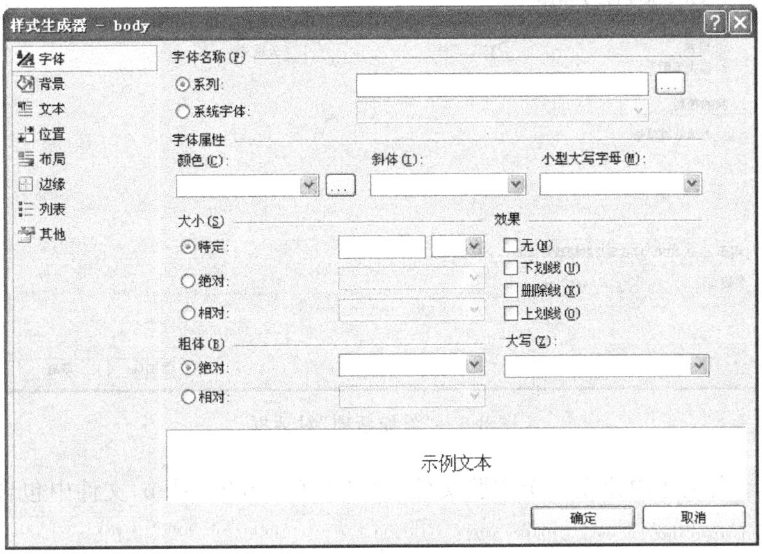

图 8-4　自动生成样式

8.3.2　主题的组成

将样式和布局信息分解为单独的文件组，统称为"主题"，它影响着网页的外观或网页中某些控件的外观。一个主题可包含多类文件：皮肤文件(.skin)、级联样式表(.css)、图表文件和其他资源。在默认情况下，主题存储在网站中的 App_Themes 目录下，App_Themes 目录下可包含多个主题。

下面介绍如何使用 Visual Studio 2005 创建主题，具体操作步骤如下：

（1）打开"解决方案资源管理器"视图，右击站点根目录，在弹出的快捷菜单中选择"添加 ASP.NET 文件夹"｜"主题"命令，这样就在站点的 App_Themes 目录下添加了一个主题。

（2）为主题添加皮肤文件、样式表、图表和其他资源。

在需要添加内容的主题文件夹上右击，在弹出的快捷菜单中选择"添加新项"命令，打开"添加新项"对话框，如图 8-5 所示。然后选择需添加的对象类型，输入名称，单击"添加"按钮即可。

8.3.3　皮肤文件

一个皮肤文件(外观文件)可定义一个或多个 Web 控件的外观，一个 Web 控件也可定义多种外观，只要将 Web 控件的 ID 属性去掉即可。

通常外观有两种：一种是没有指定 SkinID 属性的默认外观；另一种是指定了 SkinID 属性的命名外观。在同一个主题中，每个 Web 控件只允许有一个默认外观，但可以有多个命名外观。当为一个网页应用主题时，若网页内的 Web 控件指定了 SkinID 属性，则使用这个命名外观所定义的样式，否则自动使用同一类型的默认外观。

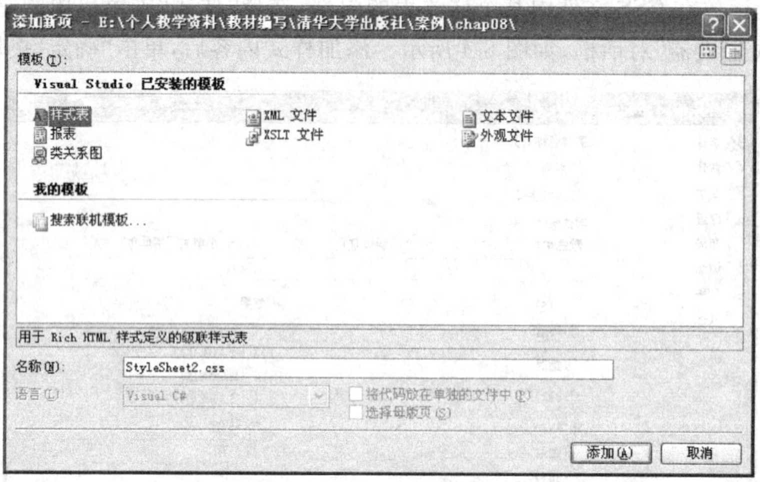

图 8-5 "添加新项"对话框

【例 8-6】 在主题中建立一个皮肤文件,命名为 Calendar.skin,文件中包含日历控件的两种外观。

```
<%--默认外观:显示"选择器"--%>
    <asp:Calendar runat="server"
        BorderColor="Black"
        NextPrevFormat="CustomText"
        PrevMonthText="上月"
        NextMonthText="下月"
        SelectionMode="DayWeekMonth"
        SelectMonthText="整月"
        SelectWeekText="整周"
        CellSpacing="1"
        ShowGridLines="True" Width="382px" Height="250px">
    <TodayDayStyle BackColor="OrangeRed"/>
    <SelectorStyle BackColor="PaleTurquoise" />
    <NextPrevStyle ForeColor="Blue" />
    <DayHeaderStyle Font-Bold="True" BackColor="#FFEEDD" />
    <DayStyle ForeColor="Black" />
    <SelectedDayStyle ForeColor="White" BackColor="#666666" />
    <TitleStyle ForeColor="Brown" BackColor="#CCCCCC" />
    <WeekendDayStyle BackColor="#FFFFCC" />
    <OtherMonthDayStyle ForeColor="LightGray" />
    </asp:Calendar>
<%--命名外观:未含"选择器"--%>
<asp:Calendar runat="server"  SkinID="Simple"
        BorderColor="Black"
        CellSpacing="1"
        ShowGridLines="True"  Width="382px" Height="250px">
    <TodayDayStyle BackColor="OrangeRed"/>
    <SelectorStyle BackColor="PaleTurquoise" />
    <NextPrevStyle ForeColor="Blue" />
    <DayHeaderStyle Font-Bold="True" BackColor="#FFEEDD" />
```

```
        <DayStyle ForeColor="Black" />
        <SelectedDayStyle ForeColor="White" BackColor="#666666" />
        <TitleStyle ForeColor="Brown" BackColor="#CCCCCC" />
        <WeekendDayStyle BackColor="#FFFFCC" />
        <OtherMonthDayStyle ForeColor="LightGray" />
</asp:Calendar>
```

将上述皮肤文件应用到网页中,网页的 HTML 代码如下:

```
<%@ Page Language="C#" Theme="主题1" %>
<html>
<head runat="server">
    <title>Named Skins</title>
</head>
<body>
    <form id="form1" runat="server">
    <div>
        <asp:Calendar ID="Calendar1" runat="server"/><br />
        <br />
        <asp:Calendar ID="Calendar2" runat="server" SkinID="Simple"/>
        <br />
        <p>解放思想,实事求是,与时俱进</p>
    </div>
    </form>
</body>
</html>
```

注意:当为一个网页应用主题时,若主题中包含 CSS 文件,则网页必须包含<head runat="server" />。

8.3.4 应用和禁用主题

1. 应用主题

主题定义好后,就可以简单、快捷地应用到站点中的各个网页中了。

(1) 在 Web.config 文件中,为网站的所有页面指定主题,格式如下:

```
<system.web>
    <pages theme="主题名"/>
</system.web>
```

(2) 为特定页面指定主题。

为特定页面指定主题具有更好的灵活性,格式如下:

```
<%@ Page Language="C#" Theme="主题名"%>
```

使用 Theme 属性指定主题时,如果同时在本地页和皮肤文件中定义了控件设置,则皮肤文件中的控件设置将重写本地页的控件设置。

【例 8-7】 使用 Theme 属性指定主题。

(1) 在"主题1"中创建一个 StyleSheet.css 文件,内容如下:

```
    p
{
    font-size:14pt;
    color:red;
}
```

(2) 在"主题 1"中创建一个 SkinFile.skin 文件，内含两种控件的外观。

```
<asp:TextBox runat="server" ForeColor="Red" Text="解放思想"/>
<asp:Button runat="server" ForeColor="Red" Text="确定" />
```

(3) 将 SkinFile.skin 应用到网页 Theme.aspx 中，网页的 HTML 代码如下：

```
1. <%@ Page Language="C#" Theme="主题 1"%>
2. <html>
3. <head runat="server">
4.     <title>无标题页</title>
5. </head>
6. <body>
7.     <form id="form1" runat="server">
8.     <div>
9.     <asp:TextBox ID="TextBox1" runat="server" ForeColor="Blue" Text="解放思想"/>
10.    <asp:Button ID="Button1" runat="server" ForeColor="Blue" Text="确定" />
11.    <p>科学发展观</p>
12.    </div>
13.    </form>
14. </body>
15. </html>
```

程序说明：本地页将两种控件的前景色设为蓝色，但皮肤文件将两种控件的前景色设为红色。当运行网页时，两种控件的前景色均为红色，"科学发展观"的前景色也为红色。

除了上面介绍的使用 Theme 属性指定主题外，还可以使用 styleSheetTheme 属性指定主题。

使用 styleSheetTheme 属性将主题作为样式表主题来应用时，本地页的控件设置将优先于皮肤文件中的控件设置，同时主题中的.css 文件和.skin 文件会自动应用到网页的设计视图中。语法格式如下：

```
<%@ Page Language="C#" StylesheetTheme="主题名"%>
```

或者

```
<system.web>
<pages styleSheetTheme="主题名"/>
</system.web>
```

例如，将例 8-7 中 Theme.aspx 网页中的第 1 行改为：

```
<%@ Page Language="C#" StylesheetTheme="主题 1" %>
```

这时，若将网页切换到设计视图，会看到两种控件的前景色为蓝色，"科学发展观"的前景色为红色，运行网页时，两种控件和"科学发展观"的前景色与设计视图相同。

2. 禁用主题

禁止某个控件应用主题,可以通过把控件的 EnableTheming 属性设置为 False,把特定的控件排除出主题的应用范围来实现。通常只有在 Web.config 中使用 Theme 属性指定的主题才允许禁用,使用 styleSheetTheme 属性指定的主题是不能禁用的。

(1) 网页级禁用主题:<%@ Page EnableTheming="false" %>

(2) 控件级禁用主题:<asp:类名 id="ID" EnableTheming="false"/>

某一网页禁用主题,是指该网页不能使用主题中的 skin 文件,但仍可以使用主题中的 CSS 文件。

8.4 母 版 页

美观的网站一般具有"标准"的页面布局,例如左侧为导航系统,上方为网站 Logo,中间为主页,下面是版权信息等。有了统一的"标准",就能使整个网站具有统一的布局和风格,同时还大大地减轻了网站的开发工作。利用 ASP.NET 2.0 引入的母版页(MasgerPage)机制,就可以轻松地实现这 目标。

8.4.1 母版页基础

母版页是一种扩展名为.master 的 ASP.NET 文件。母版页也是一个页面,可包含网页的所有顶级元素,如 html、head、body、form。不过母版页是一种特殊的页面——包含 Master 指令、普通文本、HTML 标记、服务器控件和 ContentPlaceHolder 控件的预定义布局。母版页由 Master 指令识别,该指令替换了用于.aspx 页面的 Page 指令。head 元素必须包含 runat="server",运行时,头文本用内容页的标题文本来替代。

母版页可包含一个或多个 ContentPlaceHolder 控件,ContentPlaceHolder 控件所占的空间用于存放页面的私有部分,ContentPlaceHolder 控件内不能包含任何控件。

通常母版页中包含的是页面的公共部分,即网页的统一布局内容。例如图 8-6 所示的"我的书架"网站的页面 Index.aspx,该网页是由 4 部分组成的,即页头、页尾、页面链接和内容页。经过分析可知,其中页头、页尾和页面链接是网站中页面的公共部分;内容 A 是网站中的非公共部分,是 Index.aspx 页面所独有的。结合母版页和内容页的相关知识可知,如果使用母版和内容页创建页面 Index.aspx,那么必须创建一个母版页 mainMaster.master 和一个内容页 Index.aspx。其中母版页包含页头、页尾和页面链接,内容页则包含内容 A。

对网页的结构分析好之后,就可以开始分别对母版页和内容页进行设计了。首先创建好母版页,然后再在母版页中创建不同的内容页,由多个母版页就构成了一个统一风格的网站。接下来将介绍创建的具体步骤。

1. 创建母版页

(1) 在网站的解决方案资源管理器中右击网站名称,在弹出的快捷菜单中选择"添加新项"命令。

(2) 打开"添加新项"对话框,选择"母版页"选项,命名为 mainMaster.master。单击"添

图 8-6 "我的书架"网站的首页

加"按钮就可以创建一个新的母版页。

初始母版页的 HTML 代码如下：

```
<%@ Master Language="C#" AutoEventWireup="true" CodeFile="mainMaster.master.cs" Inherits="mainMaster" %>
<html xmlns="http://www.w3.org/1999/xhtml">
<head runat="server">
    <title>无标题页</title>
</head>
<body>
    <form id="form1" runat="server">
    <div>
        <asp:contentplaceholder id="ContentPlaceHolder1" runat="server">
        </asp:contentplaceholder>
    </div>
    </form>
</body>
</html>
```

2．编辑母版页

刚刚创建的母版页还只是一个空页面，只有内容占位符控件。下面将对母版页进行编辑，为其添加公共部分的布局内容，如图 8-7 所示。

（1）将母版页中的 contentplaceholder 控件删掉。

（2）用表格重新构建页面框架。

（3）添加页头、页尾和页面链接及内容占位符控件。

这样，新的母版页就定义好了。但是，注意 mainMaster.master 只是一个具有同样布局的模板而已，内容占位符处还没有具体的内容。下一步就必须创建内容页。有了内容页，加上母版页才能够构造出真正的显示页面。

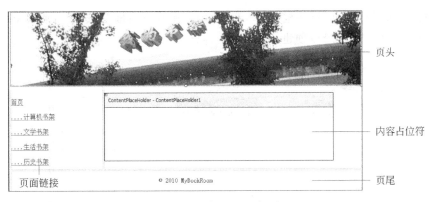

图 8-7　编辑后的母版页

8.4.2　内容页基础

有了母版页,就能够使用母版页创建内容不同而布局相同的内容页了。

通常内容页是由指令和 Content 控件组成的,普通文本、HTML 标记、服务器控件都必须置于 Content 控件之内,Content 控件内不能出现 HtmlForm 控件,并且内容页与用户控件一样,不能包含网页的所有顶级元素,如 html、head、body、form。运行时,母版页与内容页将合并生成结果页。

下面将介绍内容页的创建方法。

1. 创建内容页

(1) 在网站的解决方案资源管理器中右击网站名称,在弹出的快捷菜单中选择"添加新项"命令。

(2) 打开"添加新项"对话框,如图 8-8 所示。在对话框中选择"Web 窗体"选项并命名为 Index.aspx,选中"将代码放在单独的文件中"和"选择母版页"复选框,单击"添加"按钮。

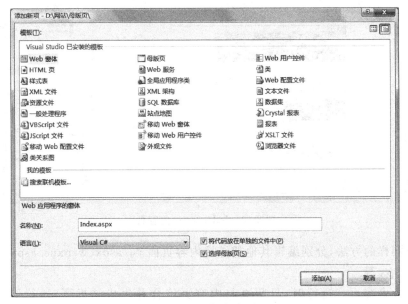

图 8-8　添加内容页

(3) 打开"选择母版页"对话框,如图 8-9 所示。在该对话框中,选择母版页 mainmaster.master,单击"添加"按钮就可以创建一个新的内容页。

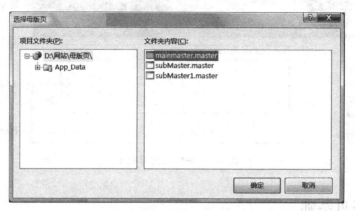

图 8-9 "选择母版页"对话框

也可以直接在母版页中的内容占位符处右击,在弹出的快捷菜单中选择"添加内容页"命令;或者右击解决方案资源管理器中母版页的名称,在弹出的快捷菜单中选择"添加内容页"命令。

2. 编辑内容页

(1) 打开新建的 Index.aspx 内容页,然后在内容占位符处编辑内容页,如图 8-10 所示。

图 8-10 Index.aspx 内容页

(2) 按同样的方法,分别编辑其他超链接内容页面 jsj.aspx、wenxue.aspx、shenghuo.aspx、lishi.aspx 等。

(3) 运行内容页。运行时,母版页与内容页将合并生成结果页,运行结果如图 8-6

所示。

8.4.3 嵌套的母版页

所谓"嵌套",就是一个套一个,大的容器套装小的容器。嵌套母版页就是指创建一个大母版页(称为主母版页),在其中包含另外一个小的母版页(称为子母版页)。如图 8-11 所示为嵌套母版页的示意图。

图 8-11　嵌套母版页示意图

利用嵌套的母版页可以创建组件化的母版页。例如,大型网站可能包含一个用于定义站点外观的总体母版页,然后,不同的网站内容合作伙伴又可以定义各自的子母版页,这些子母版页引用总体母版页,并相应地定义合作伙伴的内容外观。

下面通过一个实例讲解嵌套母版页的创建步骤。

(1) 创建主母版页。主母版页的构建方法与普通母版页的创建方法一致。由于主母版页嵌套一个子母版页,因此必须在适当的位置设置一个 ContentPlaceHolder 控件实现占位。本例可以采用前面已创建的母版页 mainmaster.master 作为主母版页。

(2) 创建子母版页。子母版页的创建方法和普通母版页的创建方法是一样的,但是编辑方法不同。因为子母版页的代码只包括 Master 指令和 Content 控件两个部分,不包括 html、head、body、form 等顶级元素,同时子母版页不支持设计视图,所以,只能在源视图中进行代码编辑。

首先,为 Master 指令添加一个 MasterPageFile 属性,设置主母版页路径,实现主母版页和子母版页之间的嵌套;然后在子母版页的 Content 控件中添加 ContentPlaceHolder 控件作为内容页占位符。子母版页的 HTML 代码如下:

```
<%@ Master Language="C#" AutoEventWireup="true" Inherits="MasterPage" MasterPageFile=
   "~/mainmaster.master" %>
< asp: Content id =" Content1" ContentPlaceholderID =" ContentPlaceHolder1" runat =
   "server">
    <table style="background-color:#ccff99; width:759px; height: 498px">
```

```
                    <tr>
                        <td align="center" style="background-color:#ccff99" valign="middle">
                            <h1>子母版页</h1>
                        </td>
                        <td align="center" valign="middle">
                            <asp:contentplaceholder id="SubContent" runat="server">
                            </asp:contentplaceholder>
                        </td>
                    </tr>
                </table>
</asp:Content>
```

(3) 创建内容页。最后以子母版页为母版页创建内容页,其创建方法与普通内容页的创建方法一样,但只能在源视图中进行代码编辑。由于内容页绑定了子母版页,所以代码头中的属性 MasterPageFile 必须设置为子母版页的路径。例如,jsj.aspx 内容页的代码如下:

```
<%@ Page Language="C#" MasterPageFile="~/subMaster1.master" Title="Untitled Page" %>
<asp:Content ID="Content1" ContentPlaceHolderID="SubContent" runat="server">
    <asp:Label ID="Label1" runat="server" Height="24px" Text="计算机书目:">
    </asp:Label><br>
    <asp:Label ID="Label2" runat="server" Text="C语言程序设计"></asp:Label>
    <br>
    <asp:Label ID="Label3" runat="server" Text="C#语言程序设计"></asp:Label>
    <br>
    <asp:Label ID="Label4" runat="server" Text="C++语言程序设计">
    </asp:Label><br>
    <asp:Label ID="Label5" runat="server" Text="ASP.NET网络编程">
    </asp:Label>
</asp:Content>
```

(4) 运行内容页 jsj.aspx,运行结果如图 8-11 所示。

8.5 项目实训

实训1 主题的应用

实训目的

(1) 熟悉主题的组成和应用。
(2) 掌握皮肤文件的创建和使用方法。
(3) 掌握 CSS 文件的创建和使用方法。

实训要求

(1) 创建一个 Web 网站 sx08,并设置成虚拟目录。
(2) 在网站中创建一个名称为"主题1"的主题,在"主题1"中创建 StyleSheet.css 文件和 SkinFile.skin 文件。

StyleSheet.css 文件的内容:

```
.one
{ color:red; }
.two
{ color:blue; }
```

SkinFile.skin 文件的内容:

```
<asp:Label   runat="server" ForeColor="Red" Text="Label" SkinID="Red"/>
<asp:Button  runat="server" ForeColor="Red" Text="Button" SkinID="Red"/>
<asp:Label   runat="server" ForeColor="Blue" Text="Label" SkinID="Blue"/>
<asp:Button  runat="server" ForeColor="Blue" Text="Button" SkinID="Blue"/>
```

(3) 在网站中添加 3 个网页：sx8_1.aspx、Red.aspx 和 Blue.aspx。

(4) sx8_1.aspx 网页的设计视图如图 8-12 所示，当用户单击其中的按钮时，就进入相应的页面。

(5) Red.aspx 网页的设计视图如图 8-13 所示，其文本或控件的前景色均为红色，Blue.aspx 网页的设计视图如图 8-14 所示，其文本或控件的前景色均为蓝色，要求两个网页的标签和按钮必须应用 SkinFile.skin 文件，"解放思想，实事求是，与时俱进"必须应用 StyleSheet.css 文件。当用户单击"返回主页面"按钮时，能返回 sx8_1.aspx 页面。

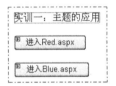

图 8-12 sx8_1.aspx 页面

图 8-13 Red.aspx 页面

图 8-14 Blue.aspx 页面

实训提示

(1) 在 Red.aspx 和 Blue.aspx 首部必须加入如下代码：

```
<%@ Page Language="C#" StylesheetTheme="主题 1" %>
```

(2) 单击"返回主页面"按钮返回 sx8_1.aspx 页面的实现办法是，在按钮的声明中加入如下代码：

```
PostBackUrl="~/sx8_1.aspx"
```

实训 2 母版页的应用

实训目的

(1) 了解母版页、内容页和嵌套母版页之间的关系。
(2) 掌握母版页的创建方法。
(3) 掌握内容页的创建方法。
(4) 掌握嵌套母版页的创建方法。

实训要求

运用嵌套母版页创建一个个人网站，网站至少包括一个主母版页、一个子母版页和多个内容页。所有内容页都可以通过主页的导航条进行超链接访问。具体操作方法可参照本章中的示例。

思考与练习

一、填空题

1. ASP.NET 两大配置文件是_____、_____。
2. 当访问一个网页时,ASP.NET 系统首先读取各级目录的_____文件,再读取_____文件,并把它编译为.NET 框架类(即_____的子类),最后执行当前网页。
3. 一个主题可包含多类文件:_____、_____、_____和其他资源。
4. 一个 CSS 文件包含_____、_____和_____3 类选择符。
5. 使用 Theme 属性指定主题时,如果同时在本地页和皮肤文件中定义了控件设置,则_____的控件设置将重写_____的控件设置。
6. 使用 styleSheetTheme 属性将主题作为样式表主题来应用时,_____的控件设置将优先于_____的控件设置。

二、简答题

1. 什么是样式表 CSS?
2. 什么是主题和皮肤?如何建立?
3. 母版页有什么作用?
4. 母版页和内容页是如何融合在一起的?
5. 嵌套母版是如何实现主母版页和子母版页之间的嵌套的?又是如何实现内容页绑定子母版页的?

第 9 章 网上书店开发实例

当今世界,网络已成为人们工作、学习、生活中的一个重要组成部分。通过网络,人们可以足不出户,轻松实现在家办公、远程学习、网上购物,尤其是网上购物已成为年轻人购物的一种最为重要的方式。利用 ASP.NET 技术开发网上书店,能满足人们方便快捷地购书的需求,是网络在人们学习、生活中最实际、最有效的应用。

本章将通过对网上书店开发过程的讲解,一方面让学生对前面章节涉及的 ASP.NET 技术有一个全面系统的回顾,以便牢固掌握前面所学知识;另一方面,以网上书店为实例,讲述实际软件项目设计和开发的主要过程,包括系统的需求分析、方案设计、数据库设计、功能实现等环节,使学生掌握软件项目的开发过程及方法,培养学生实际编程的能力。

学习目标

- 学习动态网站项目的设计过程和方法
- 了解应用项目的业务需求
- 掌握 ASP.NET 基本控件的使用方法
- 掌握 SQL Server 数据库设计和数据库的连接
- 掌握 C♯语言在实际项目开发中的运用

9.1 系统设计

一般地说,进行软件项目开发首先必须进行系统设计,弄清项目的性质、项目的需求、项目涉及的实际业务和业务流程、项目开发环境、项目开发目标,并以此为依据,选用适用的开发工具、系统架构,进行数据库设计、功能设计、具体编码、功能模块测试、系统集成、系统测试、编撰相关文档。要严格按照软件工程的要求来开发软件,切不可盲目进行设计,随意编码,以致项目失败。

9.1.1 系统需求和功能

网上书店项目必须包含前台业务模块和后台管理模块。系统的使用对象有 3 类,一是普通游客,二是注册用户,三是系统管理员,一般均称为"用户"。3 类对象使用本系统的权限不同,设计时,应针对不同的对象进行权限控制。设计过程要求界面清晰美观、布局合理、功能导向明晰且易理解、操作简便、功能满足需求。本项目的网站名称为网上书店 Usobook,意为"你的搜书网"。

1. 网站公共入口

网站公共入口即网站首页，是呈现给用户的第一个界面，应给用户展示网站的概貌，让用户了解网站的性质、主要功能及用户可能关注的热点问题，同时应就不同类型用户进行登录控制。

2. 主要功能模块

（1）用户注册管理：用户单击"注册"按钮打开注册页面，填写相关数据，注册为 Usobook 的用户，需经管理员确认后方可登录。如果用户忘记登录的密码，可以请求传回密码，传送的 E-mail 地址为用户注册的 E-mail。

（2）热门图书快查：由管理人员设置热门图书广告滚动条，用户可以通过单击查看图书信息。

（3）图书快查：用户输入关键词后，可以进行模糊查询获得相关书名的图书列表，快速进入图书查询页面。

（4）深度查询：在深度查询页面中，用户可以通过输入查询条件：书号、书名、作者、出版社、出版日期、图书三级分类，综合查询图书。

（5）我的订单：注册用户登录系统后，可以查询、处理购书篮、订单的信息，注册用户从查书页面查询到所需图书，填写拟购书册数，单击购书篮按钮，加入到该用户的购书篮中。用户可以将购书篮中的所有图书及数量导入订单中。购书篮和订单明细可以删改。

（6）客服中心：包括常见问答、投诉建议、用户资料修改、用户密码修改。

（7）联系我们：为静态页面，主要介绍网站的性质、经营宗旨、联系方式。

（8）后台管理：一般的，后台管理可以采用 C/S 结构来编程，这样做有三点好处，一是安全性较好，二是开发相对容易，三是执行效率较高。但是，作为网上书店，管理员可能分布在不同的地理位置，必须满足网上办公的需求，另外图书业务可能分布在各省各地，要实现物流配送，也必须网上执行，因此，Usobook 后台管理的大部分功能必须采用 B/S 结构来实现，部分功能如订单统计、报表打印采用 C/S 结构来实现，这部分功能是 B/S 结构的"短板"。后台管理包括注册用户管理、订单管理、图书管理。

3. 一般游客的功能

一般游客可以快速地查询图书的详细信息，可以进入"客服中心"页面查看常见问答，可以进入"联系我们"页面。能执行的功能相对简单。一般游客可注册并提供审核的相关资料（如身份证复印件），由管理员审核合格后转为注册用户。

4. 注册用户的功能

具备一般游客的所有功能，同时，可以将查询的图书加入到购书篮中，可以对购书篮中的图书进行数量加减、删除。注册用户采用积分奖励制度，凡成功购书（订单完成）的用户可以获得与实付总价相同的积分，每 10 个积分可以换 1 元抵书价。用户将购书篮中的图书及数量加入到订单中，可以对订单进行增删改操作。用户可以在订单中设置积分消费额度。

用户可以维护自己的注册资料，可以修改密码，如果忘记密码，可以请求将密码发回注册的 E-mail；可以在"客服中心"页面提出建议或进行投诉。

5. 管理员的功能

管理员以预定的账号和密码(如 admin/usobook10y)登录,直接进入后台管理页面,可以进行注册用户管理,包括查询、修改用户类型、状态、积分,对违规用户进行禁用设置,设置用户类型;可以进行订单管理,包括查询、确认完成;可以进行图书管理,包括查询、修改、录入、上传图书封面图片,进行三级图书分类设置。

6. 系统配置管理

部分系统设置由操作员直接在网站当地设置,采用 XML 文件,包括热门书滚动条、最热图书推介、常见问答、数据库连接等。

9.1.2 业务流程和系统结构

3 类用户打开网站后,首先可以查看到由系统设置的热门书广告、随机出现的最热图书及介绍、新书列表、折价书(折扣率≤0.8)列表。一般游客可以在有限的权限内查看图书信息或注册。管理员登录后即进入管理员的界面。注册用户登录后仍停留在主页,可以进行图书查询、用户订单管理,包括购书篮和订单的查、增、改、删操作,进入客服中心进行投诉或建议、修改资料和密码操作,用户查到所需图书时,可以按实际需求填写数量并加入购书篮中,如购书篮中已有该书,则数量累加(填写负数为减)。按角色分类的具体流程如图 9-1~图 9-3 所示。

图 9-1 一般游客业务流程

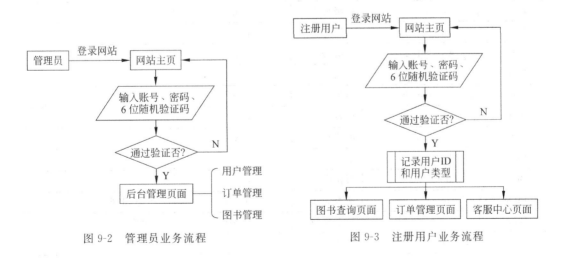

图 9-2 管理员业务流程　　　　图 9-3 注册用户业务流程

9.2 数据库设计

本系统中涉及的主要业务数据有用户信息、图书信息、订单头和订单明细信息、购书篮信息、三级图书分类、用户类型设置,数据表位于 SQL Server 数据库 sbkdb 中。常见问答、滚动图书广告、最热图书随机广告分别位于 qa.xml、scrollad.xml、hotbook.xml 这 3 个 XML 表中。相关数据表的结构见表 9-1～表 9-9。

表 9-1 用户信息表 Puser

字 段	类型(长度)	含 义	主键/可空/默认值	备 注
ID	varchar(20)	用户账号	y/n/	
Pname	varchar(50)	用户名称	n/n/	个人或单位名称
Ptype	char(20)	用户类型	n/n/	用户类型表 Pusertype 主键 Ptype 的外键
Psecr	char(20)	用户密码	n/n/	加密的用户密码
Pcount	int	用户积分	n/n/0	消费时加减积分
Pregdt	datetime	注册日期	n/n/getdate()	为用户注册日期
Pcode	char(10)	邮政编码	n/y/	
Padd	varchar(80)	用户地址	n/y/	
Pph	varchar(50)	用户电话	n/y/	
Pemail	varchar(50)	E-mail	n/y/	
Pid	varchar(20)	身份证号码	n/y/	15 位或 18 位
Psex	char(10)	性别	n/n/男	
Pef	int	有效性	n/n/0	0 未审,1 已审,2 禁用

表 9-2 书籍信息表 Binfo

字 段	类型(长度)	含 义	主键/可空/默认值	备 注
Bid	varchar(50)	书号	y/n/	图书号,去除"/"后部分
bt1	varchar(20)	一级分类	n/n/	
bt2	varchar(20)	二级分类	n/n/	
bt3	varchar(20)	三级分类	n/n/	
Bname	varchar(50)	书名	n/n/	
Bpub	varchar(50)	出版社	n/n/	
Bauth	varchar(50)	作者	n/n/	
Bdt	datetime	出版日期	n/y/	
Bpri	float	单价	n/y/	
Bf	float	折扣率	n/y/	
Bnew	int	是否为新书	n/y/0	0 新,1 非
Bhot	int	是否热门	n/y/0	无效,未用
Bad	varchar(1000)	书摘	n/y/	
num0	int	库存量	n/y/	
num1	int	预订量	n/y/0	0 新,1 非
num2	int		n/n/	备用字段
Bef	int	书有效性	n/n/0	9 失效

表 9-3 订单批头信息表 order_info

字段	类型(长度)	含义	主键/可空/默认值	备注
OrderID	char(10)	订单号	y/n/	由系统自动生成,格式为 yymmddxxx,共 9 位,前 6 位为年月日,后 3 位为当前序号
wb	varchar(50)	用户 ID	n/n/	
bdt	datetime	下单日期	n/n/getdate()	当日
tp1	float	总书价	n/n/0	
tp2	float	折后总价	n/n/0	
prepay	int	消费积分	n/n/0	消费时加减积分
tb	int	总册数	n/n/0	
addr	varchar(50)	联系地址	n/n/	
tel	varchar(50)	联系电话	n/n/	
contact	varchar(50)	联系人	n/y/	
state	int	订单状态	n/n/0	0 新,1 确认,2 完成

表 9-4 订单明细信息表 order_d

字段	类型(长度)	含义	主键/可空/默认值	备注
id	char(10)	订单号	y/n/	订单批头信息表 order_info 主键的外键
bid	varchar(50)	书号	y/n/	id/bid 为联合主键
bn	varchar(50)	书名	n/n/	
bcout	int	拟订数	n/n/0	
bpri	float	单价	n/n/0	
bf	float	折扣率	n/n/1	

表 9-5 购书篮信息表 bas_d

字段	类型(长度)	含义	主键/可空/默认值	备注
id	char(10)	用户号	y/n/	
bid	varchar(50)	书号	y/n/	id/bid 为联合主键
bn	varchar(50)	书名	n/n/	
bcout	int	购书篮中书数	n/n/0	
bpri	float	单价	n/n/0	
bf	float	折扣率	n/n/1	

表 9-6 用户类型信息表 Pusertype

字段	类型(长度)	含义	主键/可空/默认值	备注
Ptype	char(20)	用户类型	y/n/	

表 9-7 图书一级分类表 Btype1

字段	类型(长度)	含义	主键/可空/默认值	备注
Btype	char(20)	一级分类	y/n/	

表 9-8 图书二级分类表 Btype2

字 段	类型(长度)	含 义	主键/可空/默认值	备 注
Btype	char(20)	二级分类	y/n/	

表 9-9 图书三级分类表 Btype3

字 段	类型(长度)	含 义	主键/可空/默认值	备 注
Btype	char(20)	三级分类	y/n/	

9.3 文件配置和数据库连接

1. Web.config 配置

将系统的数据库连接字符串和固定的业务设定写入 Web.config 的 appSettings 中：

```
<configuration>
    <appSettings>
    //sqlser 数据库连接字符串
        < add key=" sqlcon" value=" server=<服务器名>;database=sbkdb;Uid=sa;
            password="/>
    //接收用户投诉的邮箱
        <add key="mailTo" value ="<收件电子邮箱>"/>
        <add key="mailTob" value ="<第二收件电子邮箱>"/>
    //邮件发件箱
        <add key="mailFrom" value ="<发件电子邮箱>"/>
    //发件箱密码
        <add key="mailPsd" value ="<发件箱密码>"/>
    //发件服务器
        <add key="mailHost" value ="<发件箱服务器>"/>
    //用户密码加密时加密种子,3~6位数字,设置后不可更改
        <add key="secr" value ="132"/>
    </appSettings>
```

客户端的 Session 设置如下：

```
<sessionState mode="InProc" cookieless="true" timeout="60"/>
```

2. 数据库连接

本例采用 SQL Server 数据库，在页面代码开始部分应加入如下两个引用：

```
using System.Data.Sql;
using System.Data.SqlClient;
```

从 Web.config 文件中读取数据库连接字符串 sqlcon，创建一个 sqlconnection 实例作为公共变量。

```
public static string sqlcon_str=ConfigurationSettings.AppSettings["sqlcon"];
public static SqlConnection sqlcon=new SqlConnection(sqlcon_str);
```

系统中还用到 SqlCommand、SqlDataReader、SqlDataAdapter、DataSet、GridView 等与

数据表操作相关的控件,关于这些控件的用法,可参照前面章节的内容。

3. 相关业务设置

(1) 常见问答文件 qa.xml

```
<?xml version="1.0" encoding="UTF-8" ?>
<questions>
  <question>
    <id>序号</id>
    <qst>问题?</qst>
    <ans>答复</ans>
  </question>
    ⋮
</questions>
```

(2) 滚动图书广告文件 scrollad.xml

```
<?xml version="1.0" encoding="UTF-8" ?>
<scrollads>
  <scrollad>
    <bid>书号</bid>
    <alert>书名</alert>
  </scrollad>
    ⋮
</scrollads>
```

(3) 最热图书随机广告文件 hotbook.xml

```
<?xml version="1.0" encoding="UTF-8" ?>
<hotbooks>
  <hotbook>
    <bid>书号</bid>
    <alert>书名</alert>
    <introduce>书评</introduce>
  </hotbook>
    ⋮
</hotbooks>
```

9.4 系统实现

系统实现主要介绍各页面的设计、主要控件的属性和作用、页面事件和控件事件的实现方法和关键代码,对于静态的 Label 控件不做说明。功能模块的实现方法在代码中有比较详细的注释,认真阅读代码并着重关注注释部分。

表 9-10 是系统主要页面和代码文档表。

系统中各页面的参数采用客户端的 Session["参数"]=参数值和源页面 Response.Redirect(转向页面.aspx?参数1=参数值1&参数2=参数值2…)传递,在相应的页面配套 Request.QueryString["参数"]取值两种方法。

表 9-10 主要页面及代码

页面	代码	功能
default.aspx	default.aspx.cs	主页,网站公共信息显示、用户登录控制、各功能模块入口
regist.aspx	regist.aspx.cs	注册,用于新用户注册信息和老用户修改信息
single_book.aspx	single_book.aspx.cs	图书查询,图书快查/综合查询,购书选择
order.aspx	order.aspx.cs	购书篮/订单,注册用户购书篮和订单管理
service.aspx	service.aspx.cs	客服中心,处理常见问答、注册用户投诉建议、资料修改、密码修改
web_m.aspx	web_m.aspx.cs	后台管理,包括注册用户管理、订单管理、书籍管理
	mescr1.cs	字符串加解密类,包含在命名空间 MyLib 中,类名为 Mescr(使用方法见本节)
	qa.xml	常见问答 XML 文件
	scrollad.xml	主页滚动广告设置
	hotbook.xml	主页随机最热书推介

Session 的主要参数有如下几个。

(1) Session["Uid"]:注册用户 ID,一般游客的值为空,管理员为 admin。

(2) Session["Uname"]:注册用户名称,一般游客的值为空,管理员为"管理员"。

(3) Session["Utype"]:用户类型,一般游客的值为 Guest,管理员为 adminstrator_uso,注册用户为 MyUser。

(4) Session["UEmail"]:注册用户的 E-mail,非注册用户为空。

(5) Session["login_ms"]:显示登录信息,注册用户登录时显示该用户名称(账号)登录时间,非注册用户为"未登录"。

(6) Session["Bid"]:当前选中书号或订单号,其值在具体业务中变化。

Response.Redirect 的参数有如下几个。

(1) Response.Redirect("regist.aspx?addored=1"):注册用户从客服中心页面转向注册页面,addored=1 表示老用户修改。

(2) Response.Redirect("single_book.aspx?skey="+TextBox4.Text):从主页面快查(即按钮"搜搜")传值转入图书信息查询页面,先读取 skey 的值,并显示书名或作者近似该值的图书信息,TextBox4.Text 为关键词。

(3) Response.Redirect("single_book.aspx?Bid="+GridView2.SelectedRow.Cells[1].Text.ToString()):从主页面的新特书板块查看,Bid 为当前书号,在图书查询页面读取 Bid 的值,并显示书号为 Bid 值的图书信息。

系统中使用了自定义的类——字符串加解密类,位于命名空间 MyLib 中,类名为 Mescr。加密方法为将不少于 6 位的源字符串 1~6 位的 ASCII 码加上不大于 6 位种子串 ××××××(×为 0~9 的数字)对应的值,其余加上 10,产生新的字符串,为加密字符串。采用相反的方法,将加密字符串进行解密还原为源字符串。代码如下:

```
namespace MyLib
{
    public class Mescr                    //字符串加解密
```

```
        {
            public string Makescr(string str1,string str2)
                                        //str1 为源字符串,str2 为加密种子字符串
            {
                byte[]abc=new byte[20];
                string str3=str1;
                int i=0,j=0;
                byte dalta=10;
                for(j=0;j<20;j++)abc[j]=0;
                for (i=0; i<str1.Length; i++)
                {
                    if (i<str2.Length && i<6) dalta=byte.Parse(str2.Substring(i,1));
                        abc[i]= (byte)(byte.Parse(System.Text.Encoding.Default.GetBytes
                            (str1).GetValue(i).ToString())-dalta);
                }
        str3=System.Text.Encoding.ASCII.GetString(abc).Trim();
                return str3.Trim();          //返回加密字符串
        }
            public string Desscr(string str1,string str2)
                                        //str1 为加密后的字符串,str2 为加密种子字符串
            {
                byte[]abc=new byte[20];
                string str3=str1;
                int i=0,j=0;
                byte dalta=10;
                for (j=0; j<20; j++) abc[j]=0;
                for (i=0; i<str1.Length; i++)
                {
                    if (i<str2.Length && i<6) dalta=byte.Parse(str2.Substring(i,1));
                    abc[i]= (byte)(byte.Parse(System.Text.Encoding.Default.GetBytes(str1).
                        GetValue(i).ToString())+dalta);
                }
                str3=System.Text.Encoding.ASCII.GetString(abc).Trim();
                return str3.Trim();          //返回还原字符串
            }
        }
    }
```

9.4.1 网站主页

系统主页面 default.apsx 是系统各业务功能页面的入口,图 9-4 是呈现给用户的主页面。

考虑到客户端显示器分辨率不同,项目要求满足 1024×768 以上的分辨率,所以应使页面处于中间位置,保证页面的宽度不超过 1024px,在此系统中将宽度控制为 980px。

(1) 页头部分:包括一个 Image 控件、一个 Menu 控件、两个 Label 控件、一个 TextBox 控件和一个 Button 控件,属性设置和作用见表 9-11。

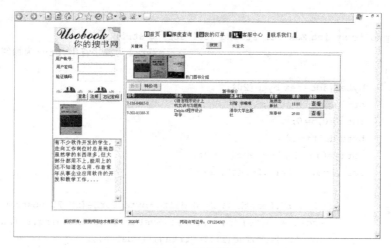

图 9-4 网站首页

表 9-11 主页页头控件

控件 ID	主 要 属 性	作 用
Image1	ImageUrl：~/image/img1.bmp	网站 Logo，可替换
Menu1	Orientation：Horizontal Columns： 0　Text：首页；Value：首页；NavigateUrl：~/default.aspx 1　Text：深度查询；Value：深度查询；NavigateUrl：~/single_book.aspx 2　Text：我的订单；Value：我的订单；NavigateUrl：~/order.aspx 3　Text：客服中心；Value：客服中心；NavigateUrl：~/service.aspx 4　Text：联系我们；Value：联系我们；NavigateUrl：~/aboutus.aspx	主菜单
Label6	Text：关键词	显示
Label2	Text：未登录	用户未登录或登录不成功显示"未登录"，用户登录后显示用户名（账号）和登录时间
TextBox4	Text：null；AutoPostBack：False	快速查询关键词
Button1	Text：搜搜	快速查询按键

（2）页中左侧：包括用户登录、随机验证码图形显示、随机最热图书介绍，控件的主要属性和作用见表 9-12。

表 9-12 页中左侧控件

控 件 ID	主 要 属 性	作 用
TextBox1	Text：null；AutoPostBack：True	用户账号，回车或失去焦点时，系统生成 6 位随机十六进制码，以图示方式显示
TextBox2	Text：null；AutoPostBack：False	用户密码
TextBox3	Text：null；AutoPostBack：Fasle	6 位随机十六进制验证码

续表

控 件 ID	主 要 属 性	作 用
TextBox5	Text：null；AutoPostBack：False；Visible：False	存储6位随机十六进制验证码
Image2～Image7	ImageUrl：null；Visible：False	对应6位随机十六进制验证码图像
ComValid1	ErrorMessage：验证码错！；ControlToCompare：TextBox5；ControlToValidte：TextBox3	比较验证控件
Button2	Text：登录	用户登录
Button3	Text：注册	用户注册
Button6	Text：忘记密码	忘记密码，输入用户账号后传回密码
Image8	ImageUrl：<随机书封图像>；Visible：True	随机最热书书封
TextBox6	Text：null；AutoPostBack：False；TextMode：MultiLine	最热书介绍

（3）页中右侧：包括热门图书介绍、新书推介、特价书列表，控件的主要属性和作用见表9-13。

表9-13 页中右侧控件

控 件 ID	主 要 属 性	作 用
hotscr	<marquee id="hotscr" runat="server" direction="left" height="80" scrolldelay="150" style="left:0px;position:relative;top:0px;width:723px;"><%=abc%></marquee>	热门书滚动广告条，内容由系统读取scrollad.xml文件保存在字符串abc中
Button4	Text：新书；Enable：True	显示新录入的图书列表
Button5	Text：特价书；Enable：False	显示折扣率≤0.8的图书列表
SqlDataSource1	ConnectString：<由Button4/5确定>DataSourceMode：Dataset	gridview1/2的数据源
GridView1	Caption：新书推介；DataSourceID：SqlDataSource1；AllowPaging：True；AutoGenerateColumns：False；DataKeyNames：Bid；PageSize：5 字段： 0 headtext：封面；Visible：False 1 headtext：书号；Datafield：Bid 2 headtext：书名；Datafield：Bname 3 headtext：出版社；Datafield：Bpub 4 headtext：作者；Datafield：Bauth 5 headtext：单价；Datafield：Bpri 6 headtext：选择；Datafield：Bid CommandField	新书推介 数据源： SelectCommand="select * from Binfo where Bnew=0"; 行选择产生gridview1selectedrowchanged事件
GridView2	Caption：特价书；DataSourceID：SqlDataSource1；AllowPaging：True；AutoGenerateColumns：False；DataKeyNames：Bid；PageSize：5 字段： 0 headtext：封面；Visible：False 1 headtext：书号；Datafield：Bid 2 headtext：书名；Datafield：Bname 3 headtext：原书价；Datafield：Bpri 4 headtext：折扣率；Datafield：Bf 5 headtext：节省额；Visible：False 6 headtext：选择；Datafield：Bid CommandField	特价书列表 数据源： SelectCommand="select * from Binfo where Bf<=0.8" 行选择产生gridview2selectedrowchanged事件

(4)页下侧：显示版权、网络许可信息。
主要代码如下：
(1)公共变量

```
public static string sqlcon_str=ConfigurationSettings.AppSettings["sqlcon"];
public static SqlConnection sqlcon=new SqlConnection(sqlcon_str);
public static string abc="";                              //移动广告条变量
string secr=ConfigurationSettings.AppSettings["secr"].Trim();   //密码加密种子
Mescr msc=new Mescr();                                    //创建一个字符串加密的对象
```

(2)Page_Load()事件

```
protected void Page_Load(object sender, EventArgs e)
{
    DataSet dst=new DataSet();                            //存放水平广告条数据
    DataSet dst1=new DataSet();                           //存放最热随机推介数据
    DataTable dtt,dtt1;
    string Bid="",alt="";
    Random rr=new Random(10);
    int kran=0;                                           //随机数
    SqlDataAdapter dtad=new SqlDataAdapter();
    SqlDataSource1.ConnectionString=sqlcon_str;
    if (!Page.IsPostBack)
    {
        //关闭登录验证码图形 Image2~Image7
        Image2.Visible=false;
        …<此处省略>
        Image7.Visible=false;
        Button4_Click(sender, e);
    }
    if (sqlcon.State==ConnectionState.Closed) sqlcon.Open();
        //读入热门书籍水平滚动条
        dst.ReadXml(Server.MapPath("xml/scrollad.xml"));
        dtt=dst.Tables[0];
        abc="";
        for(int i=1;i<=dtt.Rows.Count;i++)
        {
            Bid=dtt.Rows[i-1].ItemArray[0].ToString();   //提取 i-1 行的第 1 列数据
            alt=dtt.Rows[i-1].ItemArray[1].ToString();
            abc+="<a href=single_book.aspx?Bid="+Bid+">"+"<img src=image/book/"
                +Bid+".jpg"+" style=\x22WIDTH: 52px; HEIGHT: 71px\x22 alt=\x22"+
                alt+"\x22/></a>";
        }
        abc+="  热门图书介绍   ";
        //随机读入最热门书籍介绍
        dst1.ReadXml(Server.MapPath("xml/hotbook.xml"));
        dtt1=dst1.Tables[0];
        alt="";
        for(int j=0;j<=rr.Next(0,DateTime.Now.Second);j++)
        kran=rr.Next(0,dtt1.Rows.Count);
            Bid=dtt1.Rows[kran].ItemArray[0].ToString(); //提取 i-1 行的第 1 列数据
```

```
            alt=dtt1.Rows[kran].ItemArray[2].ToString();
            Image8.ImageUrl="image/book/"+Bid+".jpg";
            Image8.AlternateText=dtt1.Rows[kran].ItemArray[1].ToString();
            TextBox6.Text=alt;
}
```

(3) 快速搜书 Button1_Click()事件

```
protected void Button1_Click(object sender,EventArgs e)
{
    if (TextBox4.Text.Length > 0) Response.Redirect ("single_book.aspx?skey="+
                                           TextBox4.Text);
}
```

变量 skey 传递搜书关键词,可以查找类似的作者和书名。

(4) TextBox1_TextChanged()事件

当用户账号文本框失去焦点时,产生 6 位十六进制随机码,并在 Image2～Image7 中显示对应的图像。

```
protected void TextBox1_TextChanged(object sender, EventArgs e)
{
    string strrnd="";
    string strpic="";
    string strsc="";
    Random ran=new Random();
    int i,krnd;
    for(i=1;i<=6;i++)
    {
        krnd=ran.Next(0,16);
        switch(krnd)
        { //10 A,11 B,12 C,13 D,14 E,15 F
          case 10:
            strrnd+="A";
            strsc="A";
            break;
            …<此处省略>
          case 15:
            strrnd+="F";
                strsc="F";
            break;
          default:
            strsc=krnd.ToString();
            strrnd+=krnd.ToString();
            break;
        }
        switch(i)
        {                                       //显示对应的图片文件
          case 1:
            Image2.ImageUrl="~/image/认证图片/n"+strsc+".bmp";
            Image2.Visible=true;
            break;
```

```
        …<此处省略>
        }
    }
    TextBox5.Text=strrnd;
}
```

(5) 用户登录 Button2_Click()事件

用户登录时,数据表 Puser 中的密码是按系统设定规则加密的,必须对 TextBox2.Text 进行加密后方可比较,系统已经编写了一个字符串加密类,用于对字符串加解密。在代码文档头引入 using MyLib。使用时定义一个字符串加解密实例 Mescr msc=new Mescr()。

```
protected void Button2_Click(object sender,EventArgs e)
{
    string login_id,ps;
    SqlCommand sqlsel=new SqlCommand();
    SqlDataReader drr;
    Boolean exst=false;
    string uname,uemail;
    string upsd=TextBox2.Text;
    int Pef;
    Pef=0;
    login_id="";
    uname="";
    uemail="";
    Session["Utype"]="Guest";
    //管理员登录后直接进入后台管理页面
    if (ComValid1.IsValid&& (TextBox1.Text = =" admin ") && (TextBox2.Text = ="
    usobook10y"))
    {
        Session["Uid"]="admin";
        Session["Uname"]="管理员";
        Session["Utype"]="Adminstrator_uso";
        Response.Redirect("web_m.aspx");
        return;
    }
    //非管理员,需先判断用户的有效性,0表示未审核,1表示可用,9表示禁用
    sqlsel.Connection=sqlcon;
    sqlsel.CommandText="select * from Puser where lower(id)='"+TextBox1.Text.
                    ToLower()+"'and psecr='"+msc.Makescr(upsd,secr)+"'";

    if (ComValid1.IsValid)
    {
        if (sqlcon.State==ConnectionState.Closed)sqlcon.Open();
        drr=sqlsel.ExecuteReader();
            while (drr.Read())
            {
                exst=true;
                uname=drr["Pname"].ToString();
                uemail=drr["Pemail"].ToString();
                ps=drr["Psex"].ToString();
```

```
                    Pef=Int32.Parse(drr["Pef"].ToString());
                if(ps=="男")
                    login_id="欢迎您"+drr["Pname"].ToString()+"("+drr["id"].
                    ToString()+")先生.今天是 "+DateTime.Now.ToShortDateString();
                else
                    login_id="欢迎您"+drr["Pname"].ToString()+"("+drr["id"].
                    ToString()+")女士.今天是 "+DateTime.Now.ToShortDateString();
            }
            drr.Close();
            {
                if (exst)
                {
                    if(Pef==1)
                    {
                        Label2.Text=login_id;
                        Session["Uid"]=TextBox1.Text;
                        Session["Uname"]=uname;
                        Session["Utype"]="MyUser";
                        Session["UEmail"]=uemail;
                    }
                    if(Pef==0) Label2.Text="未通过审核,系统会在一个工作日内予以审核";
                    if(Pef==9) Label2.Text="该用户因违反相关约定为禁用";
                }
                else
                { Label2.Text="用户未登录";
                }
            }
        }
        Session["login_ms"]=Label2.Text;                //在后续页面中显示登录信息
}
```

(6) 注册 Button3_Click()事件

属性 PostBackUrl：~/regist.aspx，单击"注册"按钮进入注册页面。

(7) 忘记密码 Button6_Click()事件

当用户忘记密码时，单击 Button6，系统将密码发送到用户注册时的电子邮箱。下面程序使用了邮件收发控件，必须在文档头部引用命令空间 System.Net.Mail。

```
protected void Button6_Click(object sender,EventArgs e)
{
    if (TextBox1.Text.Length==0) { showmessage("请输入用户账号!"); return; }
    SqlCommand exst_com=new SqlCommand("select * from Puser where id='"+TextBox1.
        Text+"'",sqlcon);
    SqlDataReader dr;
    string eml="";                                      //用户 E-mail
    string scr="";
    if (sqlcon.State==ConnectionState.Closed) sqlcon.Open();
    dr=exst_com.ExecuteReader();
    while (dr.Read())
    {
        scr=msc.Desscr(dr["Psecr"].ToString(),secr);
```

```
            eml=dr["Pemail"].ToString();
        }
        dr.Close();
        if (scr=="") { showmessage("该账号用户不存在"); return; }
        SendMailUseZj(TextBox1.Text,scr,eml);
    }
    public void SendMailUseZj(string uid,string scr,string eml)
    {
        //创建一个邮件对象
        System.Net.Mail.MailMessage msg=new System.Net.Mail.MailMessage();
        string mailTo=eml;
        string mailFrom=ConfigurationSettings.AppSettings["mailFrom"];
        string Psd=ConfigurationSettings.AppSettings["mailPsd"];
        string mailHost=ConfigurationSettings.AppSettings["mailHost"];
        //指定收件人,可以发送给多人
        msg.To.Add(mailTo);
        //指定发件邮箱
        msg.From=new MailAddress(mailFrom,"jyc",System.Text.Encoding.UTF8);
        /* 上面3个参数分别是发件人地址(可以随便写)、发件人姓名、编码 */
        msg.Subject="用户密码";                          //邮件标题
        msg.SubjectEncoding=System.Text.Encoding.UTF8;   //邮件标题编码
        msg.Body="您在Usobook注册的账号:"+uid+"\r密码是:"+scr;   //邮件内容
        msg.Body+="\r"+DateTime.Now.ToString();
        msg.BodyEncoding=System.Text.Encoding.UTF8;      //邮件内容编码
        msg.IsBodyHtml=false;                            //是否是HTML邮件
        msg.Priority=MailPriority.High;                  //邮件优先级
        SmtpClient client=new SmtpClient();
        client.Credentials=new System.Net.NetworkCredential(mailFrom,Psd);
        //发件邮箱(非客户邮箱)和密码
        client.Host=mailHost;
        object userState=msg;
        try
        {
            client.Send(msg);
            Page.ClientScript.RegisterStartupScript(this.GetType(),"","alert('发送
                成功!');",true);
        }
        catch (System.Net.Mail.SmtpException ex)
        {
            Page.ClientScript.RegisterStartupScript(this.GetType(),"","alert('发送
                邮件出错!');",true);
        }
    }
```

(8) 新书列表Button4_Click()事件

```
protected void Button4_Click(object sender,EventArgs e)
{
    SqlDataSource1.SelectCommand="select * from Binfo where Bnew=0";
    GridView1.Visible=true;
    GridView2.Visible=false;
```

```
            Button5.Enabled=true;
            Button4.Enabled=false;
}
```

（9）特价书列表 Button5_Click()事件

```
protected void Button5_Click(object sender,EventArgs e)
{
    SqlDataSource1.SelectCommand="select * from Binfo where Bf<=0.8";
    GridView2.Visible=true;
    GridView1.Visible=false;
    Button4.Enabled=true;
    Button5.Enabled=false;
}
```

9.4.2 用户注册

用户可以直接从主页进入注册页面，进入时各输入框清空。如果登录的是注册用户，也可以从客服中心页面进入注册页面修改用户资料，图 9-5 为用户注册设计页面。

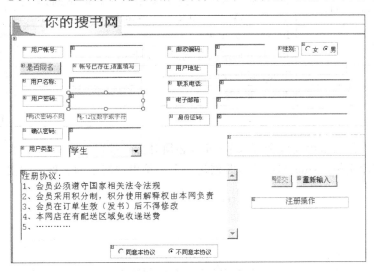

图 9-5 用户注册设计页面

页面控件的主要属性和作用见表 9-14。

表 9-14 页面控件的主要属性和作用

控件 ID	主要属性	作用
TextBox1	Enable：新注册时为 True，修改时为 False	用户账号
Button1	Text：是否同名	判断是否存在同名账号
Label5	Text：账号已存在，请…；Visible：False	显示是否存在同名账号
TextBox2		用户名称
TextBox3	TextMode：Password	用户密码

续表

控 件 ID	主 要 属 性	作 用
TextBox4	TextMode：Password	确认用户密码
CompareValidator1	ErrorMessage：两次密码不同！；ControlToCompare：TextBox3；ControlToValidte：TextBox4	比较验证控件
RegularExpressionValidator2	ErrorMessage：6~12位数字或字符；ControlToCompare：TextBox3	正则验证控件
DropDownList1	Items 在页面装载时从表 Pusertype 读入	用户类型
TextBox5		邮政编码
TextBox6		用户地址
TextBox7		联系电话
TextBox8		E-mail
RegularExpressionValidator1	ErrorMessage：E-mail 格式错误；ControlToCompare：TextBox8；ValidationExpression：\w+([-+.']\w+)*@\w+([-.]\w+)*\.\w+([-.]\w+)*	E-mail 验证
TextBox9		身份证号码
RegularExpressionValidator3	ErrorMessage：15位或18位数字；ControlToCompare：TextBox9；ValidationExpression：\d{17}[\d|X]|\d{15}	身份证验证
RadioButtonList1	Items：0 女；1 男	性别选择
RadioButtonList2	Items：0 同意；1 不同意（checked）	是否同意协议
Button2	Text：提交；Enable：Fasle	提交注册
Button3	Text：重新输入	用户注册
Label14		操作提示

由于事件中使用密码读取和写入数据库，必须对密码进行加解密，所以在文件头部应引用字符串加密库文件（using MyLib），并创建一个字符串加解密的实例。主要代码如下：

```
public partial class _regist:System.Web.UI.Page
```

（1）公共变量

```
//获得数据库连接字符串
public static string sqlcon_str=ConfigurationSettings.AppSettings["sqlcon"];
public static SqlConnection sqlcon=new SqlConnection(sqlcon_str);
public static string addored;         //标识用户处于修改还是新增状态,1代表修改,0代表新增
string secr=ConfigurationSettings.AppSettings["secr"];         //密码加密种子
Mescr msc=new Mescr();         //Mescr 是 MyLib 库的一个类,处理字符串加解密
```

（2）Page_Load()事件

```
protected void Page_Load(object sender, EventArgs e)
{
    SqlCommand sqlcom=new SqlCommand();
    SqlDataReader dr;
    sqlcom.Connection=sqlcon;
    sqlcom.CommandText="select distinct * from Pusertype";
    string psd="11111111";
    if (sqlcon.State==ConnectionState.Closed) sqlcon.Open();
```

```csharp
if (!Page.IsPostBack)
{
    //为"用户类型"下拉列表框添加 Pusertype 数据
    dr=sqlcom.ExecuteReader();
    DropDownList1.Items.Clear();
    while (dr.Read())
    {
        if (!((dr["Ptype"].ToString().Trim())=="管理员"))
        DropDownList1.Items.Add(dr["Ptype"].ToString());
    }
    dr.Close();
    //判断是来自主页注册还是来自客服中心"修改用户资料"
    //当来自客服中心时 Response.Redirect("regist.aspx?addored=1"),即传回 addored=1
    try
    { addored=Request.QueryString["addored"].ToString(); }
    catch {addored="0"; }
    //来自客服中心,导入用户资料
    if (addored=="1")
    {
        sqlcom.CommandText="select * from Puser where ID='"+Session["uid"]+"'";
        dr=sqlcom.ExecuteReader();
        while(dr.Read())
        {
            Button2.Enabled=true;
            TextBox1.Text=dr[0].ToString();
            TextBox1.Enabled=false;
            TextBox2.Text=dr[1].ToString();
            DropDownList1.Text=dr[2].ToString();
            //此时密码不能修改,要修改密码,应在客服中心页面的"修改用户密码"面板处
              修改
            TextBox3.Enabled=false;
            TextBox4.Enabled=false;
            TextBox5.Text=dr[6].ToString();
            TextBox6.Text=dr["padd"].ToString();
            TextBox7.Text=dr["pph"].ToString();
            TextBox8.Text=dr["Pemail"].ToString();
            TextBox9.Text=dr["pid"].ToString();
            RadioButtonList1.SelectedValue=dr["psex"].ToString();
            RadioButtonList2.Enabled=false;
            Button2.Text="保存";
            Button2.Enabled=true;
            psd=msc.Desscr(dr[3].ToString(), secr);

        }
        dr.Close();
    }
}
```

(3) 判断是否同名 Button1_Click()事件

```
protected void Button1_Click(object sender,EventArgs e)
{
    SqlCommand sqlsel=new SqlCommand();
    SqlDataReader drr;
    Boolean exst=false;
    sqlsel.Connection=sqlcon;
    sqlsel.CommandText="select * from Puser where lower(id)='"+TextBox1.Text.ToLower()+"'";
    drr=sqlsel.ExecuteReader();
      if (sqlcon.State==ConnectionState.Closed) sqlcon.Open();
      if (drr.Read()) { exst=true; }
      if (exst)
      {
          Label5.Visible=true;
      }
      else
      { Label5.Visible=false; }
    drr.Close();
}
```

(4) 是否同意协议选择 RadioButtonList2_SelectedIndexChanged()事件

```
protected void RadioButtonList2_SelectedIndexChanged(object sender,EventArgs e)
{
    if (addored=="1") return;              //当判断处于修改状态时,忽略同意协议
    RadioButtonList2.AutoPostBack=true;
    if (this.RadioButtonList2.SelectedIndex==0) Button2.Enabled=true;
    else Button2.Enabled=false;
}
```

(5) 提交保存 Button2_Click()事件

```
protected void Button2_Click(object sender,EventArgs e)
{
    SqlCommand ins_com=new SqlCommand();
    SqlTransaction trans=sqlcon.BeginTransaction();
    string ins_str="";
    if (TextBox1.Text=="" || TextBox2.Text==""|| TextBox3.Text==""|| TextBox5.Text==
    ""|| TextBox6.Text==""|| TextBox7.Text==""|| TextBox8.Text==""|| TextBox9.Text==
    "")
    {
        showmessage("注册操作:所有信息均不能为空");
        return;
    }
    //DropDownList1.Text="";
    //新用户注册
  if (addored=="0")
    {
        ins_str="insert into Puser values('";
        ins_str+=TextBox1.Text.ToLower()+"','"+TextBox2.Text+"','"+DropDownList1.
```

```
                    SelectedValue.ToString()+"','";
            ins_str+=msc.Makescr(TextBox3.Text,secr)+"',0,'"+DateTime.Now.ToString()+
                    "','"+TextBox5.Text+"','"+TextBox6.Text+"','";
            ins_str+=TextBox7.Text+"','"+TextBox8.Text+"','"+TextBox9.Text+"','"+
                    RadioButtonList1.SelectedValue.ToString()+"',0";
        }
        //老用户修改
    if (addored=="1")
        {
            ins_str="update Puser set Pname='"+TextBox2.Text+"',";
            ins_str +="Ptype='"+DropDownList1.SelectedValue.ToString()+"',Pcode='"+
                    TextBox5.Text+"',";
            ins_str+="Padd='"+TextBox6.Text+"',Pph='"+TextBox7.Text+"',Pemail='"+
                    TextBox8.Text+"',Pid='"+TextBox9.Text+"',";
            ins_str+="Psex='"+RadioButtonList1.SelectedValue.ToString()+"' where id=
                    '"+TextBox1.Text+"'";
        }
        ins_com.Connection=sqlcon;
        ins_com.CommandText=ins_str;
        ins_com.Transaction=trans;
     try
        {
            ins_com.ExecuteNonQuery();
            Label14.ForeColor=System.Drawing.Color.Yellow;
            Label14.Text="注册操作:成功";
            showmessage("注册操作:成功");
            trans.Commit();
        }
        catch
        {
            Label14.ForeColor=System.Drawing.Color.Red;
            Label14.Text="注册操作:失败";
            showmessage("注册操作:失败");
            trans.Rollback();
        }
        finally
        {
            sqlcon.Close();
        }

}

//showmessage()函数用于显示提示信息
protected void showmessage(string str)
{
    Page.ClientScript.RegisterStartupScript(this.GetType(),"","alert('"+str+"');",
    true);
}
```

9.4.3 图书查询

图书查询页面 Single_book.aspx 接受一般游客和注册用户进行快速查询和深度查询,

用户可以进行简单查询,也可以进行综合查询。图 9-6 是图书查询页面,也是注册用户选择图书并加入购书篮中的页面。

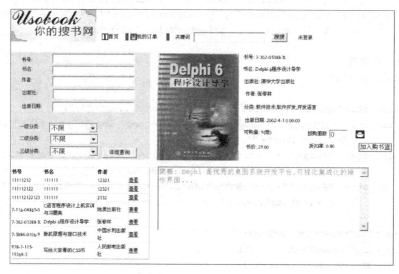

图 9-6　图书查询页面

页面结构分为上、下左、下右 3 部分。

(1) 上部:设置一个菜单,可以返回首页或转向"我的订单"页面,可以输入关键词快速查书,标签 Label 显示用户登录信息。

(2) 下左部分:设置图书查询条件和查询结果的列表。单击可查看图书详细信息。

(3) 下右部分:显示图书详细信息,包括书封图像、书号、书名、出版社、作者、三级分类、出版日期、可购量(实存量-确认订单的拟购量总和)、单价、折扣率、书摘,用户待选入购书篮的量和加入购书篮中的执行按钮。其中书封图像由管理员在录入该书时上传至服务器 /image/book 目录中。

表 9-15 为图书查询页面的主要控件的属性和作用。

表 9-15　图书查询页面的主要控件属性和作用

控 件 ID	主 要 属 性	作　　用
上部控件		
Menu1		上部菜单
TextBox4		快查输入框
Label2	Text:<登录信息>	用户登录
Button1	Text:搜搜	快速搜书
下左侧控件		
TextBox7～TextBox10		图书信息
RegularExpression Validator	ErrorMessage:格式为××××(年)-××××(年);ControlToCompare:TextBox10	正则验证控件 日期段为年-年
DropDownList5～ DropDownList7	Items 在页面装载时从表 Btype1～Btype3 中读入	三级图书类型

续表

控 件 ID	主 要 属 性	作　　用
Button6	Text：详细查询	执行综合查询
GridView1	查询结果简明图书列表	图书列表,选择时显示图书详细信息
下右侧控件		
Label1、Label2、Label3、…		显示对应图书信息
ImageButton1	ImageUrl：~/image/图标/basket.bmp	将所查图书加入购书篮中
TextBox2	Text：0	加入购书篮中的数量

主要代码如下：
(1) 公共变量

```
public static string sqlcon_str= ConfigurationSettings.AppSettings["sqlcon"];
public static SqlConnection sqlcon= new SqlConnection(sqlcon_str);
public static string current_bid= "";                //当前书号
public static string sqlstr;                         // 综合查询条件
```

(2) 图书信息显示函数 show_single()

```
protected void Show_Single()                          //显示书号为 Bid 的图书明细
{
    SqlCommand sqlcom=new SqlCommand();
    SqlDataReader dr;
    sqlcom.Connection= sqlcon;
    try
    {                                                //从主页快速查书、热门图书广告或新特书传来的图书号
        current_bid=Request.QueryString["Bid"];
        Session["Bid"]=current_bid;
    }
    catch
    { current_bid=""; }
    if ((current_bid=="") && (GridView1.Rows.Count> 0))   //显示列表中的第一本书
    {
        if (GridView1.SelectedIndex==- 1) GridView1.SelectedIndex= 0;
        current_bid=GridView1.SelectedRow.Cells[0].ToString();
    }
    // 计算可用书数量
    sqlcom.CommandText="select * ,num0- num1 as nm from Binfo where bid='"+current_
bid+"'";
    if (sqlcon.State==ConnectionState.Closed) sqlcon.Open();
    dr=sqlcom.ExecuteReader();
    while (dr.Read())
    {
        Label1.Text="书号:"+dr["bid"].ToString();
        Label3.Text="书名:"+dr["bname"].ToString();
        Label4.Text="出版社:"+dr["bpub"].ToString();
        Label5.Text="作者:"+dr["bauth"].ToString();
        Label7.Text="分类:"+dr["bt1"].ToString()+","+dr["bt2"].ToString()+","+
                dr["bt3"].ToString();
```

```
            Label8.Text="出版日期:"+dr["bpdt"].ToString();
            Label9.Text="书价:"+dr["bpri"].ToString();
            Label10.Text="折扣率:"+dr["bf"].ToString();
            Label11.Text="可购量:"+dr["nm"].ToString();
            TextBox1.Text="摘要:"+dr["bad"].ToString();
             Image2.ImageUrl="~/image/book/"+dr["bid"].ToString().Trim().Replace
                            ("/","")+".jpg";
        }
        dr.Close();
    }
```

(3) 自定义函数: List_rst(sring skey)

```
protected void List_rst(string skey)              //列出书名或作者名中含有skey的书籍
{
    SqlCommand sqlcom1=new SqlCommand();
    SqlDataReader dr1;
    sqlcom1.Connection=sqlcon;
    sqlcom1.CommandText="select Bid,Bname,Bauth from Binfo where lower(Bname) like
                        '%"+skey+"%' or Bauth like '%"+skey+"%'";
    if(sqlcon.State==ConnectionState.Closed) sqlcon.Open();
    dr1=sqlcom1.ExecuteReader();
    GridView1.DataSource=dr1;
    GridView1.DataBind();
    dr1.Close();
}
```

(4) Page_Load()事件

```
protected void Page_Load(object sender,EventArgs e)
{
    SqlCommand sqlcom1=new SqlCommand();
    SqlDataReader dr1;
    if (!Page.IsPostBack)
    {
        Show_Single();
        sqlcom1.Connection=sqlcon;
        sqlstr="";
        try
        {
            Label2.Text="当前登录账号:"+Session["Uid"].ToString()+"("+
            Session["Uname"].ToString()+")";
        }
        catch
        { Label2.Text="未登录"; }
        try
        {
            sqlstr=Request.QueryString["skey"];
            if (sqlstr.Length> 0) TextBox4.Text=sqlstr;
        }
        catch
        { sqlstr="9999"; }
```

```
            if (sqlstr=="") sqlstr="9999";
            List_rst(sqlstr);
            update_typedrd();
        }
    }
```

(5) 搜搜 Button1_Click()事件

```
protected void Button1_Click(object sender,EventArgs e)
{
    if (TextBox4.Text.Length> 0)
    {
        List_rst(TextBox4.Text);
        sqlstr=TextBox4.Text;
    }
}
```

(6) 详细查询 Button2_Click()事件

```
protected void Button2_Click(object sender,EventArgs e)
{
    string sqlbinfo;
    DataSet ds=new DataSet();
    string dt1,dt2,ddt;
    dt1="2000-01-01";
    dt2="2010-12-31";
    ddt=TextBox11.Text.Trim();
    //条件判断
    sqlbinfo="bid>'0'";
    if (TextBox7.Text.Trim().Length> 0) sqlbinfo+=" and Bid like '%"+TextBox7.Text.
        Trim()+"%'";
    if (TextBox8.Text.Trim().Length> 0) sqlbinfo+=" and Bname like '%"+TextBox8.Text.
        Trim()+"%'";
    if (TextBox9.Text.Trim().Length> 0) sqlbinfo+=" and Bauth like '%"+TextBox9.Text.
        Trim()+"%'";
    if (TextBox10.Text.Trim().Length> 0) sqlbinfo+=" and Bpub like '%"+TextBox10.
        Text.Trim()+"%'";
    if (TextBox11.Text.Trim().Length>0)
    {
        dt1=ddt.Substring(0,4)+"-01-01";
        dt2=ddt.Substring(5,4)+"-12-31";
        sqlbinfo+=" and bpdt>='"+dt1+"' and bpdt<='"+dt2+"'";
    }
    if (DropDownList6.Text!="不限") sqlbinfo+=" and bt1='"+DropDownList6.Text+"'";
    if (DropDownList7.Text!="不限") sqlbinfo+=" and bt2='"+DropDownList7.Text+"'";
    if (DropDownList8.Text!="不限") sqlbinfo+=" and bt3='"+DropDownList8.Text+"'";

    SqlDataAdapter da=new SqlDataAdapter("select * from Binfo where "+ sqlbinfo,
        sqlcon);
    if (sqlcon.State==ConnectionState.Closed) sqlcon.Open();
    da.Fill(ds,"Binfo");
    GridView1.DataSource=ds.Tables[0].DefaultView;
```

```
    GridView1.DataBind();
}
```

(7) 图书列表 GridView2_SelectedIndexChanged()事件

```
protected void GridView1_SelectedIndexChanged(object sender,EventArgs e)
{
    =GridView1.SelectedDataKey.Value.ToString();
    item_select();                          //item_select()与 Show_Single()类似
}
```

(8) 加入购书篮 ImageButton1_Click()事件

```
protected void ImageButton1_Click(object sender,ImageClickEventArgs e)
{
    string Bid=Session["Bid"].ToString();              //当前书号
    SqlCommand sqlcom1=new SqlCommand();
    SqlDataReader dr1;
    string Uid;                             //当前用户 ID,由 Bid 和 Uid 构成书篮的联合主键
    string bname="",bpri="",bf="",bcout="";            //书名,单价,折扣率,数量
    Boolean yn=false,yn_bas=false;                     //是否存在该书
    if(Session["Utype"]!="MyUser"){showmessage("请先登录,才能购书");return;}
    try
    {
        Uid=Session["Uid"].ToString();
    }
    catch
    {
        Uid="999";
    }
    Label2.Text="当前书号:"+Bid+" 当前用户:"+" "+Uid;
    sqlcom1.Connection=sqlcon;
    sqlcom1.CommandText="select bname,bpri,bf from Binfo where BID='"+Bid+"'";
    if (sqlcon.State==ConnectionState.Closed) sqlcon.Open();
    dr1=sqlcom1.ExecuteReader();
    while (dr1.Read())
    {
        bname=dr1[0].ToString();
        bpri=dr1[1].ToString();
        bf=dr1[2].ToString();
        yn=true;
    }
    dr1.Close();
    bcout=TextBox2.Text;
    //加入购书篮
    if(yn)                          //书存在
    {                               //先判断购书篮中是否已有该书,如有则加减数量
        sqlcom1.CommandText="select * from bas_d where BID='"+Bid+"' and id='"+Uid+"'";
        if (sqlcon.State==ConnectionState.Closed) sqlcon.Open();
        dr1=sqlcom1.ExecuteReader();
        while(dr1.Read())
        {
            yn_bas=true;
        }
        dr1.Close();
```

```
        if(yn_bas)
            sqlcom1.CommandText="update bas_d set bcout=bcout+"+bcout+" where
                                BID='"+Bid+"' and id='"+Uid+"'";
        else
            sqlcom1.CommandText="insert into bas_d values('"+Uid+"','"+Bid+"',
                                '"+bname+"',"+bcout+","+bpri+","+bf+")";
    try
    {
        sqlcom1.ExecuteNonQuery();
        showmessage("加入购书篮成功");
    }
    catch { showmessage("操作失败,请查看数据是否合法"); }
    }
}
```

9.4.4 我的订单

"我的订单"模块为本项目的主要业务,图 9-7 是用户订书的一般流程,图 9-8 所示为"我的订单"模块的两个页面。

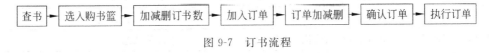

图 9-7 订书流程

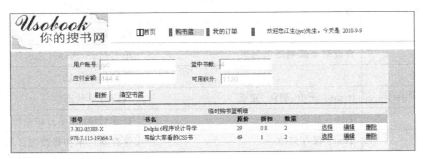

(a) "购书篮"页面

(b) "我的订单"页面

图 9-8 "我的订单"模块

表 9-16、表 9-17 为图 9-8 所示页面的主要控件的属性和作用。

表 9-16 "购书篮"页面控件的属性和作用

控件 ID	主 要 属 性	作　用
Menu1	Items：购书篮和订单切换	上部菜单
TextBox2～TextBox5	Enabled：False	显示当前用户账号、篮中书数、应付金额、可用积分
Button1	Text：刷新	重新汇总 TextBox3～TextBox5 信息
Button2	Text：清空购书篮	快速搜书
GridView1	字段：书号、书名、数量、单价、折扣率；超链接：选择、编辑、删除	当前购书篮明细，可修改数量或删除单条记录

表 9-17 "我的订单"页面控件的属性和作用

控件 ID	主 要 属 性	作　用
TextBox1		订单号
TextBox6	Tooltip：格式 yyyy-mm-dd，vk 2010-01-01	下单起始日期
TextBox7		下单终止日期
RadioButtonList7	Items：新单、确认、完成、不限	订单状态
DropDownList5～DropDownList7	Items 在页面装载时从表 Btype1～Btype3 读入	三级图书类型
Button6	Text：查询	执行综合查询
GridView1	查询结果简明图书列表	图书列表，选择时显示具体图书信息
TextBox8 等		具体订单信息
RadioButtonList1	Items：新单、确认、完成	当前订单状态
Button3	Text：新建单	新建订单，订单号由系统自动计算
Button4	Text：保存修改	保存新订单和修改旧订单
Button5	Text：导入明细	从购书篮导入明细，存在相同的书号时不导入，数量可编辑
Button7	Text：订单确认	用户确认订单，确认后进入执行流程，订单信息不可修改
Button8	Text：删除	删除当前用户的新单
GridView2	Items：书号、书名、数量、折扣率、选、编、删	订单明细，新订单可删、改

"购物车"页面的主要代码如下：

(1) 公共变量

```
public static string sqlcon_str=ConfigurationSettings.AppSettings["sqlcon"];
public static SqlConnection sqlcon= new SqlConnection(sqlcon_str);
public static string sqlbinfo="";              //订单查询条件
public static string usertp="";
                       //当前选中用户类型,用于用户类型的设置,判断是新增还是修改
int curpage_user=0,curpage_book=0,curpage_order=0;
                       //记录查询的当前页,以便在重新绑定时页面保持不变
```

```
public static int ins_edt=0;                    //订单查询处于修改状态为0,插入状态为1
public static string Uid="";                    //用户 ID
```

(2) Page_Load()事件

```
protected void Page_Load(object sender,EventArgs e)
{
    //防止非会员用户直接进入订单管理页面,一旦非法进入即转向首页
    if (Session["Utype"]!="MyUser")
    {
        showmessage("请先登录再进入订单管理页面");
        Response.Redirect("default.aspx");
    }
    try
        {
            Uid=Session["Uid"].ToString();
        }
        catch { Uid=""; }
    try
    {
        sqlbinfo=" wb='"+Uid+"' and state=0";
    }
    catch
    {
        sqlbinfo=" state=0";
    }
    if (!Page.IsPostBack)
    {
        Label9.Text=Session["login_ms"].ToString();
        Button7.Attributes.Add("onclick","return confirm('订单一旦确认将无法修改,要确认吗?');true");
        menu_ev("购书篮");
    }
}
```

(3) 菜单切换事件

```
protected void Menu1_MenuItemClick(object sender,MenuEventArgs e)
{
    menu_ev(Menu1.SelectedValue);
}

protected void menu_ev(string menuval)
{
    SqlDataAdapter da_bas=new SqlDataAdapter("select * from bas_d where id='"+Uid+"'",sqlcon);
    SqlDataAdapter da_ord=new SqlDataAdapter("select * from order_info where "+sqlbinfo,sqlcon);
    DataSet ds_bas=new DataSet();               //账号为Uid的用户的购书篮明细
    DataSet ds_ord=new DataSet();               //账号为Uid的用户的新订单头信息
    user_m.Visible=false;
    book_m.Visible=false;
```

```csharp
//单击购书篮图标时,显示当前用户购书篮中图书明细和总数
if (menuval=="购书篮")
{
    user_m.Visible=true;
    book_m.Visible=false;
    if (sqlcon.State==ConnectionState.Closed) sqlcon.Open();
    da_bas.Fill(ds_bas,"bas_d");
    GridView1.DataSource=ds_bas.Tables[0].DefaultView;
    GridView1.DataBind();
    TextBox2.Text="";
    TextBox3.Text="";
    TextBox4.Text="";
    TextBox5.Text="";
    TextBox2.Text=Uid;
    //计算图书总数
    string comtxt="select sum(a.bcout),sum(a.bcout * bpri * bf),sum(b.pcount) from bas_d a,Puser b where a.id='"+Uid+"' and b.id='"+Uid+"' group by a.id";
    SqlCommand sqlcom=new SqlCommand(comtxt,sqlcon);
    SqlDataReader dr=sqlcom.ExecuteReader();
    while (dr.Read())
    {
        TextBox3.Text=dr[0].ToString();
        TextBox4.Text=dr[1].ToString();
        TextBox5.Text=dr[2].ToString();
    }
    dr.Close();
}
if (menuval=="我的订单")
{
    user_m.Visible=false;
    book_m.Visible=true;
    if (sqlcon.State==ConnectionState.Closed) sqlcon.Open();
    da_ord.Fill(ds_ord,"order_info");
    GridView3.DataSource=ds_ord.Tables[0].DefaultView;
    GridView3.DataBind();
}
}
```

(4) Button1_Click()事件

```csharp
protected void Button1_Click(object sender,EventArgs e)
{
    SqlDataAdapter da_bas=new SqlDataAdapter("select * from bas_d where id='"+Uid+"'",sqlcon);
    SqlDataAdapter da_ord=new SqlDataAdapter("select * from order_info where wb='"+Uid+"' and state=0",sqlcon);
    SqlDataAdapter da_ord_d=new SqlDataAdapter("select * from order_d where id='@ id'",sqlcon);
    DataSet ds_bas=new DataSet();      //账号为Uid的用户的购书篮中图书明细
    DataSet ds_ord=new DataSet();      //账号为Uid的用户的新订单头信息
    DataSet ds_ord_d=new DataSet();    //单号为id的订单明细
```

```
        if (sqlcon.State==ConnectionState.Closed) sqlcon.Open();
        da_bas.Fill(ds_bas,"bas_d");
        GridView1.DataSource=ds_bas.Tables[0].DefaultView;
        GridView1.DataBind();
        TextBox2.Text="";
        TextBox3.Text="";
        TextBox4.Text="";
        TextBox5.Text="";
        TextBox2.Text=Uid;
        //计算图书总数
        string comtxt="select sum(a.bcout),sum(a.bcout * bpri * bf),sum(b.pcount) from bas
                    _d a,Puser b where a.id='"+Uid+"' and b.id='"+Uid+"' group by a.id";
        SqlCommand sqlcom=new SqlCommand(comtxt,sqlcon);
        SqlDataReader dr=sqlcom.ExecuteReader();
        while (dr.Read())
        {
            TextBox3.Text=dr[0].ToString();
            TextBox4.Text=dr[1].ToString();
            TextBox5.Text=dr[2].ToString();
        }
        dr.Close();
}
```

(5) Button2_Click()事件

```
protected void Button2_Click(object sender,EventArgs e)  //清空购书篮
{
    SqlCommand sqlcom=new SqlCommand("delete from bas_d where id='"+ Uid+ "'",
    sqlcon);
    if (sqlcon.State==ConnectionState.Closed) sqlcon.Open();
    try
    {
        sqlcom.ExecuteNonQuery();
        Button1_Click(sender,e);
        showmessage("该用户的购书篮已清空");
    }
    catch {showmessage("操作失败");}

}
```

(6) GridView1 编辑、删除事件

```
protected void GridView1_RowEditing(object sender, GridViewEditEventArgs e)
{
    if (GridView1.SelectedIndex==-1) { showmessage("先选择后编辑!"); return; }
    GridView1.EditIndex=e.NewEditIndex;
    menu_ev("购书篮");
}
protected void GridView1_RowCancelingEdit(object sender, GridViewCancelEditEventArgs e)
{
    GridView1.SelectedIndex=-1;
    GridView1.EditIndex=-1;
```

```
        menu_ev("购书篮");
}
protected void GridView1_RowUpdating(object sender, GridViewUpdateEventArgs e)
{
    SqlCommand updt=new SqlCommand("", sqlcon);
    string Nm= ((TextBox)(GridView1.Rows[e.RowIndex].Cells[4].Controls[0])).Text;
    string bid=GridView1.SelectedRow.Cells[0].Text;
    updt.CommandText="update bas_d set bcout="+Nm+" where id='"+Uid+"' and bid='"+
                        bid+"'";
    if (sqlcon.State==ConnectionState.Closed) sqlcon.Open();
    try
    { updt.ExecuteNonQuery(); }
    catch { };
    GridView1.EditIndex=-1;
    menu_ev("购书篮");
}
protected void GridView1_RowUpdated(object sender, GridViewUpdatedEventArgs e)
{
    GridView1.SelectedIndex=-1;
    menu_ev("购书篮");
}
```

"我的订单"页面的主要代码如下：

(1) 综合查询 Button6_Click()事件

```
protected void Button6_Click(object sender,EventArgs e)
{
    sqlbinfo="wb='"+Session["Uid"]+"'";
    //订单号支持模糊查询,如要查看某一日订单,则输入 yymmdd
    if (TextBox1.Text.Length>0) sqlbinfo+=" and Bid like '%"+TextBox1.Text+"%'";
    if (TextBox6.Text.Length>0) sqlbinfo+=" and Bdt>='"+TextBox6.Text+"'";
    if (TextBox7.Text.Length>0) sqlbinfo+=" and Bdt<='"+TextBox7.Text+"'";
    if (RadioButtonList7.SelectedIndex<3) sqlbinfo+=" and state="+
                            RadioButtonList7.SelectedIndex.ToString();
    menu_ev(Menu1.SelectedValue);
}
```

(2) GridView3 记录选择事件

```
protected void GridView3_SelectedIndexChanged(object sender, EventArgs e)
                                                            //订单列表更新时
{
    updt_order();
}

//函数 updt_order()在用户每次单击订单记录时用于更新订单信息
protected void updt_order()
{
    string Bid=GridView3.SelectedRow.Cells[1].Text;
    //刷新订单
    string uptcomtxt="update order_info set tb= (select sum(bcout) from order_d where
```

```
                id='"+Bid+"' group by id)";
uptcomtxt+=",tp1=(select sum(bcout* bpri) from order_d where id='"+Bid+"' group
            by id)";
uptcomtxt+=",tp2=(select sum(bcout* bpri* bf) from order_d where id='"+Bid+"'
            group by id) where bid='"+Bid+"'";
SqlCommand upt_com=new SqlCommand(uptcomtxt, sqlcon);
if (sqlcon.State==ConnectionState.Closed) sqlcon.Open();
try
{
    upt_com.ExecuteNonQuery();
}
catch { }
SqlDataAdapter da=new SqlDataAdapter("select * from order_info where Bid='"+
Bid+"'", sqlcon);
DataSet ds=new DataSet();
SqlDataAdapter da_d=new SqlDataAdapter("select * from order_d where id='"+
                    Bid+"'", sqlcon);
DataSet ds_d=new DataSet();
if (sqlcon.State==ConnectionState.Closed) sqlcon.Open();
da.Fill(ds, "order_info");
da_d.Fill(ds_d, "order_d");
DataTable tb=ds.Tables[0];
DataRow tb_row=tb.Rows[0];
GridView2.DataSource=ds_d.Tables[0].DefaultView;
GridView2.DataBind();
TextBox8.Text=tb_row["bid"].ToString();
TextBox9.Text=tb_row["wb"].ToString();
TextBox10.Text= (DateTime.Parse(tb_row["bdt"].ToString())).ToString("d");
TextBox11.Text=tb_row["tb"].ToString();
TextBox12.Text=tb_row["tp1"].ToString();
TextBox13.Text=tb_row["tp2"].ToString();
TextBox15.Text=tb_row["prepay"].ToString();
TextBox17.Text=tb_row["contact"].ToString();
TextBox16.Text=tb_row["addr"].ToString();
TextBox18.Text=tb_row["tel"].ToString();
RadioButtonList1.SelectedIndex=Int32.Parse(tb_row["state"].ToString());
ins_edt=0;                          //当前为修改记录状态
if (RadioButtonList1.SelectedIndex!=0)
{
    GridView2.Columns[6].Visible=false;
    GridView2.Columns[7].Visible=false;
}
else
{
    GridView2.Columns[6].Visible=true;
    GridView2.Columns[7].Visible=true;
}
SqlCommand op_com1=new SqlCommand("select sum(a.Pcount) from Puser a where a.id=
                    '"+Uid+"' group by a.id", sqlcon);
SqlDataReader da_1;
SqlCommand op_com2=new SqlCommand("select sum(prepay) from order_info where wb=
```

```
                        '"+Uid+"' and state=1 group by wb", sqlcon);
    SqlDataReader da_2;
    int sum1=0, sum2=0;
    da_1=op_com1.ExecuteReader();
    while (da_1.Read())
    {
        sum1=int.Parse(da_1[0].ToString());
    }
    da_1.Close();
    da_2=op_com2.ExecuteReader();
    while (da_2.Read())
    {
        sum2=int.Parse(da_2[0].ToString());
    }
    da_2.Close();
    sum1 -=sum2;
    kyjs.Text=sum1.ToString();              //显示用户可用积分
}
```

(3) 新建订单 Button3_Click()事件

```
protected void Button3_Click(object sender, EventArgs e)
{
    string curdat=DateTime.Now.ToString("yyMMdd");
    //注意:大写 MM 代表占两位的月份,小写代表占两位的分钟
    curdat=curdat.Replace("-","");           //当前日期的 yyMMdd 格式,如 100903
    //订单中当前日期的最大值
    string cur_id=curdat+"001";              //当前日期的第一个订单号
    SqlCommand maxid_com=new SqlCommand("select max(Bid) from order_info where Bid
                    like '"+curdat+"%'", sqlcon);
    SqlDataReader dr;
    if (sqlcon.State==ConnectionState.Closed) sqlcon.Open();
    RadioButtonList1.SelectedIndex=0;        //新订单状态
    dr=maxid_com.ExecuteReader();
    //获取当日最大单号
    if (dr.RecordsAffected>0)
    {
        while (dr.Read())
        {
            string maxn=dr[0].ToString().Substring(6, 3);
            int nm=Int32.Parse(maxn)+1;
            string nmaxn=string.Format("{0:000}", nm);
            cur_id=cur_id.Replace("001", nmaxn);
        }
    }
    dr.Close();
    TextBox8.Text=cur_id;
    TextBox10.Text=DateTime.Now.ToString("d");
    TextBox11.Text="0";
    TextBox12.Text="0";
    TextBox13.Text="0";
```

```
        TextBox15.Text="0";
        ins_edt=1;                                      //当前为插入记录状态
}
```

(4) 保存修改 Button4_Click()事件

```
protected void Button4_Click(object sender,EventArgs e)
{
    //ins_ed=1:保存新记录;ins_ed=0:保存修改记录
    SqlCommand ins_edcom=new SqlCommand("",sqlcon);
    if (Int32.Parse(TextBox15.Text)>Int32.Parse(kyjs.Text))
    {
        showmessage("预付积分不能大于可用积分");
        return;
    }
    switch (ins_edt)
    {
        case 0:                                         //修改记录,当订单未确认时有效
         ins_edcom.CommandText="update order_info set prepay="+TextBox15.Text+",
                          addr='";
         ins_edcom.CommandText+=TextBox16.Text+"', contact='"+TextBox17.Text+"',tel=
                          '";
         ins_edcom.CommandText+=TextBox18.Text+"' where Bid='"+TextBox8.Text+"' and
                          state=0";
            break;
        case 1:                                         //增加记录
         ins_edcom.CommandText="insert into order_info values('"+TextBox8.Text+"',
                          '"+Session["Uid"].ToString()+"','";
         ins_edcom.CommandText+=TextBox10.Text+"',0,0,0,0,'"+TextBox16.Text+"',
                          '"+TextBox18.Text+"','";
         ins_edcom.CommandText+=TextBox17.Text+"',0)";
            break;
    }
    if (sqlcon.State==ConnectionState.Closed) sqlcon.Open();
    try
    {
        ins_edcom.ExecuteNonQuery();
        ins_edt=0;
        showmessage("操作成功");
    }
    catch { showmessage("操作失败"); }
     //Label14.Text=ins_edcom.CommandText;             //此处测试插入/修改命令
    RadioButtonList7.SelectedIndex=0;
    Button6_Click(sender,e);
}
```

(5) 删除订单 Button8_Click()事件

```
protected void Button8_Click(object sender,EventArgs e)
{
    SqlCommand del_ord_d=new SqlCommand("",sqlcon);
    SqlCommand del_ord=new SqlCommand("",sqlcon);
```

```
        string bid=TextBox8.Text;
        if (bid.Trim().Length==0) return;
        if (RadioButtonList1.SelectedIndex>0) { showmessage("不是新订单,不能删除");
        return; }
        del_ord_d.CommandText="delete from order_d where id='"+bid+"'";
        del_ord.CommandText="delete from order_info where bid='"+bid+"'";
        if (sqlcon.State==ConnectionState.Closed) sqlcon.Open();
        SqlTransaction tr1=sqlcon.BeginTransaction();
        del_ord_d.Transaction=tr1;
        try
        {
            del_ord_d.ExecuteNonQuery();
            tr1.Commit();
        }
        catch { tr1.Rollback(); showmessage("操作失败(step1)"); return; }
        tr1.Dispose();
        SqlTransaction tr2=sqlcon.BeginTransaction();
        del_ord.Transaction=tr2;
        try
        {
            del_ord.ExecuteNonQuery();
            tr2.Commit();
            showmessage("操作成功");
        }
        catch { tr2.Rollback(); showmessage("操作失败(step2)"); }
        Button6_Click(sender,e);
        if (GridView3.Rows.Count==0) { GridView2.DataSource=null; GridView2.DataBind(); }
}
```

(6) 导入明细 Button5_Click()事件

```
protected void Button5_Click(object sender,EventArgs e)
    /* 从购书篮导入明细,只添加订单中不存在的条目 */
{
    SqlCommand ins_com=new SqlCommand("",sqlcon);
    SqlCommand del_com=new SqlCommand("",sqlcon);
    if (TextBox8.Text.Length==0) { showmessage("订单号不存在"); return; }
    ins_com.CommandText="insert into order_d select * from bas_d where id='"+Session
    ["Uid"]+"' and bid not in ";
    ins_com.CommandText+="(select bid from order_d where id='"+TextBox8.Text+"')";
    if (sqlcon.State==ConnectionState.Closed) sqlcon.Open();
    try
    {
        ins_com.ExecuteNonQuery();

    }
    catch { showmessage("操作失败"); return; }
    ins_com.CommandText="update order_d set id='"+TextBox8.Text+"' where id='"+
    Session["Uid"]+"'";
    try
    {
```

```
        ins_com.ExecuteNonQuery();
    }
    catch { showmessage("操作失败"); return; }
    //导入成功即删除该用户的购书篮信息
    ins_com.CommandText="delete from bas_d where id='"+Session["Uid"]+"'";
    try
    {
        ins_com.ExecuteNonQuery();
        showmessage("操作成功");
    }
    catch { showmessage("操作失败"); }
    updt_order();
}
```

(7) 订单确认 Button7_Click()事件

```
protected void Button7_Click(object sender,EventArgs e)          //订单确认
{
    if (RadioButtonList1.SelectedIndex>0) { showmessage("已确认或已完成"); return; }
    SqlCommand confirm_ord=new SqlCommand("update order_info set state=1 where Bid=
'"+ TextBox8.Text+"'",sqlcon);

    if (sqlcon.State==ConnectionState.Closed) sqlcon.Open();
    confirm_ord.ExecuteNonQuery();
    // 确认时,订单明细所涉及的书籍预订数量累加
    SqlCommand upt=new SqlCommand("",sqlcon);
    upt.CommandText= "update binfo set num1=num1+ (select bcout from order_d b where b.
id='"+TextBox8.Text+"' and b.bid=binfo.bid)";
    upt.CommandText+=" where binfo.bid in (select bid from order_d c where c.id='"+
TextBox8.Text+"')";
    upt.ExecuteNonQuery();
}
```

(8) GridView3 编辑、删除事件

```
protected void GridView2_PageIndexChanging(object sender,GridViewPageEventArgs e)
{
    GridView2.PageIndex=e.NewPageIndex;

}
protected void GridView2_RowEditing(object sender,GridViewEditEventArgs e)
{
    if (GridView2.SelectedIndex==-1) { showmessage("请先选择再编辑"); return; }
    GridView2.EditIndex=e.NewEditIndex;
    updt_order();
}
protected void GridView2_RowUpdating(object sender,GridViewUpdateEventArgs e)
{
    SqlCommand updt=new SqlCommand("",sqlcon);
    string Nm= ((TextBox)(GridView2.Rows[e.RowIndex].Cells[2].Controls[0])).Text;
    string bid=GridView2.SelectedRow.Cells[0].Text;
    updt.CommandText="update order_d set bcout="+Nm+" where id='"+TextBox8.Text+"'
```

```
            and bid='"+bid+"'";
            if (sqlcon.State==ConnectionState.Closed) sqlcon.Open();
            try
            { updt.ExecuteNonQuery(); }
            catch { };
            GridView2.EditIndex=-1;
            updt_order();
        }
        protected void GridView2_RowCancelingEdit(object sender,GridViewCancelEditEventArgs e)
        {
            GridView2.EditIndex=-1;
            updt_order();
        }
        protected void GridView2_RowDeleting(object sender,GridViewDeleteEventArgs e)
        {
            int ordsel=GridView3.SelectedIndex;
            string Bid="";
            if (GridView2.SelectedIndex==-1) { showmessage("先选择后删除!"); return; }
            try
            {
                Bid=GridView2.SelectedRow.Cells[0].Text;
            }
            catch { Bid=""; }
            SqlCommand del=new SqlCommand("delete from order_d where id='"+TextBox8.Text+"'
            and bid='"+Bid+"'",sqlcon);
            if (sqlcon.State==ConnectionState.Closed) sqlcon.Open();
            try
            {
                del.ExecuteNonQuery();
                showmessage("操作成功!");
            }
            catch { showmessage("操作失败!"); }
            updt_order();
        }
```

9.4.5 客服中心

客服中心模块包括"常见问答"、"投诉建议"、"用户资料修改"、"修改用户密码"功能,对于一般游客只显示常见问答,注册用户则可执行投诉建议、修改资料和密码操作。

(1) 常见问答:显示与本系统有关业务的常见客户问题和回复,如图 9-9 所示。

(2) 投诉建议:注册用户通过此页面提出投诉或建议,以邮件形式发送到系统指定邮箱,如图 9-10 所示。

(3) 用户资料修改:转入用户注册页面"regist.aspx?addored=1"。

(4) 修改用户密码:注册用户修改密码。

首次登录此页面时,显示常见问答,此时"用户修改密码"面板不可见,当注册用户单击导航菜单"修改用户密码"时,"用户修改密码"面板可见。

本页面控件较为简单清晰,这里不一一列出。

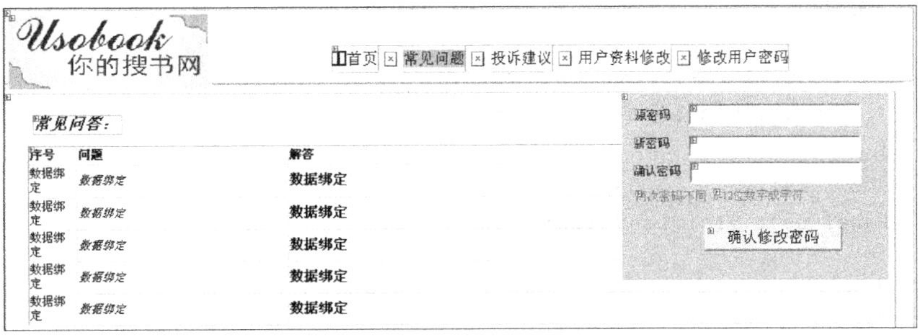

图 9-9 常见问答设计

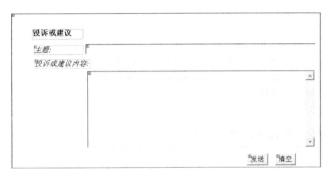

图 9-10 投诉建议设计

"客服中心"模块的主要代码如下:
(1) 菜单 Menu1 单击事件

```
protected void Menu1_MenuItemClick(object sender,MenuEventArgs e)
{
    if (Session["Utype"]!="MyUser" && Menu1.SelectedValue!="常见问题")
    {
        showmessage("您尚未登录,不能执行此项菜单");
        return;
    }
    if (Menu1.SelectedValue=="常见问题") { Pqs.Visible=true;Panel_user.Visible=
                                          false; Panel1.Visible=false ; }
    if (Menu1.SelectedValue=="投诉建议") { Pqs.Visible=false; Panel_user.Visible=
                                          true; Panel1.Visible=false;}
    if (Menu1.SelectedValue=="用户资料修改")
                                { Response.Redirect("regist.aspx?addored=1"); }
    if (Menu1.SelectedValue=="修改用户密码") { Panel_user.Visible=false;Panel1.
                                              Visible=true; }
}
```

(2) Page_Load()事件

```
protected void Page_Load(object sender,EventArgs e)
{
    if (!Page.IsPostBack)
    {
        if ((Session["Utype"]=="Administrator_uso") || (Session["Utype"]==
```

```
            "MyUser"))
        {
            Menu1.Items[2].Enabled=true;
            Menu1.Items[3].Enabled=true;
        }
        show_qa();
        Panel_user.Visible=false;
    }
}
```

函数 show_qa()用于从 QA.xml 读入记录并显示在 GridView1 中。

```
protected void show_qa()
{
    DataSet qa_ds=new DataSet();
    qa_ds.ReadXml(Server.MapPath("~/xml/QA.xml"));
    GridView1.DataSource=qa_ds.Tables[0].DefaultView;
    GridView1.DataBind();
}
```

(3) 投诉建议发送 Button1_Click()事件

```
protected void Button1_Click(object sender,EventArgs e)
{
    SendMailUseZj();
}
```

函数 SendMailUseZj()用于进行邮件发送处理。

```
public void SendMailUseZj()
{
    if (Session["Utype"]!="MyUser")
    { showmessage("请先登录!");
        return; }

    //创建一个邮件对象
    System.Net.Mail.MailMessage msg=new System.Net.Mail.MailMessage();
    //读取 Webconfig 中的配置
    string mailTo=ConfigurationSettings.AppSettings["mailTo"];      //主发送邮箱
    string mailTob=ConfigurationSettings.AppSettings["mailTob"];    //次发送邮箱
    string mailFrom=ConfigurationSettings.AppSettings["mailFrom"];  //源发送邮箱
    string Psd=ConfigurationSettings.AppSettings["mailPsd"];        //源发送邮箱密码
    string mailHost=ConfigurationSettings.AppSettings["mailHost"];  //源邮箱服务器
    //指定收件人,可以发送给多人
    msg.To.Add(mailTo);
    msg.To.Add(mailTob);
    //指定发件邮箱
    msg.From=new MailAddress(mailFrom,"jyc",System.Text.Encoding.UTF8);
        /* 上面 3 个参数分别是发件人地址(可以随便写)、发件人姓名、编码 */
    msg.Subject=TextBox1.Text;                                      //邮件标题
    msg.SubjectEncoding=System.Text.Encoding.UTF8;                  //邮件标题编码
    msg.Body=TextBox2.Text;                                         //邮件内容
```

```
msg.Body+="\r"+"客户账号："+Session["Uid"]+"\r 客户名称："+Session["Uname"]+
    "\r 客户电邮："+Session["UEmail"];
msg.Body+="\r"+DateTime.Now.ToString();
msg.BodyEncoding=System.Text.Encoding.UTF8;          //邮件内容编码
msg.IsBodyHtml=false;                                 //是否是 HTML 邮件
msg.Priority=MailPriority.High;                       //邮件优先级
SmtpClient client=new SmtpClient();
client.Credentials=new System.Net.NetworkCredential(mailFrom,Psd);
//发送邮箱(非客户邮箱)和密码
client.Host=mailHost;
object userState=msg;
try
{
    client.Send(msg);
    Page.ClientScript.RegisterStartupScript(this.GetType(),"","alert('发送成
        功！')；",true);
}
catch (System.Net.Mail.SmtpException ex)
{
    Page.ClientScript.RegisterStartupScript(this.GetType(),"","alert('发送邮件
        出错！')； ",true);
}
}
```

(4) 确认修改密码 Button3_Click()事件

```
protected void Button3_Click(object sender,EventArgs e)
{
    SqlCommand user_psd=new SqlCommand("",sqlcon);
    if (Page.IsValid)
    {
        user_psd.CommandText="update Puser set Psecr='"+msc.Makescr(TextBox4.Text,
                            secr)+"' where id='"+Session["Uid"].ToString()+"'";
        if (sqlcon.State==ConnectionState.Closed) sqlcon.Open();
        try
        {
            user_psd.ExecuteNonQuery();
            showmessage("密码修改成功！");
        }
        catch { showmessage("密码修改失败！"); }
    }
}
```

9.4.6 后台管理

后台管理是本系统的另一个重要功能模块，用户以管理员身份登录时，如验证正确，直接进入后台管理界面。后台管理模块包括"用户管理"、"订单管理"、"书籍管理"功能。

1. 用户管理

处理注册用户综合查询、修改用户状态和用户积分等，界面如图 9-11 所示。

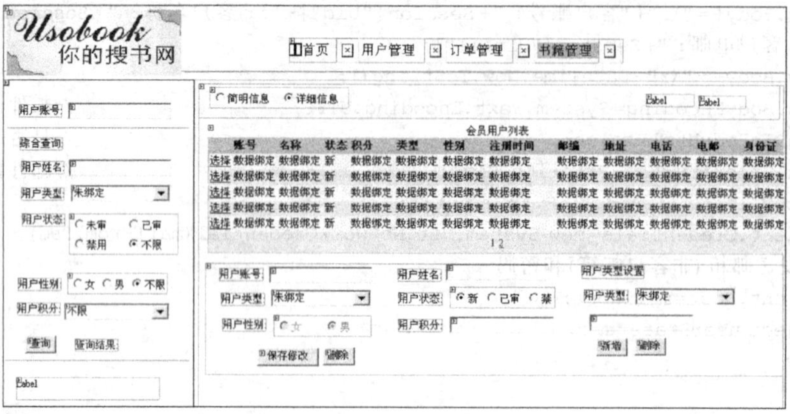

图 9-11 "用户管理"界面设计

(1) 菜单 Menu1_MenuItemClick()事件

```
protected void Menu1_MenuItemClick(object sender,MenuEventArgs e)
{
    user_m.Visible=false;
    order_m.Visible=false;
    book_m.Visible=false;
    if (Menu1.SelectedValue=="用户管理")
    {
        user_m.Visible=true;
        order_m.Visible=false;
        book_m.Visible=false;
        Button1_Click(sender,e);
    }
    if (Menu1.SelectedValue=="订单管理")
    {
        user_m.Visible=false;
        order_m.Visible=true;
        book_m.Visible=false;
        Button14_Click(sender,e);
    }
    if (Menu1.SelectedValue=="书籍管理")
    {
        user_m.Visible=false;
        order_m.Visible=false;
        book_m.Visible=true;
    }
}
```

(2) 公共变量

```
public static string sqlcon_str=ConfigurationSettings.AppSettings["sqlcon"];
public static SqlConnection sqlcon=new SqlConnection(sqlcon_str);
public static string sqlif=" id>'0' ";              //用户查询条件
public static string sqlbinfo="bid>'0'";            //书籍查询条件
```

```
public static string usertp="";
                            //当前选中用户类型,用于用户类型的设置,判断是新增还是修改
public static int curpage_user=0,curpage_book=0,curpage_order=0;
                                //记录查询的当前页,以便在重新绑定时页面不变
public static int ins_edt=0;      //书籍查询处于修改状态时为0,处于插入状态时为1
public static string order_sql="state<10";      //查询所有已确认订单的条件
```

(3) Page_Load()事件

```
protected void Page_Load(object sender,EventArgs e)
{
    //防止非管理员直接进入后台管理页面,一旦非法进入即转向首页
    if((Session["Uid"]!="admin") || (Session["Uname"]!="管理员")) Response.Redirect
        ("default.aspx");
    SqlCommand sqlcom=new SqlCommand("select * from Pusertype",sqlcon);
    SqlCommand sqlcomBt1=new SqlCommand("select * from Btype1",sqlcon);
    SqlCommand sqlcomBt2=new SqlCommand("select * from Btype2",sqlcon);
    SqlCommand sqlcomBt3=new SqlCommand("select * from Btype3",sqlcon);
    SqlDataReader dr;
    SqlDataAdapter da=new SqlDataAdapter(sqlcom.CommandText,sqlcon);
    SqlDataAdapter da1=new SqlDataAdapter(sqlcomBt1.CommandText,sqlcon);
    SqlDataAdapter da2=new SqlDataAdapter(sqlcomBt2.CommandText,sqlcon);
    SqlDataAdapter da3=new SqlDataAdapter(sqlcomBt3.CommandText,sqlcon);
    DataSet setting_abc=new DataSet();
    if (!Page.IsPostBack)
    {
        update_typedrd();
        Label9.Text="";
        Label11.Text="";
        Label12.Text="";
        cert.Attributes.Add("onclick","return confirm('订单一旦确认完成将无法修改,要
            确认吗?');true");              //订单确认完成时的提示信息
        Button15.Attributes.Add("onclick","return confirm('确认要删除吗?');true");
    }
}
```

(4) 综合查询Button1_Click()事件

```
protected void Button1_Click(object sender,EventArgs e)
{
    SqlCommand sqlcom=new SqlCommand();
    DataSet ds=new DataSet();
    sqlif="select * from Puser where ID>'0' ";
    if (TextBox1.Text.Length>0) sqlif+="and ID like '%"+TextBox1.Text+"%' ";
    if (TextBox2.Text.Length>0) sqlif+="and Pname like '%"+TextBox2.Text+"%' ";
    if ((DropDownList1.SelectedIndex>0) && (DropDownList1.Text.Length>0)) sqlif+=
            "and Ptype='"+DropDownList1.Text+"' ";
    switch (RadioButtonList1.SelectedIndex)
    {
        case 0:
            sqlif+="and Pef=0";
            break;
```

```csharp
            case 1:
                sqlif+="and Pef=1";
                break;
            case 2:
                sqlif+="and Pef=9";
                break;
        }
        switch (RadioButtonList2.SelectedIndex)
        {
            case 0:
                sqlif+="and Psex='女'";
                break;
            case 1:
                sqlif+="and Psex='男'";
                break;
        }
        if (DropDownList2.SelectedIndex>0 && DropDownList2.Text.Length>0)
        {
            string st,st1,st2;
            int lth=0,ps=0;
            st=DropDownList2.Text;
            lth=st.Length;
            ps=st.IndexOf('-');
            st1=st.Substring(0,ps);
            st2=st.Substring(ps+1,lth-ps-1);
            sqlif+=" and Pcount>="+st1+" and Pcount<="+st2;
        }
        if (sqlcon.State==ConnectionState.Closed) sqlcon.Open();
        SqlDataAdapter da=new SqlDataAdapter(sqlif,sqlcon);
        da.Fill(ds,"Puser");
        GridView1.DataSource=ds.Tables[0].DefaultView;
        GridView1.DataBind();
        Label12.Text=" 共 "+GridView1.PageCount.ToString()+" 页 ";
        int currentpage=GridView1.PageIndex+1;
        Label11.Text=" 第 "+currentpage.ToString()+" 页";
        Label9.Text="查询条件:\r"+sqlif+"\r 符合条件记录共 "+ds.Tables[0].Rows.Count.
            ToString()+"条";
    }
```

（5）明细/简明信息选中 RadioButtonList3_SelectedIndexChanged()事件

```csharp
protected void RadioButtonList3_SelectedIndexChanged(object sender,EventArgs e)
{              //GridView1部分信息可不可见切换
    if (RadioButtonList3.SelectedIndex==0)
    {
        GridView1.Width=720;
        for (int i=6;i<13;i++)
            GridView1.Columns[i].Visible=false;
    }
    else
```

```
        {
            GridView1.Width=1200;
            for (int i=4;i<13;i++)
                GridView1.Columns[i].Visible=true;
        }
}
```

(6) 保存用户状态/积分修改 Button2_Click()事件

```
protected void Button2_Click(object sender,EventArgs e)
{
    string vid=TextBox3.Text;
    string stat;
    stat=RadioButtonList4.SelectedIndex.ToString();
    if (sqlcon.State==ConnectionState.Closed) sqlcon.Open();
    if (stat=="2") stat="9";
    SqlCommand updae_com=new SqlCommand("update Puser set Pef='"+stat+"',Pcount='"+
    TextBox5.Text+"',Ptype='"+DropDownList3.Text+"' where ID='"+vid+"'",sqlcon);
    updae_com.ExecuteNonQuery();
    Button1_Click(sender,e);              //刷新用户列表
}
```

(7) 删除用户 Button3_Click()事件

```
protected void Button3_Click(object sender,EventArgs e)
{
    string vid=TextBox3.Text;
    SqlCommand delete_com=new SqlCommand("delete from Puser where ID='"+vid+"'",
    sqlcon);
    if (sqlcon.State==ConnectionState.Closed) sqlcon.Open();
    delete_com.ExecuteNonQuery();
    Button1_Click(sender,e);
}
```

(8) 用户类型设置

```
protected void Button4_Click(object sender,EventArgs e)
{
    string newtype=TextBox6.Text;
    if (newtype.Trim().Length==0) return;
    SqlCommand insert_com=new SqlCommand("insert into Pusertype values('"+newtype+"')",
    sqlcon);
    if (sqlcon.State==ConnectionState.Closed) sqlcon.Open();
    try
    {
        insert_com.ExecuteNonQuery();
        //操作成功时显示操作成功,切忌使用 respone.write 的方法,以免造成布局混乱
        Page.ClientScript.RegisterStartupScript(this.GetType(),"","alert('操作成
        功!');",true);
    }
    catch
    {
```

```
                Page.ClientScript.RegisterStartupScript(this.GetType(),"","alert('操作失
            败,类型可能已存在!');",true);
        }
        update_typedrd();
        Button1_Click(sender,e);


}
        protected void Button5_Click(object sender,EventArgs e)
        {
            string newtype=TextBox6.Text.Trim();
            if (newtype.Trim().Length==0) return;
            SqlCommand delete_com= new SqlCommand("delete from Pusertype where Ptype=
            ('"+newtype+"')",sqlcon);
            if (sqlcon.State==ConnectionState.Closed) sqlcon.Open();
            try
            {
                delete_com.ExecuteNonQuery();
                Page.ClientScript.RegisterStartupScript(this.GetType(),"","alert('操作
                成功!');",true);
            }
            catch
            {
                Page.ClientScript.RegisterStartupScript(this.GetType(),"","alert('操作
            失败,该类型已被使用!');",true);
            }
            update_typedrd();
            Button1_Click(sender,e);

}
        protected void update_typedrd()                //当类型更新时,刷新相关的下拉选项
        {
            SqlCommand sqlcom=new SqlCommand("select * from Pusertype",sqlcon);
            SqlCommand sqlcomBt1=new SqlCommand("select * from Btype1",sqlcon);
            SqlCommand sqlcomBt2=new SqlCommand("select * from Btype2",sqlcon);
            SqlCommand sqlcomBt3=new SqlCommand("select * from Btype3",sqlcon);
            SqlDataReader dr;
            SqlDataAdapter da=new SqlDataAdapter(sqlcom.CommandText,sqlcon);
            SqlDataAdapter da1=new SqlDataAdapter(sqlcomBt1.CommandText,sqlcon);
            SqlDataAdapter da2=new SqlDataAdapter(sqlcomBt2.CommandText,sqlcon);
            SqlDataAdapter da3=new SqlDataAdapter(sqlcomBt3.CommandText,sqlcon);
            DataSet setting_abc=new DataSet();
            if (sqlcon.State==ConnectionState.Closed) sqlcon.Open();
            dr=sqlcom.ExecuteReader();
            DropDownList1.Items.Clear();
            DropDownList3.Items.Clear();
            DropDownList4.Items.Clear();
            DropDownList1.Items.Add("不限");
            DropDownList6.Items.Clear();
            DropDownList7.Items.Clear();
            DropDownList8.Items.Clear();
         while (dr.Read())
```

```csharp
{
    DropDownList1.Items.Add(dr["Ptype"].ToString());
    DropDownList3.Items.Add(dr["Ptype"].ToString());
    DropDownList4.Items.Add(dr["Ptype"].ToString());
}
dr.Close();
setting_abc.Clear();
da.Fill(setting_abc,"Pusettype");
da1.Fill(setting_abc,"Btype1");
da2.Fill(setting_abc,"Btype2");
da3.Fill(setting_abc,"Btype3");
Label11.Text="";
Label12.Text="";
DropDownList1.SelectedIndex=-1;
DropDownList3.SelectedIndex=-1;
DropDownList4.SelectedIndex=-1;
DropDownList6.DataSource=setting_abc.Tables["Btype1"].DefaultView;
ListBox1.DataSource=DropDownList6.DataSource;
DropDownList6.DataTextField="btype";
ListBox1.DataValueField="btype";
ListBox1.DataTextField="btype";
DropDownList6.DataValueField="btype";
DropDownList7.DataSource=setting_abc.Tables["Btype2"].DefaultView;
DropDownList7.DataTextField="btype";
DropDownList7.DataValueField="btype";
DropDownList8.DataSource=setting_abc.Tables["Btype3"].DefaultView;
DropDownList8.DataTextField="btype";
DropDownList8.DataValueField="btype";
DropDownList9.DataSource=setting_abc.Tables["Btype1"].DefaultView;
DropDownList9.DataTextField="btype";
DropDownList9.DataValueField="btype";
DropDownList10.DataSource=setting_abc.Tables["Btype2"].DefaultView;
DropDownList10.DataTextField="btype";
DropDownList10.DataValueField="btype";
DropDownList11.DataSource=setting_abc.Tables["Btype3"].DefaultView;
DropDownList11.DataTextField="btype";
DropDownList11.DataValueField="btype";
DropDownList6.DataBind();
DropDownList7.DataBind();
DropDownList8.DataBind();
DropDownList9.DataBind();
DropDownList10.DataBind();
DropDownList11.DataBind();
ListBox1.DataBind();
DropDownList6.Items.Add("不限");
DropDownList7.Items.Add("不限");
DropDownList8.Items.Add("不限");
DropDownList5.SelectedIndex=DropDownList5.Items.Count-1;
DropDownList6.SelectedIndex=DropDownList6.Items.Count-1;
DropDownList7.SelectedIndex=DropDownList7.Items.Count-1;
DropDownList8.SelectedIndex=DropDownList8.Items.Count-1;
}
```

2. 订单管理

包括订单查询、确认完成(完成时执行用户积分加减、实存图书数量减操作)、删除一周前新单,界面如图 9-12 所示。

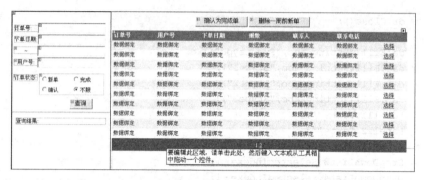

图 9-12 "订单管理"界面设计

(1) 订单综合查询 Button14_Click()事件

```
protected void Button14_Click(object sender,EventArgs e)
{
    order_sql=" state<10";
    if (TextBox24.Text.Length>0) order_sql+=" and bid like '%"+TextBox24.Text+"%' ";
    if (TextBox25.Text.Length>0) order_sql+=" and bdt>='"+TextBox25.Text+"' ";
    if (TextBox26.Text.Length>0) order_sql+=" and bdt<='"+TextBox26.Text+"' ";
    if (TextBox27.Text.Length>0) order_sql+=" and wb like '"+TextBox27.Text+"'%";
    if (RadioButtonList8.SelectedIndex<3) order_sql+=" and state="+
                                RadioButtonList8.SelectedIndex.ToString();
    if (sqlcon.State==ConnectionState.Closed) sqlcon.Open();
    SqlDataAdapter dr_ord= new SqlDataAdapter("select * from order_info where "+
    order_sql,sqlcon);
    DataSet ds_ord=new DataSet();
    dr_ord.Fill(ds_ord,"order_info");
    GridView3.DataSource=ds_ord.Tables[0].DefaultView;
    GridView3.DataBind();
}
```

(2) 订单确认完成 Cert_Click()事件

```
protected void Cert_Click(object sender,EventArgs e)
{
    if (GridView3.SelectedIndex==-1) { showmessage("请选择一个订单"); return; }
    string bid=GridView3.SelectedRow.Cells[0].Text;
    ord_complete(bid);
    Button14_Click(sender,e);
}
//函数 ord_complete(Bid),确认订单号为 Bid 的订单完成时执行的操作
protected void ord_complete(string bid)
{
    if (bid.Length==0) return;
    SqlCommand upt=new SqlCommand("update order_info set state=2 where bid='"+bid+"'
```

```
        and state=1",sqlcon);
        if (sqlcon.State==ConnectionState.Closed) sqlcon.Open();
        try { upt.ExecuteNonQuery(); }
        catch { }
        //存书量减少
        SqlCommand upt_bn=new SqlCommand("",sqlcon);
        upt_bn.CommandText="update binfo set num0=num0- (select bcout from order_d b where
                        b.bid=binfo.bid and b.id='"+bid;
        upt_bn.CommandText+="') where binfo.bid in (select bid from order_d c where c.id=
                        '"+bid+"')";
        upt_bn.ExecuteNonQuery();
        //用户积分加减
        SqlCommand upt_pu=new SqlCommand("",sqlcon);
        upt_pu.CommandText="update Puser set Pcount=Pcount- (select prepay from order_
                        info b where b.bid='"+bid;
        upt_pu.CommandText+="')+ (select floor(tp2) from order_info c where c.bid='"+bid
                        +"') where id='"+GridView3.SelectedRow.Cells[1].Text+"'";
        upt_pu.ExecuteNonQuery();
    }
```

(3) 删除一周前新单

许多注册用户经常下了新订单以后,长时间置之不理,以致订单记录中产生大量的垃圾信息,系统设置管理员可以将一周前的新订单视为无效记录予以删除。

```
    protected void Button15_Click(object sender,EventArgs e)
    {
        SqlCommand del_ord_d=new SqlCommand("",sqlcon);
        SqlCommand del_ord=new SqlCommand("",sqlcon);
        string weekbefore=DateTime.Now.AddDays(-7).ToString("d");        //一周前日期
        del_ord_d.CommandText="delete from order_d where id in (select bid from order_info ";
        del_ord_d.CommandText+="where state=0 and bdt<'"+weekbefore+"')";
        del_ord.CommandText="delete from order_info where state=0 and bdt<'"+weekbefore+"'";
        if(sqlcon.State ==ConnectionState.Closed) sqlcon.Open();
        SqlTransaction tr1=sqlcon.BeginTransaction();
        del_ord_d.Transaction=tr1;
        try
        {
            del_ord_d.ExecuteNonQuery();
            tr1.Commit();
        }
        catch { tr1.Rollback(); }
        tr1.Dispose();
        SqlTransaction tr2=sqlcon.BeginTransaction();
        del_ord.Transaction=tr2;
        try
        {
            del_ord.ExecuteNonQuery();
            tr2.Commit();
            showmessage("操作成功");
        }
        catch { tr2.Rollback(); showmessage("操作失败"); }
```

```
        Button14_Click(sender,e);
}
```

3. 书籍管理

包括综合查询、三级分类设置、新增、修改、上传书封文件等功能,界面如图9-13所示。

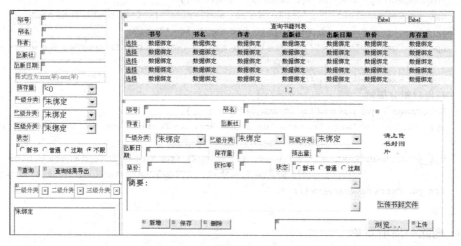

图 9-13 "书籍管理"界面设计

(1) 图书查询 Button6_Click()事件

```
protected void Button6_Click(object sender,EventArgs e)
{
    DataSet ds=new DataSet();
    string dt1,dt2,ddt;
    dt1="2000-01-01";
    dt2="2010-12-31";
    ddt=TextBox11.Text.Trim();
    //条件判断
    sqlbinfo="bid>'0'";
    if (TextBox7.Text.Trim().Length>0) sqlbinfo+=" and Bid like '%"+
                                           TextBox7.Text.Trim()+"%'";
    if (TextBox8.Text.Trim().Length>0) sqlbinfo+=" and Bname like '%"+
                                           TextBox8.Text.Trim()+"%'";
    if (TextBox9.Text.Trim().Length>0) sqlbinfo+=" and Bauth like '%"+
                                           TextBox9.Text.Trim()+"%'";
    if (TextBox10.Text.Trim().Length>0) sqlbinfo+=" and Bpub like '%"+
                                           TextBox10.Text.Trim()+"%'";
    if (TextBox11.Text.Trim().Length>0)
    {
        dt1=ddt.Substring(0,4)+"-01-01";
        dt2=ddt.Substring(5,4)+"-12-31";
        sqlbinfo+=" and bpdt>='"+dt1+"' and bpdt<='"+dt2+"'";
    }
    if (DropDownList6.Text!="不限") sqlbinfo+=" and bt1='"+DropDownList6.Text+"'";
    if (DropDownList7.Text!="不限") sqlbinfo+=" and bt2='"+DropDownList7.Text+"'";
    if (DropDownList8.Text!="不限") sqlbinfo+=" and bt3='"+DropDownList8.Text+"'";
```

```csharp
            if (DropDownList8.Text!="不限") sqlbinfo+=" and bt3='"+DropDownList8.Text+"'";
            if (RadioButtonList7.Text!="不限") sqlbinfo+=" and Bnew="+
                                        RadioButtonList7.SelectedIndex.ToString();
            {
                switch (DropDownList5.SelectedIndex)
                {
                    case 0:
                        sqlbinfo+=" and num0-num1<0";
                        break;
                    case 1:
                        sqlbinfo+=" and num0-num1=0";
                        break;
                    case 2:
                        sqlbinfo+=" and num0-num1>0 and num0-num1<=9";
                        break;
                    case 3:
                        sqlbinfo+=" and num0-num1>=10 and num0-num1<=19";
                        break;
                    case 4:
                        sqlbinfo+=" and num0-num1>=20 and num0-num1<=49";
                        break;
                    case 5:
                        sqlbinfo+=" and num0-num1>=50 and num0-num1<=99";
                        break;
                    case 6:
                        sqlbinfo+=" and num0-num1>99";
                        break;
                }
            }
            SqlDataAdapter da=new SqlDataAdapter ( "select * from Binfo where "+sqlbinfo,
            sqlcon);
            if (sqlcon.State==ConnectionState.Closed) sqlcon.Open();
            da.Fill(ds,"Binfo");
            GridView2.DataSource=ds.Tables[0].DefaultView;
            GridView2.DataBind();
            update_typedrd();
            Label29.Text=" 共 "+GridView2.PageCount.ToString()+" 页";
            Label30.Text=" 第 "+ (GridView2.PageIndex+1).ToString()+" 页";
}
protected void update_typedrd()
                                            //三级分类刷新函数,当类型更新时,刷新相关的下拉选项
{
            SqlCommand sqlcom=new SqlCommand("select * from Pusertype",sqlcon);
            SqlCommand sqlcomBt1=new SqlCommand("select * from Btype1",sqlcon);
            SqlCommand sqlcomBt2=new SqlCommand("select * from Btype2",sqlcon);
            SqlCommand sqlcomBt3=new SqlCommand("select * from Btype3",sqlcon);
            SqlDataReader dr;
            SqlDataAdapter da=new SqlDataAdapter(sqlcom.CommandText,sqlcon);
            SqlDataAdapter da1=new SqlDataAdapter(sqlcomBt1.CommandText,sqlcon);
            SqlDataAdapter da2=new SqlDataAdapter(sqlcomBt2.CommandText,sqlcon);
            SqlDataAdapter da3=new SqlDataAdapter(sqlcomBt3.CommandText,sqlcon);
            DataSet setting_abc=new DataSet();
            if (sqlcon.State==ConnectionState.Closed) sqlcon.Open();
```

```csharp
dr=sqlcom.ExecuteReader();
DropDownList1.Items.Clear();
DropDownList3.Items.Clear();
DropDownList4.Items.Clear();
DropDownList1.Items.Add("不限");
DropDownList6.Items.Clear();
DropDownList7.Items.Clear();
DropDownList8.Items.Clear();

while (dr.Read())
{
    DropDownList1.Items.Add(dr["Ptype"].ToString());
    DropDownList3.Items.Add(dr["Ptype"].ToString());
    DropDownList4.Items.Add(dr["Ptype"].ToString());
}
dr.Close();

setting_abc.Clear();
da.Fill(setting_abc,"Pusettype");
da1.Fill(setting_abc,"Btype1");
da2.Fill(setting_abc,"Btype2");
da3.Fill(setting_abc,"Btype3");
Label11.Text="";
Label12.Text="";
DropDownList1.SelectedIndex=-1;
DropDownList3.SelectedIndex=-1;
DropDownList4.SelectedIndex=-1;
DropDownList6.DataSource=setting_abc.Tables["Btype1"].DefaultView;
ListBox1.DataSource=DropDownList6.DataSource;
DropDownList6.DataTextField="btype";
ListBox1.DataValueField="btype";
ListBox1.DataTextField="btype";
DropDownList6.DataValueField="btype";
DropDownList7.DataSource=setting_abc.Tables["Btype2"].DefaultView;
DropDownList7.DataTextField="btype";
DropDownList7.DataValueField="btype";
DropDownList8.DataSource=setting_abc.Tables["Btype3"].DefaultView;
DropDownList8.DataTextField="btype";
DropDownList8.DataValueField="btype";
DropDownList9.DataSource=setting_abc.Tables["Btype1"].DefaultView;
DropDownList9.DataTextField="btype";
DropDownList9.DataValueField="btype";
DropDownList10.DataSource=setting_abc.Tables["Btype2"].DefaultView;
DropDownList10.DataTextField="btype";
DropDownList10.DataValueField="btype";
DropDownList11.DataSource=setting_abc.Tables["Btype3"].DefaultView;
DropDownList11.DataTextField="btype";
DropDownList11.DataValueField="btype";
DropDownList6.DataBind();
DropDownList7.DataBind();
DropDownList8.DataBind();
```

```
        DropDownList9.DataBind();
        DropDownList10.DataBind();
        DropDownList11.DataBind();
        ListBox1.DataBind();
        DropDownList6.Items.Add("不限");
        DropDownList7.Items.Add("不限");
        DropDownList8.Items.Add("不限");
        DropDownList5.SelectedIndex=DropDownList5.Items.Count-1;
        DropDownList6.SelectedIndex=DropDownList6.Items.Count-1;
        DropDownList7.SelectedIndex=DropDownList7.Items.Count-1;
        DropDownList8.SelectedIndex=DropDownList8.Items.Count-1;
}
```

(2) 三级分类：增加 Button12_Click()事件

```
protected void Button12_Click(object sender, EventArgs e)
{
    if (TextBox23.Text.Trim().Length==0) return;
    string tbname="Btype1";
    ListBox1.Items.Clear();
    switch (Menu2.SelectedValue)
    {
        case "一级分类":
        {
            tbname="Btype1";
            break;
        }
        case "二级分类":
        {
            tbname="Btype2";
            break;
        }
        case "三级分类":
        {
            tbname="Btype3";
            break;
        }
    }
    if (sqlcon.State==ConnectionState.Closed) sqlcon.Open();
    SqlDataAdapter da=new SqlDataAdapter("select * from "+tbname, sqlcon);
    SqlCommandBuilder cmdbld=new SqlCommandBuilder(da);
    DataSet ds=new DataSet();
    da.Fill(ds, tbname);
    DataTable dtb=ds.Tables[0];
    DataRow drow=dtb.NewRow();
    drow[0]=TextBox23.Text;
    dtb.Rows.Add(drow);
    da.Update(dtb);
    ListBox1.DataSource=ds.Tables[0].DefaultView;
    ListBox1.DataBind();
}
```

(3) 三级分类：删除 Button13_Click()事件

```
protected void Button13_Click(object sender,EventArgs e)
{
    if (TextBox23.Text.Trim().Length==0) return;
    string tbname="Btype1";
    ListBox1.Items.Clear();
    switch (Menu2.SelectedValue)
    {
        case "一级分类":
        {
            tbname="Btype1";
            break;
        }
        case "二级分类":
        {
            tbname="Btype2";
            break;
        }
        case "三级分类":
        {
            tbname="Btype3";
            break;
        }
    }
    if (sqlcon.State==ConnectionState.Closed) sqlcon.Open();
    SqlDataAdapter da=new SqlDataAdapter("select * from "+tbname+" where Btype='"+TextBox23.Text+"'",sqlcon);
    SqlCommandBuilder cmdbld=new SqlCommandBuilder(da);
    DataSet ds=new DataSet();
    da.Fill(ds,tbname);
    DataTable dtb=ds.Tables[0];
    DataRow drow=dtb.Rows[0];
    drow.Delete();
    da.Update(dtb);
    ListBox1.DataSource=ds.Tables[0].DefaultView;
    ListBox1.DataBind();
}
```

(4) 新增图书 Button8_Click()事件

```
protected void Button8_Click(object sender,EventArgs e)
{
    TextBox12.Enabled=true;
    TextBox12.Text="";
    DropDownList9.SelectedIndex=-1;
    DropDownList10.SelectedIndex=-1;
    DropDownList11.SelectedIndex=-1;
    TextBox13.Text="";
    TextBox14.Text="";
    TextBox16.Text="";
```

```
            TextBox17.Text="";
            TextBox20.Text="0";
            TextBox21.Text="1";
            TextBox18.Text="0";
            TextBox19.Text="0";
            TextBox22.Text="";
            RadioButtonList6.SelectedIndex=0;
            ins_edt=1;
}
```

(5) 保存(增、改)Button9_Click()事件

```
protected void Button9_Click(object sender,EventArgs e)
{
    SqlDataAdapter da= new SqlDataAdapter ("select * from binfo where bid = '" +
                    TextBox12.Text+"'" ,sqlcon);
    if (sqlcon.State==ConnectionState.Closed) sqlcon.Open();
    SqlCommandBuilder cmd=new SqlCommandBuilder(da);
    DataSet ds=new DataSet();
    da.Fill(ds,"binfo");
    DataTable dt=ds.Tables["binfo"];
    if (ins_edt==0)
    {
        DataRow trow=dt.Rows[0];
        trow["bt1"]=DropDownList9.Text;
        trow["bt2"]=DropDownList10.Text;
        trow["bt3"]=DropDownList11.Text;
        trow["bname"]=TextBox13.Text;
        trow["bpub"]=TextBox14.Text;
        trow["bauth"]=TextBox16.Text;
        trow["bpdt"]=DateTime.Parse(TextBox17.Text);
        trow["bpri"]=float.Parse(TextBox20.Text);
        trow["bf"]=float.Parse(TextBox21.Text);
        trow["num0"]=Int32.Parse(TextBox18.Text);
        trow["num1"]=Int32.Parse(TextBox19.Text);
        trow["Bnew"]=RadioButtonList6.SelectedIndex;
        try
        {
            da.Update(dt);
            { Page.ClientScript.RegisterStartupScript(this.GetType(),"","alert('保
                存记录成功!'); ",true); }
        }
        catch
        { Page.ClientScript.RegisterStartupScript(this.GetType(),"","alert('操作失
            败!'); ",true); }
    }
    if (ins_edt==1)
    {
        DataRow trow=dt.NewRow();
        trow["bid"]=TextBox12.Text;
        trow["bt1"]=DropDownList9.Text;
```

```
            trow["bt2"]=DropDownList10.Text;
            trow["bt3"]=DropDownList11.Text;
            trow["bname"]=TextBox13.Text;
            trow["bpub"]=TextBox14.Text;
            trow["bauth"]=TextBox16.Text;
            trow["bpdt"]=DateTime.Parse(TextBox17.Text);
            trow["bpri"]=float.Parse(TextBox20.Text);
            trow["bf"]=float.Parse(TextBox21.Text);
            trow["num0"]=Int32.Parse(TextBox18.Text);
            trow["num1"]=Int32.Parse(TextBox19.Text);
            trow["Bnew"]=RadioButtonList6.SelectedIndex;
        dt.Rows.Add(trow);
        try
        {
            da.Update(dt);
            { Page.ClientScript.RegisterStartupScript(this.GetType(),"","alert('保
                存记录成功!'); ",true); }
        }
        catch
        { Page.ClientScript.RegisterStartupScript(this.GetType(),"","alert('操作失
            败!'); ",true); }
    }
    Button6_Click(sender,e);
}
```

(6) 删除 Button10_Click()事件

```
protected void Button10_Click(object sender,EventArgs e)
{
    SqlCommand cmd= new SqlCommand("delete from binfo where bid= '"+TextBox12.Text+"'",
            sqlcon);
    if (sqlcon.State==ConnectionState.Closed) sqlcon.Open();
    cmd.ExecuteNonQuery();
    Button6_Click(sender,e);
}
```

(7) 上传文件 Button11_Click()事件

```
protected void Button11_Click(object sender,EventArgs e)
{
    if (FileUpload1.FileName.Trim().Length==0) return;
    if(TextBox12.Text.Trim().Length==0)
      FileUpload1.SaveAs(Server.MapPath("~/image/book/")+FileUpload1.FileName);
    else
      FileUpload1.SaveAs(Server.MapPath("~/image/book/")+TextBox12.Text.Trim()+
      ".jpg");
}
```

(8) GridView2 选择记录事件

```
protected void GridView2_SelectedIndexChanged(object sender,EventArgs e)
```

```
{
    string bid=GridView2.SelectedDataKey.Value.ToString();
    SqlDataAdapter da=new SqlDataAdapter("select * from Binfo where bid='"+bid+"'",
                sqlcon);
    DataSet ds=new DataSet();
    if (sqlcon.State==ConnectionState.Closed) sqlcon.Open();
    ds.Tables.Clear();
    da.Fill(ds,"binfo");
    DataTable tb1=new DataTable();
    tb1=ds.Tables["binfo"];
    DataRow trow=tb1.Rows[0];
    TextBox12.Text=trow[0].ToString();
    DropDownList9.Text=trow[1].ToString();
    DropDownList10.Text=trow[2].ToString();
    DropDownList11.Text=trow[3].ToString();
    TextBox13.Text=trow[4].ToString();
    TextBox14.Text=trow[6].ToString();
    TextBox16.Text=trow[5].ToString();
    TextBox17.Text=((DateTime)(trow[7])).ToShortDateString();
    TextBox20.Text=trow[8].ToString();
    TextBox21.Text=trow[9].ToString();
    TextBox18.Text=trow[14].ToString();
    TextBox19.Text=trow[15].ToString();
    TextBox22.Text=trow[13].ToString();
    if(trow[10].ToString().Length==0) RadioButtonList6.SelectedIndex=0;
    else RadioButtonList6.SelectedIndex=Int32.Parse(trow[10].ToString());
    Image2.ImageUrl="~/image/book/"+bid.Trim()+".jpg";
    ins_edt=0;
}
```

小结：

本章通过介绍一个 Web 项目的设计和实现过程，使学生对动态网站应用项目的开发过程获得整体的认识，能帮助学生熟练掌握各种控件的使用方法，提高学生的编程能力。

该项目除了一般的 ASP.NET 应用技术运用外，重点要解决以下几个方面的技术。

(1) 页面公用变量传递。

(2) 页面事务控制。

(3) 图形验证技术。

(4) 记录的加解密技术。

思考与练习

1. 开发一个论坛的网站。

要求：

(1) 对讨论话题进行分类，在主页中列出各分类的热门话题。

(2) 用户分类控制,系统应考虑 3 类用户的不同权限。

(3) 话题跟帖分级展开,发帖和跟帖者可以修改和删除自发帖。

(4) 后台管理模块包括"用户管理"、"帖管理"和"系统设置"功能。

(5) 设计界面应清晰美观,功能导向性强,操作简单。

2. 利用 C♯ 语言编写一个字符串加解密的动态库,并在页面中调用,加密规则自行定义。

思考与练习答案

第 1 章

一、填空题

1. 解释型，编译型
2. Microsoft，.NET Framework，Microsoft Visual Studio .NET 集成开发环境
3. 具有交互性的，.asp、.jsp、.php、.aspx

二、简答题

1. 答：虚拟目录相当于物理目录在 Web 服务器上的别名，它不仅使用户避免了冗长的 URL，而且是一种很好的安全措施，因为虚拟目录对所有浏览者隐藏了物理目录结构。
2. 略

第 2 章

一、填空题

1. .cs
2. 101，101
3. 1
4. 创建对象，释放对象
5. 异常

二、编程题

1.
```
class Program
{
    static void Main(string[]args)
    {
        double[]a=new double[10];
        System.Console.WriteLine("请输入 10 个数:");
        int i,
        double max,min;
        for (i=0;i<10;i++)
            a[i]=double.Parse(System.Console.ReadLine());
        max=a[0];
        min=a[0];
        for (i=1;i<10;i++)
        {
            if (a[i]>max) max=a[i];
            if (a[i]<min) min=a[i];
        }
        System.Console.WriteLine("最大数为:"+max+",最小数为:"+min);
```

```
            System.Console.Read();
        }
}
```

2. ```
class Program
{
    static void Main(string[]args)
    {
        String str="";
        int x;
        for (x=1949;x<=2010;x++)
            if (x%4==0 && x %100!=0||x%400==0) str+=x+"";
        System.Console.WriteLine("1949年到2010年的闰年有:\n"+str);
        System.Console.Read();
    }
}
```

3. ```
class Car
{
    string Color,Name,ProductPlace;
    public Car(string a,string b,string c)
    {
        Color=a;
        Name=b;
        ProductPlace=c;
    }
    void Run()
    {
         System.Console.WriteLine("我是"+Name+"车,颜色是"+Color+",产地在"+ ProductPlace);
    }
    static void Main(string[]args)
    {
        Car car=new Car("黑色","大众","上海");
        car.Run();
        System.Console.Read();
    }
}
```

第3章

一、填空题

1. .aspx,.cs
2. HTML控件,Web控件,验证控件,用户控件
3. GroupName
4. AutoPostBack
5. RequiredFieldValidator,RangeValidator

6. XML

7. [1-9][0-9]{4,}

二、编程题

略

第 4 章

一、填空题

1. 所有浏览器均共享的;从启动 Web 服务器开始,直到关闭 Web 服务器时停止

2. 浏览器独享的;从浏览器访问服务器的第一个网页开始,直到关闭浏览器或会话过期为止

3. Init,Load

4. Get,Post,Post

5. 20,90

二、简答题

略

第 5 章

一、填空题

1. DataSet,Connection,Command,DataReader,DataAdapter

2. 数据命令,数据库连接,填充 DataSet,更新数据库,DataSet

3. Command 对象,DataAdapter 对象

4. SelectCommand,CommandBuilder

二、简答题

略

第 6 章

一、填空题

1. 表格,分页,排序,筛选

2. 会自动调用本页所有控件的 DataBind() 方法

3. 编辑,绑定,模板

4. OnItemCommand

二、简答题

略

第 7 章

一、填空题

1. using System.IO;

2. 字符,读取,字符,写入,字节

3. 输入,输出

二、简答题

略

第 8 章

一、填空题

1. Machine.config,Web.config
2. Web.config,Global.asax,System.Web.HttpApplication
3. 皮肤文件(.skin),级联样式表(.css),图表文件
4. 元素,类名,ID 名
5. 皮肤文件,本地页
6. 本地页,皮肤文件

二、简答题

略

第 9 章

略

参 考 文 献

[1] 金雪云,汪文彬. ASP.NET 2.0简明教程(C♯2005篇)[M]. 北京:清华大学出版社,2009.
[2] 徐谡. ASP.NET应用与开发案例教程[M]. 北京:清华大学出版社,2005.
[3] 舒洋. ASP.NET程序设计教程与上机指导(C♯篇)[M]. 北京:冶金工业出版社,2008.
[4] 马颖华,苏贵洋,袁艺等. ASP.NET 2.0网络编程从基础到实践[M]. 北京:电子工业出版社,2007.
[5] 张俊,乔宇峰. C♯程序设计入门[M]. 长春:吉林电子出版社,2005.
[6] 张玉平. ASP.NET+SQL组建动态网站[M]. 北京:电子工业出版社,2006.